高等职业教育(专科)“十三五”规划教材

设施园艺

第2版

韩世栋 黄晓梅 主编

中国农业大学出版社
·北京·

内容提要

该教材由学校教师和企业专家共同开发编写，为农业高等职业技术院校园艺、蔬菜、园林和农艺等专业“设施园艺”课的专用教材。教材按照“工学交替、任务驱动、项目导向”的教学模式要求，结合《蔬菜园艺工国家职业标准》《果树园艺工国家职业标准》和《花卉园艺工国家职业标准》的技能培养需要，将教材内容划分为园艺设施覆盖材料的种类与应用、园艺设施的类型、设施环境调控技术、设施园艺机械、设施园艺相关技术、设施育苗技术、设施蔬菜栽培技术、设施果树栽培技术和设施花卉栽培技术 9 个项目、160 个任务，为项目教学专用教材。各项目后设置的“实践与作业”“单元自测”“能力评价”“信息收集与整理”“资料链接”“教材二维码配套资源目录”“拓展知识”等栏目，有利于培养学生自我学习的自觉性，丰富学生的课外知识。“能力评价”栏目从知识、能力和素质三个方面对学生的综合能力进行多元化评价，有利于学生综合能力的培养。教材设有丰富的插图，图文并茂，易教易学，适合我国高等职业院校设施园艺课程项目教学使用。教材配套二维码为单元自测部分答案和与项目内容相对应的彩图及动画等内容。

图书在版编目(CIP)数据

设施园艺/韩世栋，黄晓梅主编. -- 2 版. --北京：中国农业大学出版社，2018. 1(2020. 7 重印)

ISBN 978-7-5655-1947-5

Ⅰ. ①设…　Ⅱ. ①韩…②黄…　Ⅲ. ①园艺-设施农业-高等职业教育-教材　Ⅳ. ①S62

中国版本图书馆 CIP 数据核字(2017)第 295153 号

书　名　设施园艺　第 2 版
作　者　韩世栋　黄晓梅　主编

策划编辑　张　玉　　**责任编辑**　洪重光
封面设计　郑　川
出版发行　中国农业大学出版社
社　址　北京市海淀区圆明园西路 2 号　　**邮政编码**　100193
电　话　发行部 010-62818525,8625　　读者服务部 010-62732336
编辑部 010-62732617,2618　　出　版　部 010-62733440
网　址　http:www.caupress.cn　　**E-mail** cbsszs @ cau.edu.cn
经　销　新华书店
印　刷　北京时代华都印刷有限公司
版　次　2018 年 1 月第 2 版　　2020 年 7 月第 3 次印刷
规　格　787×1 092　　16 开本　23.5 印张　580 千字
定　价　60.00 元

图书如有质量问题本社发行部负责调换

编写人员
CONTRIBUTORS

主　编　韩世栋　黄晓梅

参　编　刘建平　何　梅　朱庆松　薛丽丰　马　茜
魏家鹏　孙希园　刘艳华

前言 PREFACE

本教材是根据教育部2006年16号文件《教育部关于全面提高高等职业教育教学质量的若干意见》和全国农业职业院校教学工作指导委员会制订的《全国农业职业教育园艺专业教学指导方案》要求，结合我国园艺设施生产特点与“教学过程的实践性、开放性、职业性”要求，由学校教师和企业专家共同开发编写而成的，供农业高职高专园艺、园林、农艺等专业教学使用。2017年，根据教学形势发展需要，编写组在2011年版本的基础上，对本教材进行了修订完善。

本教材按照“工学交替、任务驱动、项目导向”的教学模式要求，结合《蔬菜园艺工国家职业标准》《花卉园艺工国家职业标准》和《果树园艺工国家职业标准》的技能培养需要，将教材内容划分为9个项目、160个任务，将必需的指导理论以相关知识的方式依附于技能教学，突出了技能的学习和培养。另外，每个项目后在“实践与作业”“单元自测”“信息收集与整理”等栏目的基础上，新增了“典型案例”“教材二维码配套资源目录”等栏目，丰富了教师教学和学生自学资源；设置的“资料链接”栏目为学生提供了必要的专业网络学习资源，有利于丰富学生的课外知识；“能力评价”栏目从知识、能力和素质三个方面对学生的综合能力进行多元化评价，有利于学生综合能力的培养。

教材以培养能直接从事设施园艺技术推广、生产和管理的高级应用型技术人才为指导，以现代设施园艺产业发展要求为依据，删除了原版中的“无纺布”“鞍Ⅱ型日光温室”“天津三折式加温”等教学内容，新增了PO膜、灌浆膜、土壤物理消毒、设施果树育苗与设施花卉育苗技术、功能温室、轨道式卷帘机等新的教学内容，突出了新技术、新设备的教学，增加的“经验与常识”等栏目，有利于丰富师生的实践知识，新增的二维码系列教学图片、动画等有利于进一步提高教学效果。

教材编写力求语言通俗易懂，图文并茂，在编写风格上力求科普读物化，充分贴近生产实际。教材后的附录部分列出了《蔬菜园艺工国家职业标准》《果树园艺工国家职业标准》和《花卉园艺工国家职业标准》等，列出了必要的参考文献。

本教材的计划教学时数110学时。考虑不同学校专业设置和教学侧重点的不同，各学校在使用该教材时，可以根据当地设施园艺发展情况选择教学，并适当增加或削减教学时数。

本教材编写人员均具有10年以上的教学和生产实践经验，教材内容的实用性和针对性较强。教材的前言、项目一、项目二和项目四由潍坊职业学院韩世栋编写，项目三由信阳农林学院园艺学院朱庆松编写，项目五由潍坊职业学院刘建平编写，项目六由新疆农业职业技术学院何梅编写，项目七由黑龙江农业职业技术学院黄晓梅编写，项目八由河南农业职业技术学院薛丽丰编写，项目九由河北沧州职业技术学院马茜编写。企业专家孙希园高级农艺师（山东东方誉源现代农业集团）和魏家鹏高级农艺师（寿光新世纪种苗有限公司）分别参加了项目四和项目五的编写，并参加了全稿的审核工作。本教材由韩世栋统稿。

教材由河南科技学院王广印教授审稿，并提出了许多宝贵的意见，在此表示感谢！

由于编写时间仓促和编者能力有限，书中不妥之处在所难免，恳请读者提出批评和修改意见。

编　者

2017 年 6 月

目录 CONTENTS

项目一 园艺设施覆盖材料的种类与应用

项目二　园艺设施的类型

项目三　设施环境调控技术

项目四　设施园艺机械

项目五　设施园艺相关技术

项目六　设施育苗技术

项目七　设施蔬菜栽培技术

项目八　设施果树栽培技术

项目九　设施花卉栽培技术

项目一

园艺设施覆盖材料的种类与应用

知识目标

了解农用塑料薄膜、地膜、硬质塑料板材、遮阳网、防虫网、保温被和草苫的种类及主要应用特点，掌握常用设施覆盖材料的主要性能及应用技术要点。

能力目标

能够正确选用塑料薄膜、地膜、硬质塑料板材、遮阳网、防虫网、保温被和草苫；能够正确使用和维护塑料薄膜、地膜、硬质塑料板材、遮阳网、防虫网、保温被和草苫。

Module 1

农用塑料薄膜

任务1　认识农用塑料薄膜的种类与主要性能
任务2　农用塑料薄膜的选择
任务3　农用塑料薄膜的粘接

任务1 认识农用塑料薄膜的种类与主要性能

【任务目标】

熟悉常见农用塑料薄膜的种类,掌握其主要性能。

【教学材料】

常见农用塑料薄膜。

【教学方法】

在教师指导下,学生了解并掌握不同农用塑料薄膜的可塑性、无滴性、透光性等。

一、常用农用塑料薄膜的种类

农用塑料薄膜的分类方法比较多,常用的有:

1. 按树脂原料分类　分为聚氯乙烯薄膜(PVC 膜)、聚乙烯薄膜(PE 膜)、乙烯-醋酸乙烯薄膜(EVA 膜)以及聚烯烃(PV)膜、PET 膜等几种类型。当前我国主要使用的是前三类薄膜。

2. 按薄膜的性能分类　分为普通薄膜、长寿膜(耐老化膜)、无滴膜、漫反射膜、复合多功能膜、调光膜等几种类型。

3. 按原料中是否添加着色剂分类　分为无色薄膜和有色薄膜两种类型。

二、主要农用塑料薄膜的性能

1. PVC 膜　我国 PVC 膜应用始于 20 世纪 60 年代,产品有吹塑膜和压延膜两种。

PVC 膜保温性能好,较耐高温、强光,也较耐老化;可塑性强,拉伸后容易恢复;雾滴较轻;破碎后容易粘补。但容易吸尘,透光率下降比较快;耐低温能力较差,在－20℃以下容易脆化;成本比较高。目前全世界 PVC 棚膜使用量比较大,约占棚膜总量的 50%,其中设施农业发达的日本 PVC 棚膜使用量最高,达 70%以上。我国过去所用棚膜一直以 PVC 膜为主,近年来由于考虑 PE 膜成本低,生产方便,加之 PVC 膜配方工艺复杂、增塑剂毒性大及增塑剂迁移吸尘等问题,用量大幅减少。目前,PVC 膜主要在北方地区使用。

PVC 膜种类不多,主要有普通 PVC 膜、PVC 无滴膜、PVC 多功能长寿膜等,目前主要使用的是 PVC 多功能长寿膜。

PVC 多功能长寿膜是在普通 PVC 膜原料中加入多种辅助剂后加工而成的。具有无滴、耐老化、拒尘和保温等多项功能,是当前冬季温室的主要覆盖用膜。

2. PE 膜　PE 膜的透光性好,吸尘轻,透光率下降缓慢,耐酸、耐碱。但保温性和可塑性均比较差;薄膜表面也容易附着水滴,雾滴较重;耐高温能力差,破碎后不容易粘补,寿命短,一般连续使用时间只有 4～6 个月。

目前，设施栽培中使用的PE膜主要为改进型PE膜，薄膜的使用寿命和无滴性得到改进和提高。主要品种类型有PE长寿膜（可连续使用1～2年）、PE无滴膜、PE多功能复合膜等，以PE多功能复合膜应用最为普遍。

PE多功能复合膜一般为三层共挤复合结构，其内层添加防雾剂，外层添加防老化剂，中层添加保温成分，使该膜同时具有长寿、保温和无滴三项功效。一般厚度0.07 mm左右，透光率90%左右。由于该种膜仅反面具有无滴功能，因此生产上一般将其称为"半无滴膜"。在覆盖上有正反面的区别，要求无滴面（反面）朝下，抗老化面（正面）朝上。

3. EVA膜　EVA膜集中了PE膜与PVC膜的优点，近年来发展很快。

EVA膜发展重点是多功能三层复合棚膜，由共挤吹塑工艺制得，属于"半无滴膜"。该种膜的外层添加防尘和耐老化剂，中层添加保温成分，内层添加防雾剂，具有无滴、消雾、透光性强、升温快、保温性好以及使用寿命长等优点，见图1-1。另外，该种膜较薄，厚度只有0.07 mm左右，用膜量少，生产费用低。

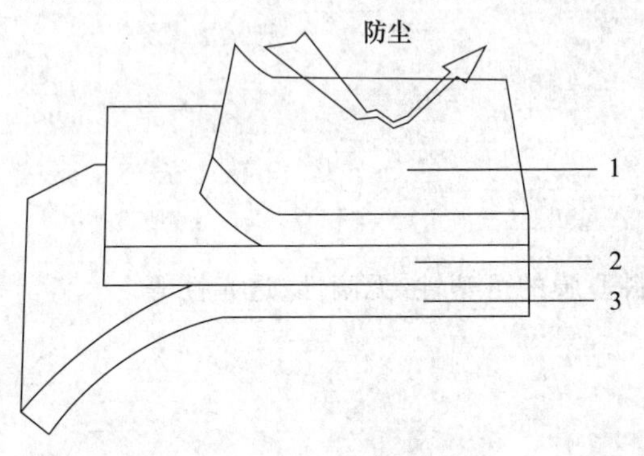

图1-1　EVA棚膜结构示意

1. 外层　2. 中层　3. 内层

与PE三层共挤复合膜相比较，EVA多功能复合膜的无滴、消雾效果更好，持续时间也较长，可保持4～6个月以上，使用寿命长达18个月以上。

与PVC多功能复合膜相比较，EVA多功能复合膜的抗破损能力比较差，初期透光性不如PVC膜好。

4. 聚烯烃（PV）膜　该膜综合了PE和EVA的优点，强度大，抗老化性能好，透光率高且燃烧处理时不会散发有害气体。

5. PET膜　聚对苯二甲酸乙二醇脂膜。与上述棚膜相比，PET膜强度更高、透光性更好、寿命更长、流滴持效期也更长。如日本生产的PET多功能棚膜使用寿命长达10 a，并且10 a无雾滴。PET棚膜在美国和日本发展较快，应用也较多。

6. PO膜　PO膜是采用高级烯烃的原材料及其他助剂，采用外喷涂烘干工艺而产出的一种新型农膜，目前在国内主要蔬菜生产区应用较为普遍。与PE与EVA薄膜相比较，PO膜主要有以下优点：雾度低，透明度高；采用消雾流滴剂涂布干燥处理，消雾效果好，持续时间长，与农膜使用寿命同步；薄膜内部采用特制有机保温剂，保温效果好；采用特制抗氧剂及光稳定剂，极大延长了农膜的使用寿命，正常使用可达到3 a以上；具有超强的拉伸强度及抗撕裂强度；防静电、不粘尘。

7. 灌浆膜　灌浆膜是在原有聚乙烯棚膜的基础之上，用消雾剂进行农膜内表面处理，在棚膜内表面形成一层保护层，从而达到消雾和流滴的功效。与传统无滴棚膜不同的是，灌浆膜的消雾剂独立存在于棚膜之外，不与棚膜内添加的抗老化剂产生冲突，能充分发挥抗老化剂的作用而使棚膜的使用寿命更长。棚膜里面不含有流滴剂等助剂，也不存在助剂析出的可能，消雾效果好，持续时间长，一般可以达到一年以上。同时，灌浆膜的成本相对较低，市场竞争力强，推广应用较快。

8. 有色膜　有色膜可选择性地透过光线，有利于作物生长和提高品质，此外还能降低空气湿度，减轻病害。不同的有色膜在透过光的成分上有所不同，适用的作物范围也有所不同。

目前生产上所用的有色膜主要有深蓝色膜、紫色膜和红色膜等几种，以深蓝色膜和紫色膜应用比较广泛，两种薄膜的主要性能见表 1-1。

表 1-1　深蓝色膜和紫色膜的主要性能

薄膜	较无色棚膜温度增加值/℃		较无色棚膜降低湿度值/%
	晴天日均温	阴天日均温	
紫色棚膜	3.0	2.9	1.0
深蓝色棚膜	2.4	3.1	3.0

【相关知识】　薄膜的无滴性与设施生产的关系

无滴膜主要依靠亲水的无滴剂，覆盖后膜内表面上的水滴连接成水膜沿膜流下，故也称为流滴膜。无滴剂可内添加于膜材料中，也可外涂于膜表面。

薄膜表面上的水珠能够吸收光线，不仅使进入棚内的光线减少，导致棚内升温缓慢，而且薄膜表面大量的水珠蒸发后又能增加棚内空气湿度，不利于低温期棚内作物的生长。通常，薄膜表面上的水珠越大、数量越多，对生产的不利影响越明显。

无滴膜的表面不能形成大的水珠，往往只有一层薄薄的水膜，日出后很快消失，因此透光率高，膜内湿度也相对较小。近年来一些无滴膜增加了防雾功能，可有效减少或消除大棚内的雾气，增强作物采光效果。

薄膜的无滴性受添加剂的数量、设施内的空气湿度、雨水、温度、施肥、喷施农药以及扣膜时期等的影响较大，一般薄膜表面长时间聚水、温度偏低等能够降低无滴效果，适量的添加剂、膜面保持干燥、适宜的温度等有利于维持薄膜较长时间的无滴性。

【练习与作业】

1. 观测主要农用塑料薄膜的性能。

(1)无滴性观测　于清晨观察不同薄膜覆盖的塑料大棚或小拱棚，目测比较不同薄膜内壁上的水珠大小、数量。

(2)透光性观测　在同一时间内，用光度计分别测定不同棚膜覆盖的塑料大棚或小拱棚薄膜下 50 cm 处的光照强度，比较不同薄膜的透光率。

(3)抗老化性观测　于覆盖 3～4 个月后，分别测定不同棚膜的柔软性以及透光性，并与覆盖初期测定结果进行比较。

将上述观测结果填入表 1-2：

表 1-2　不同农用塑料薄膜性能观测

薄膜类型	水珠特点		光照强度		棚膜柔软性	
	数量	大小	覆盖初期	3～4 个月后	覆盖初期	3～4 个月后
普通 PE 膜						
普通 PVC 膜						

续表 1-2

薄膜类型	水珠特点		光照强度		棚膜柔软性	
	数量	大小	覆盖初期	3～4 个月后	覆盖初期	3～4 个月后
PE 多功能复合膜(蓝色)						
PVC 多功能复合膜(蓝色)						
EVA 膜						

2. 熟练掌握主要农用塑料薄膜的特性及主要区别。

任务 2　农用塑料薄膜的选择

【任务目标】

掌握各类农用塑料薄膜的适宜使用地区、生产季节以及作物种类。

【教学材料】

常见农用塑料薄膜。

【教学方法】

在教师指导下,学生了解并掌握农业塑料薄膜的选择原则。

一、根据栽培季节选择薄膜

1. 秋冬季或冬春季　北方地区冬季温室生产,由于需要对温室进行坡面管理(去尘、去积雪、卷放草苫等)容易损坏薄膜,因此,首先应当将薄膜的抗破损性以及破损后的可修补性作为重点进行考虑;其次,要选择透光性好、增保温性能好的无滴薄膜,以保证温室的增温和保温效果;再次,要考虑薄膜的使用寿命,北方地区一般要求有效使用寿命不少于 8 个月,也即从当年的 10 月份到翌年的 5 月份;最后,要有利于降低生产费用。

根据上述原则,北方地区冬季温室生产应当选用加厚(不小于 0.1 mm)的深蓝色或紫色 PVC 多功能长寿膜,或者选择加厚(0.1 mm 以上)的 EVA 多功能复合膜和 PO 膜。

南方地区冬季不甚寒冷,不覆盖草苫或覆盖时间较短,为降低生产成本,适宜选择薄型 EVA 多功能复合膜和 PE 多功能复合膜。

2. 春季和秋季　春季和秋季温室栽培,需要保护栽培的时间较短,草苫的覆盖时间也短,为降低生产成本,适宜选择薄型 EVA 多功能复合膜或 PE 多功能复合膜。

春季和秋季塑料大棚,不需要覆盖草苫,也很少到棚面进行作业,对薄膜的人为损坏比较少,为降低生产成本,适宜选择薄型 PE 多功能复合膜或 EVA 多功能复合膜。

二、根据设施类型选择薄膜

温室和大棚的保护栽培期比较长,应选耐老化的加厚型长寿膜。中、小拱棚的保护栽培时间比较短，并且定植期也相对较晚，可选择普通的 PE 膜或薄型 PE 无滴膜，降低生产成本。

三、根据作物种类选择薄膜

以蔬菜为例，栽培西瓜、甜瓜等喜光的蔬菜应选择无滴棚膜，栽培叶菜类，选择一般的普通棚膜或薄型 PE 无滴膜即可。

四、根据病害发生情况选择薄膜

栽培期比较长的温室和塑料大棚内的作物病害一般比较严重，应选择有色无滴膜，降低空气湿度。新建温室和塑料大棚内的病菌量少，发病轻，可根据所栽培作物的发病情况以及生产条件等灵活选择棚膜。

【相关知识】 主要农用塑料薄膜的适用范围

1. PE 多功能复合膜（三层共挤膜） 该膜可塑性、透光性和粘补性较差，使用寿命短，不适合长时间保护栽培，适用于保护栽培期间其上不覆盖草苫，并且风、雪较少的地区或季节。

2. PVC 多功能长寿膜 该膜可塑性、透光性和粘补性均较强，不易破损，使用寿命长，适合长时间保护栽培，主要适用于保护栽培期间其上覆盖草苫，风、雪较多的地区或季节。

3. EVA 膜（三层共挤膜） 该膜兼有 PE 多功能复合膜和 PVC 多功能长寿膜的优点，适用于多类作物和多地区。

4. PO 膜 综合性能好，但成本较高，多用于温室覆盖。

任务 3 农用塑料薄膜的粘接

【任务目标】

掌握农用塑料薄膜的常用粘接方法与技术。

【教学材料】

常见农用塑料薄膜、黏合剂等。

【教学方法】

在教师指导下，学生了解并掌握农业塑料薄膜的主要粘接技术。

农用塑料薄膜主要有热粘法和黏合剂法两种粘接方法。

一、热黏膜技术

热粘法是用电熨斗粘接或粘膜机粘接。

1. 电熨斗粘接　多使用调温型电熨斗，以便根据薄膜不同来调节温度。主要适用于小量薄膜粘接或用于棚膜的修补。技术要点如下。

PVC 膜的适宜粘接温度为 130℃左右，PE 膜为 110℃左右。用电熨斗粘接时，应在膜下垫一层细铁网筛，在膜上铺盖一层报纸或牛皮纸后，加热。上、下两层膜的粘缝宽 5 cm 左右，一般不少于 3 cm。电熨斗的温度高低与推移速度快慢对粘膜质量的影响很大，温度偏低或热量不足时，粘不住膜，温度过高或热量过大时，容易烫破薄膜。应先做实验，找到规律后再正式粘膜。

图 1-2　PO 膜粘膜机

2. 粘膜机粘接　粘膜机粘接是近年来国内新推出的适合温室、大棚薄膜粘接的技术。主要设备由粘膜机、放膜机、棚膜长度计量器等组成(图 1-2 至图 1-5)。粘膜速度快，每分钟 2～15 m，粘膜幅宽 30 mm，节省薄膜，并具有粘膜均匀、粘合牢固、不损坏薄膜等优点，应用发展比较快。目前国内的多数塑料薄膜专卖店都配有塑料薄膜粘接设备，免费为购买该店棚膜的农户进行薄膜粘接。多数薄膜的粘膜机可通用，PO 薄膜由于其自身的特殊性，一般有专用粘膜机。

图 1-3　粘膜机粘接塑料薄膜

图 1-4　放膜机

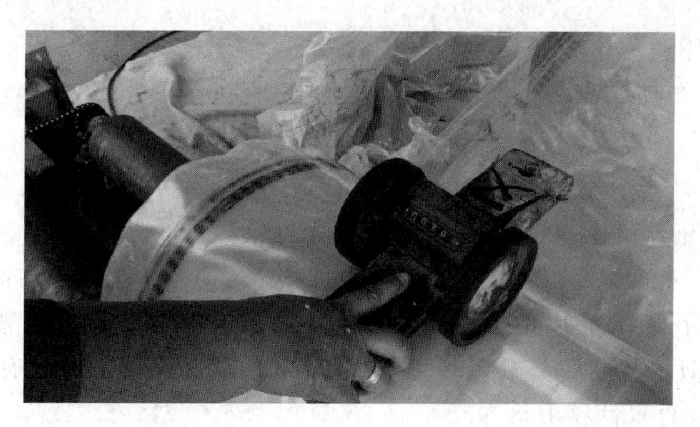

图 1-5 棚膜长度计量器

二、黏合剂粘膜技术

图 1-6 棚膜黏合剂

用专用黏合剂进行粘膜(图 1-6)。粘膜时,应先擦干净薄膜的粘接处,不要有水或灰尘,粘贴后将接缝处压紧压实。

【典型案例 1】 寿光一农户使用劣质棚膜损失严重

2013 年,寿光市农民闫某在连云港市做一个有机蔬菜基地项目,经熟人介绍,于 2012 年 9 月 17 日从寿光某塑料薄膜生产厂家购买了 9 个大棚的“×××EVA 日光消雾膜”,到 10 月底棚膜便开始出现严重质量问题。晴天棚膜上面便吸附着厚厚一层水珠,棚内就像下中雨一样,哗哗的洒落在蔬菜上,而且雾气很大,只有放风的时候能暂时消除,大大降低了透光度,致使棚内温度偏低,蔬菜发病严重,经济损失达 40 多万。

而使用其他棚膜的 12 个大棚则完好无损。

【典型案例 2】 胶南市宝山镇十户蓝莓种植户因使用劣质棚膜损失严重

2012 年山东省胶南市宝山镇十户蓝莓园通过经销商一起购买了山东某工业有限公司某牌春光二号大棚膜,2012 年 10 月份扣膜,11 月份就发现棚膜有非正常破损、韧性差、易碎、折痕裂开等问题,棚膜会无故出现裂纹,在风吹以后,裂纹就会撕开一道口子,厂家承诺使用寿命是 2～3 年,不到 1 年就出现了质量问题。为防止棚膜裂缝过大,农民只能用公司提供的透明胶带临时把裂缝粘住。劣质的棚膜影响了暖棚里面的正常温度和湿度,夜间温度较正常下降 2～3℃,很多蓝莓出现枯黄的现象。同时由于温度偏低,蓝莓的上市时间也明显延迟,正常大棚种植户的蓝莓能卖上每千克 800 多元,而受害农户每千克 200 元都卖不上去。经济损失严重。

【经验与常识】 怎样鉴别 PE 棚膜的质量?

目前广泛应用的 PE 棚膜主要为吹塑薄膜(棚膜),品种繁多,质量好坏难以鉴别。现介绍一些在一般场合下可以进行的质量鉴别方法。

1. 查看棚膜生产执行标准 农用聚乙烯吹塑薄膜执行国家标准 GB 4455—2006《农业用聚乙烯吹塑薄膜》。

2. 外观检查 外观应平整、明亮，厚度均匀，透明度一致。不允许有明显的因加工温度低使原料中树脂未充分塑化，在薄膜表面形成条条“水纹”或片片“云雾”。不允许有气泡、穿孔、破裂。不允许有 0.6 mm 以上的杂质。不允许有 2 mm 以上由于树脂没充分塑化形成的粒点和块状物。不允许有明显的“条纹”存在，不明显的“条纹”是指在室温下用手平撕(两拇指距离 1 cm，类似扯布的姿势)，撕开时呈锯齿形，不应成直线。允许有少量活褶存在，插叠基本整齐(指成捆的薄膜卷头整齐)。

3. 薄膜存放情况 薄膜应保存在阴凉干燥的室内，尽量不要挤压，距热源要不小于 1 m，有效质量保证期为一年。

4. 棚膜规格检查 合格的棚膜宽度大于 1 500 mm，允许厚度超偏差为正负 0.005 mm，且厚度不小于 0.08 mm。

Module 2

地 膜

任务1 地膜的种类与主要性能

任务2 地膜应用技术

任务1 地膜的种类与主要性能

【任务目标】

熟悉地膜的种类，了解其主要性能。

【教学材料】

常见地膜。

【教学方法】

在教师指导下，学生了解并掌握不同种类地膜的特性。

一、地膜的种类

地膜是指专门用来覆盖地面的一类薄型农用塑料薄膜的总称。目前所用地膜主要为聚乙烯吹塑膜。

国际上的聚乙烯地膜标准厚度通常不小于0.012 mm，我国制订的强制性国家标准GB 13735—1992《聚乙烯吹塑农用地面覆盖薄膜》中规定：地膜的厚度≥0.008 mm、拉伸负荷≥1.3 N、直角撕裂负荷≥0.5 N。

按地膜的功能和用途可分为普通地膜和特殊地膜两大类。普通地膜包括广谱地膜和微薄地膜；特殊地膜包括黑色地膜、银黑两面地膜、绿色地膜、微孔地膜、切口地膜、银灰色（避蚜）地膜、（化学）除草地膜、配色地膜、可控降解地膜、液态地膜、浮膜等。

二、主要地膜的性能

1. 广谱地膜　即普通无色地膜。多采用高压聚乙烯树脂吹制而成。厚度为0.012～0.016 mm，透明度好，增温、保墒性能强，适用于各类地区、各种覆盖方式、各种栽培作物、各种茬口。

2. 微薄地膜　厚度0.008～0.01 mm，透明或半透明，保温、保墒效果接近广谱地膜，但由于薄，强度较低，透明性不及广谱地膜，只宜做地面覆盖，不宜做近地面覆盖。

3. 黑色地膜　是在基础树脂中加入一定比例的炭黑吹制而成的。增温性能不及广谱地膜，保墒性能优于广谱地膜。黑色地膜能阻隔阳光，使膜下杂草难以进行光合作用，无法生长，具有限草功能。宜在草害重、对增温效应要求不高的地区和季节作地面覆盖或软化栽培用。

4. 银黑两面地膜　使用时银灰色面朝上，黑面朝下。这种地膜不仅可以反射可见光，而且能反射红外线和紫外线，降温、保墒功能强，还有很强的驱避蚜虫、预防病毒功能，对花青素和维生素C的合成也有一定的促进作用。适用于夏秋季节地面覆盖栽培。

5. 绿色地膜　这种地膜能阻止绿色植物所必需的可见光通过，具有除草和抑制地温增加的功能，适用于夏秋季节覆盖栽培。

6. 微孔地膜　每平方米地膜上有 2 500 个以上微孔。这些微孔，夜间被地膜下表面的凝结水封闭，阻止土壤与大气的气、热交换，仍具保温性能；白天吸收太阳辐射而增温，膜表凝结的水蒸发，微孔打开，土壤与大气间的气、热进行交换，避免了由于覆盖地膜而使根际二氧化碳淤积，抑制根呼吸，影响产量。这种地膜增温、保湿性能不及普通地膜，适用于温暖湿润地区应用。

7. 切口地膜　把地膜按一定规格切成带状切口。这种地膜的优点是，幼苗出土后可从地膜的切口处自然长出膜外，不会发生烤苗现象，也不会造成作物根际二氧化碳郁积。但是增温、保墒性能不及普通地膜。可用于撒播、条播蔬菜的膜覆盖栽培。

8. 银灰色地膜　该膜是在聚乙烯树脂中加入一定量的铝粉或在普通聚乙烯地膜的两面粘接一层薄薄的铝粉后制成的，厚度为 0.012～0.02 mm。该膜反射光能力比较强，透光率仅为 25.5%，故土壤增温不明显，但防草和增加近地面光照的效果却比较好。另外，该膜对紫外光的反射能力极强，能够驱避蚜虫、黄条跳甲、黄守瓜等。

9. 除草地膜　该类地膜是在聚乙烯树脂中加入一定量的除草剂后加工制成的。当覆盖地面后，地膜表面聚集的水滴溶解掉地膜内的除草剂，而后落回地面，在地面形成除草剂层，杂草遇到除草剂或接触到地膜时即被杀死，主要用于杂草较多或不便于人工除草地块的防草覆盖栽培。

10. 配色地膜　是根据蔬菜作物根系的趋温性研制的特殊地膜。通常是黑白双色，栽培行用白色膜带，行间为一条黑色膜带。这样白色膜带部位增温效果好，在作物生育前期可促其早发快长，黑色膜带虽然增温效果较差，但因离作物根际较远，基本不影响作物早熟，并具有除草功能。进入高温季节，可使行间地温降低，诱导根系向行间生长，能防止作物早衰。

11. 可控降解地膜　此类地膜覆盖后经一段时间可自行降解，防止残留污染土壤。目前我国可控降解地膜的研制工作已达到国际先进水平，降解地膜诱导期能稳定控制在 60 d 以上，降解后的膜片不阻碍作物根系伸长生长，不影响土壤水分运动。

12. 液态地膜　液态地膜也被称作土面液膜，是在沥青中加入了特殊的添加剂后混合而成的一种乳剂，使用时用农用喷雾器将其水溶液喷施于地表，乳剂与土壤颗粒相结合，在土壤表层形成一层黑色的固化膜。液态地膜呈黑色或棕黑色，可以增加对太阳光照射的吸收率，因此提高土壤温度的效果显著，平均增温 2～4℃。同时，由于液态地膜具有固定表层土壤的特性，使土壤的稳固性得到了增加，因此使用液态地膜还可以有效地保护土壤，减少水土流失，起到防止土壤沙化的作用。

13. 浮膜　这是一种直接在蔬菜作物群体上作天膜覆盖的专用地膜。膜上均匀分布着大量小孔，以利膜内外水、气、热交换，实现膜内温度、湿度和气体自然调节，既能防御低温、霜冻，促进作物生长，又能防止高温烧苗，还能避免因湿度过大造成病害蔓延。

【相关知识】　液态地膜的优点与发展现状

1. 液态地膜的优点　与普通地膜相比，液态地膜具有以下优点：

(1)使用方便　液态地膜使用时只需将原液稀释 4～5 倍，用农用喷雾器均匀地喷施于地表即可，整个操作过程一个人便可完成。

(2)无须人工破膜　液态地膜成膜后，植物幼苗可直接破膜而出，不必像塑料地膜那样还需人工破膜，节省了大量工作量。

(3)自然降解　经过光照和微生物作用，一般 60 d 后，可逐渐自然降解为有机肥，不仅避免了“白色污染”，还给土地增加肥力。

(4)改良土壤　液态地膜有强烈的黏附作用，能将土粒联结起来，形成较理想的团聚体，在较短时间里改善土壤团粒结构，使土壤的通透性大大增强，对沙土或过黏土壤的结构改善作用尤为明显。

(5)适用范围广　液态地膜除常规应用外，还可用于坡地、风口、不规则地块等普通地膜无法使用的地区。

(6)节省费用　一般比普通地膜减少费用 32%左右。

2. *液态地膜的发展现状*　我国于 20 世纪 90 年代中期开始研制液态地膜，经过多年的研究和开发，目前已经形成了一定的生产能力，同时更符合我国国情的第二代多功能液态地膜(以农作物秸秆、树皮和叶片为原料，进行化学改质和添加其他添加剂及辅料后制成)和第三代多功能液态地膜(将秸秆中的绝大部分纤维素提取出来造纸，利用剩余的纤维素、木质素和多糖等主要有机物，即造纸黑液作为液态地膜的支撑物，利用交联反应提高分子量，添加成膜剂和其他添加剂后制成)的使用成本更低，环保作用更好，已经获得国家发明专利。

【练习与作业】

1. 主要地膜的性能观测

(1)增温性观测　分别于清晨、中午和傍晚测量地面下 5 cm、10 cm 的地温。

(2)透光性观测　在同一时间内，用光度计分别测定不同地膜下的光照强度，比较不同地膜的透光率。

(3)除草性观测　于覆盖 40～50 d 后，分别调查不同地膜下的杂草发生情况。

将上述观测结果填入表 1-3：

表 1-3　不同地膜性能观测

薄膜类型	地温	光照强度	杂草发生情况	备注
无色地膜				
黑色地膜				
银灰色地膜				
黑白双面地膜				

2. 熟练掌握主要地膜的特性及主要区别。

任务 2　地膜应用技术

【任务目标】

掌握地膜的一般应用技术。

【教学材料】

常见地膜及覆盖用材料和工具。

【教学方法】

在教师指导下,学生了解并掌握地膜的覆盖方式和技术要点。

一、地膜的覆盖方式

地膜覆盖方式比较多,主要有以下 5 种。

1. *高畦覆盖* 畦面整平整细后,将地膜紧贴畦面覆盖,两边压入畦肩下部。为方便灌溉,常规栽培时大多采取窄高畦覆盖栽培,一般畦面宽 60～80 cm、高 20 cm 左右;滴灌栽培则主要采取宽高畦覆盖栽培形式。高畦覆盖属于最基本的地膜覆盖方式。

2. *高垄覆盖* 分单垄覆盖和双垄覆盖两种形式,见图 1-7。单垄覆盖多用于露地和春秋季保护地栽培。双垄覆盖主要用于冬季温室蔬菜栽培,主要作用是减少浇水沟内的水分蒸发,保持温室内干燥。为减少浇水量,提高浇水质量,双垄覆盖的膜下垄沟要浅,通常深 15 cm 左右为宜。

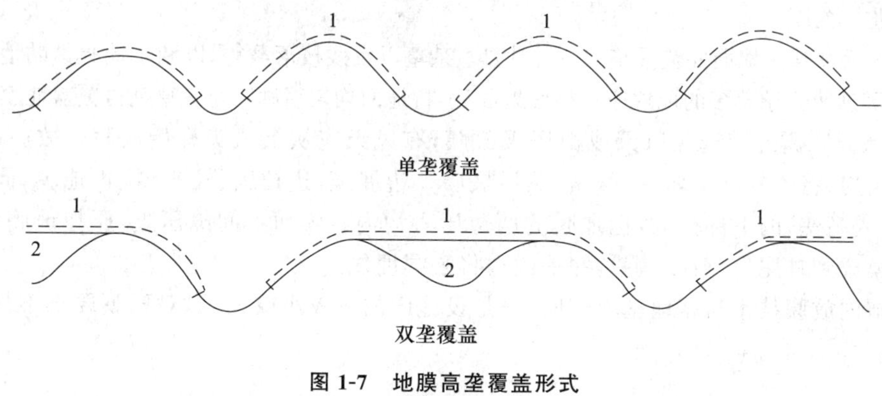

图 1-7 地膜高垄覆盖形式

1. 地膜 2. 支竿

3. *支拱覆盖* 即先在畦面上播种或定植蔬菜,然后在蔬菜播种或定植处支一高和宽各 30～50 cm 的小拱架,将地膜盖在拱架上,形似一小拱棚。待蔬菜长高顶到膜上后,将地膜开口放苗出膜,同时撤掉支架,将地膜落回地面,重新铺好压紧,见图 1-8。该覆盖方式适用于多种蔬菜,特别适用于茎蔓短缩的叶菜类蔬菜。

4. *沟畦覆盖* 即在栽培畦内按行距先开一窄沟,将蔬菜播种或定植到沟内后再覆盖地膜。当沟内蔬菜长高、顶到地膜时将地膜开口,放苗出膜,见图 1-8。该覆膜法主适用于栽培一些茎蔓较高以及需要培土的果菜和茎菜类。

5. *浮膜覆盖* 多用于播种畦、育苗畦的短期保温保湿以及越冬蔬菜春季早熟栽培覆盖。覆盖地膜时,将地膜平盖到畦面或蔬菜上,四边用土压住,中央压土或放横竿压住地膜,防止风吹。待蔬菜出苗或气温升高后,揭掉地膜。

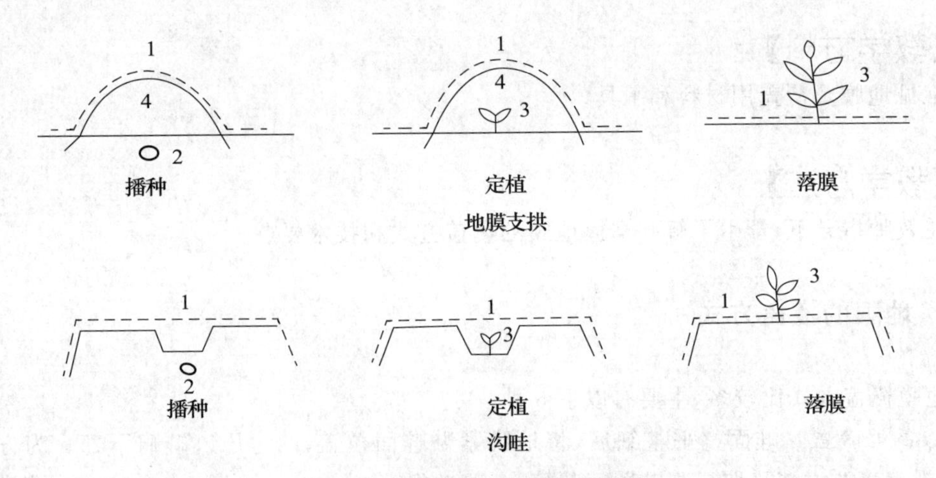

图 1-8　地膜支拱覆盖和沟畦覆盖

1. 地膜　2. 蔬菜种子　3. 蔬菜苗　4. 拱架

二、地膜覆盖技术要点

1. 覆膜时机　低温期应于种植前 7～10 d 将地膜覆盖好，促地温回升。高温期要在种植后再进行覆膜。

2. 地面处理　地面要整平整细，不留坷垃、杂草以及残枝落蔓等，以利于地膜紧贴地面，并避免刺、刮破地膜。杂草多的地块应在整好地面后，将地面均匀喷洒一遍除草剂再覆盖地膜。

3. 放膜　露地应选无风天或微风天放膜，有风天应从上风头开始放膜。放膜时，先在畦头挖浅沟，将膜的起端埋住、踩紧，然后展膜。边展膜，边拉紧、拉平、拉正地膜，同时在畦肩(高畦或高垄)的下部挖沟，把地膜的两边压入沟内。膜面上间隔压土，压住地膜，防止风害。地膜放到畦尾后，剪断地膜，并挖浅沟将膜端埋住。

设施内放膜技术与露地基本相同，只是设施内的风较小或无风，对压膜要求不如露地的严格。

【相关知识】　地膜覆盖栽培要点

1. 要施足底肥、均衡施肥　地膜覆盖栽培作物的产量高，需肥量大，但由于地面覆盖地膜后，不便于开沟深施肥，因此要在栽培前结合整地多施、深施肥效较长的有机肥。另外，为避免栽培前期作物发生徒长，基肥中还应增加磷、钾肥的用量，少施速效氮肥。

2. 适时补肥，防止早衰　地膜覆盖作物的栽培后期，容易发生脱肥早衰，生产中应在生产高峰期到来前及时补肥，延长生产期。补肥方法主要有冲施肥法和穴施肥法等。

3. 提高浇水质量　由于地膜的隔水作用，畦沟内的水只能通过由下而上的渗透方式进入畦内部，畦内土壤湿度增加比较缓慢。因此，地膜覆盖区浇水要足，并且尽可能让水在畦沟内停留的时间长一些。有条件的地方，最好采取微灌溉技术，在地膜下进行滴灌或微喷灌等，提高浇水质量。

4. 防止倒伏　地膜覆盖作物的根系入土较浅，但却茎高叶多、结果量大，植株容易发生倒伏，应及时支竿插架，固定植株，并勤整枝抹杈，防止株型过大。

Module 3

硬质塑料板材

任务1 硬质塑料板材的种类与主要特性

【任务目标】

熟悉常见硬质塑料板材的种类，了解其主要性能。

【教学材料】

常见硬质塑料板材。

【教学方法】

在教师指导下，学生了解并掌握不同硬质塑料板材的形态、特性等。

一、硬质塑料板材的种类

设施栽培所用硬质塑料板材一般指厚度 0.2 mm 以上，适合设施覆盖的硬质透明塑料板材。硬质塑料板材的种类主要有玻璃纤维增强聚酯树脂板(FRP 板)、玻璃纤维增强聚丙烯树脂板(FRA 板)、丙烯树脂板(MMA 板)和聚碳酸酯树脂板(PC 板)等几种。

二、主要硬质塑料板材的特性

1. FRP 板　以不饱和聚酯为主体，加入玻璃纤维增强而成，厚度一般为 0.7～0.8 mm；瓦楞状波形板，波幅 32 mm；表面或有涂层或有覆膜(聚氟乙烯薄膜)保护，防止表面在阳光照射下发生龟裂，导致纤维剥蚀脱落以及缝隙内滋生微生物和污垢，使透光性迅速衰减，一般使用寿命 10 a 以上。

2. FRA 板　以聚丙烯酸树脂为主体，加入玻璃纤维增强而成，厚度一般为 0.7～0.8 mm；瓦楞状波形板，波幅 32 mm；抗老化性优于 FRP 板，使用寿命 15 a 左右，但耐火性差。

3. MMA 板　以丙烯酸树脂为母料，不加玻璃纤维，厚度一般为 1.3～1.7 mm；瓦楞状波形板，波幅 63 mm 或 130 mm；保温性强，污染少，透光率衰减缓慢，但耐热性差，价格高。

4. PC 板　PC 板为聚碳酸酯系列板材的简称，分为实心型耐力板和中空型阳光板(图 1-9)。

园艺设施上常用的为双层中空平板和波纹板两种。双层中空平板厚度一般为 6～10 mm；波纹板的厚度一般为 0.8～1.1 mm，波幅 76 mm，波宽 18 mm。PC 板表面涂有防老化层，使用寿命 15 a 以上；抗冲击能力是相同厚度普通玻璃的 200 倍；重量轻，单层 PC 板的重量为同等厚度玻璃的 1/2，双层 PC 板的重量为同等厚度玻璃的 1/5；透光率高达 90%，衰减缓慢(10 年内透光率下降 2%)；保温性好，是玻璃的 2 倍；不易结露，在通常情况下，当室外温度为 0℃，室内温度为 23℃，只要室内相对湿度低于 80%，材料的表面就不会结露；阻燃；但防尘性差；价格较贵。

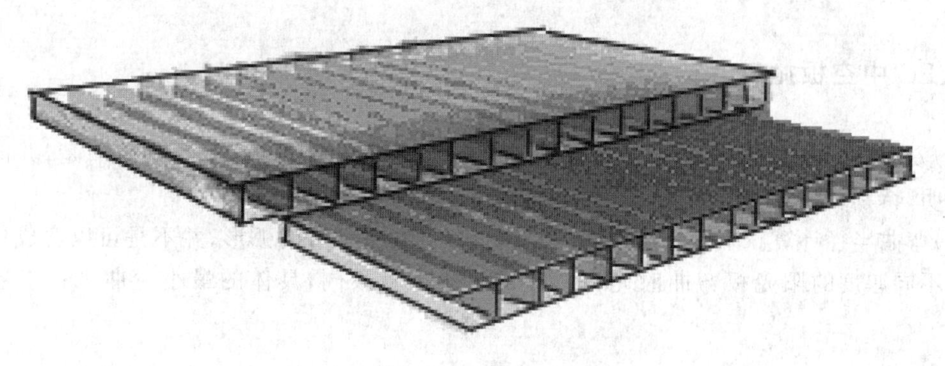

图 1-9　PC 中空阳光板

5. PE 中空板　即 PE 阳光板(图 1-10),其主要材料为高密度聚乙烯,内加有双组分抗氧剂和双组分紫外线吸收剂,并加有防雾滴剂。PE 中空板具有双层中空板结构,中间有加强立筋,柔韧性非常好。PE 阳光板的厚度一般在 2～6 mm,宽度为 2 000 mm,长度不限,通常为卷状。

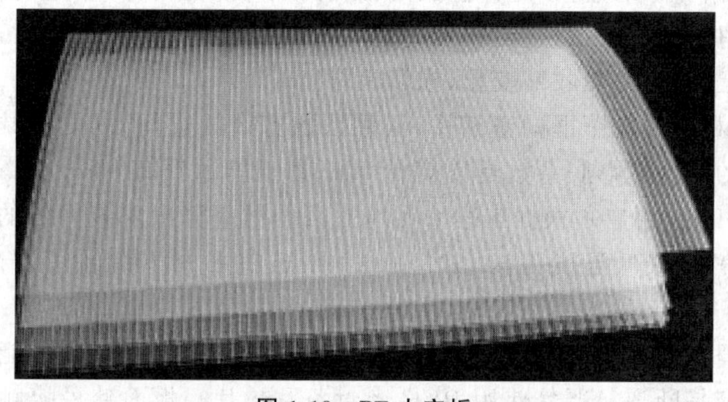

图 1-10　PE 中空板

塑料大棚专用 PE 中空板因是双层中空结构,中间有隔离空气,既可隔热也可贮热,且保温能力很强,同时极少出现挂水和滴水现象。PE 中空板塑料大棚低温耐候性好,－40℃不裂,透光率高,厚 3 mm 板透光率达 70%以上,耐老化,寿命在 10 a 以上。

任务 2　硬质塑料板材的施工与维护

【任务目标】

掌握 PC 中空板的应用要点。

【教学材料】

常见硬质塑料板材。

【教学方法】

教师指导下,学生了解并掌握 PC 中空板的应用与维护要点。

一、PC 中空板施工

(1)安装前,施工组织者一定要将保护膜上印的文字说明和注意事项理解清楚,并向操作员说明,特别要注意哪面朝外,千万不可错装。

(2)弯曲半径计算。阳光板可以弯曲是指可以弯曲呈平滑的弧形,并不是可以弯成任何形状。不同厚度的阳光板弯曲时允许弯曲的最小半径不同,具体的最小弯曲半径参数见表 1-4。

表 1-4 PC 中空板的弯曲半径 mm

阳光板厚度	4	6	8	10
最小弯曲半径	700	1 050	1 400	1 750

(3)安装前,要将保护膜沿边缘揭起,留出压条位置,使压条直接接触板材,待安装完成后,将保护膜完全撕掉,不要将带有保护膜的板材安装好后,再沿压条边划开保护膜,因为这样容易在板材上留下划痕,板材会沿划痕开裂。如使用螺丝固定阳光板时,孔径应大于螺丝直径的 0.5 倍以上,防止冷热收缩变形,损坏板材。

(4)在连接型材中或在镶框的镶槽中,必须留出有效的空间,以便板材受膨胀和受载位移。中空阳光板的线性热膨胀系数是 7×10^{-5}/K,即温度每升高 1℃,1 m×1 m 板顺着长度方向各膨胀 0.07 mm,用户须根据工程所在地的四季温差算出安装间隙的数据。如北方地区,最高温度为 40℃,最低温度为 −30℃,1 m×1 m 的板材安装预留间隙为 0.07×70=4.9 mm。

(5)安装阳光板时,请使用专用密封胶和胶垫,其他种类的密封胶可能会对板材造成腐蚀,使板材变脆,容易断裂。严禁使用 PVC 密封条及垫片。板面禁忌接触碱性物质及侵蚀性的有机溶剂,如碱、胺、酮、醛、醚、卤代烃、芳香烃、甲醛基丙醇等。

二、PC 中空板维护

1. 运输　中空板运输过程中必须平放于面积大于板材的干净平面托盘上,如有需要应适当绑住以避免震动和滑动,注意保护好板边不使受损,双面保护膜要保持完整无缺。

2. 保存　要在室内存放,绝不允许日光直接照射或雨淋。贮藏室须保持洁净、干燥,避免灰尘侵入,室内不应同时存放其他化学物质。存放时用手码放,码放高度不要超过 2 m。板上不得压重物,板材之间不得有硬物。贮存时,不得损坏或揭掉保护膜。

3. 擦洗　清洗时,要使用中性清洁剂或不含侵蚀性的清洁剂加水擦洗,避免表面划痕。用软布或海绵蘸中性液轻轻擦洗,禁用粗布、刷子、拖把等其他坚硬、锐利工具实施清洗,以免产生拉毛现象。用清水把清洗下的污垢彻底冲洗干净后,用干净布把板面擦干擦亮,不可有明显水迹。当表面上出现油脂、未干油漆、胶带印迹等情况时可用软布点酒精擦洗。

Module 4

遮 阳 网

任务1　遮阳网的种类与主要性能
任务2　遮阳网应用技术

任务1 遮阳网的种类与主要性能

【任务目标】

熟悉遮阳网的种类，了解其主要性能。

【教学材料】

常用遮阳网。

【教学方法】

在教师指导下，学生了解并掌握不同遮阳网的形态、特性等。

一、遮阳网的种类

遮阳网是以聚烯烃树脂为主要原料，加入一定的光稳定剂、抗氧化剂和各种色料等，熔化后经拉丝制成的一种轻质、高强度、耐老化的塑料编织网（图1-11）。

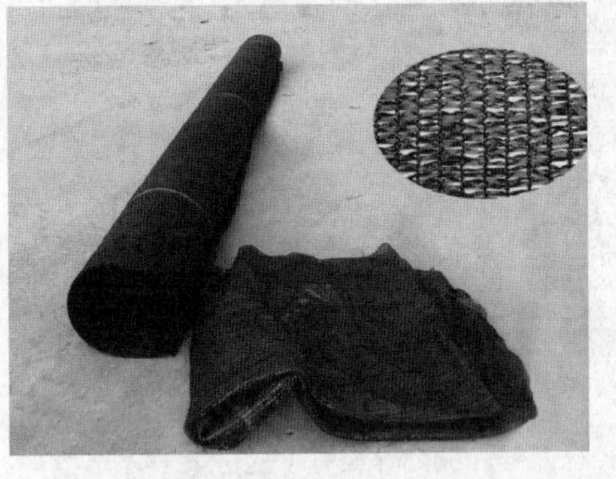

图1-11 遮阳网

1. 按颜色分类 分为黑色、银灰色、蓝色、绿色以及黑-银灰色相间等几种类型，以前两种类型应用比较普遍。

2. 按纬编稀密度分类 遮阳网每一个密区为25 mm，编8、10、12、14和16根塑料丝，并因此分为SZW-8型、SZW-10型、SZW-12型、SZW-14型和SZW-16型五种型号。各型号遮阳网的主要性能指标见表1-5。

表1-5 遮阳网的型号与性能指标

型号	遮光率/%		机械强度	
			50mm宽度的拉伸强度/N	
	黑色网	银灰色网	经向（含一个密区）	纬向
SZW-8	20～30	20～25	≥250	≥250
SZW-10	25～45	25～40	≥250	≥300
SZW-12	35～55	35～45	≥250	≥350
SZW-14	45～65	40～55	≥250	≥450
SZW-16	55～75	50～70	≥250	≥500

遮阳网的宽度规格有90、150、160、200、220、250 cm。

生产上主要使用SZW-12型、SZW-14型两种型号，宽度以160～250 cm为主，每平方米质量45 g和49 g，使用寿命为3～5 a。

二、遮阳网的性能

遮阳网的主要作用是遮光和降温、防止强光和高温危害。按遮阳网的规格不同，遮光率一般为20%～75%。

遮阳网的降温幅度因种类不同而异，一般可降低气温3～5℃，其中黑色遮阳网的降温效果最好，可使地面温度下降9～13℃。

另外，遮阳网还具有一定的防风、防大雨冲刷、防轻霜和防鸟害等作用。

【练习与作业】

遮阳网的性能观测

（1）遮光性观测　在同一时间内，用光度计分别测定不型号遮阳网下的光照强度，比较不同型号遮阳网的透光率。

（2）降温性观测　于中午前后，分别测量不同型号遮阳网下50 cm、100 cm处的温度，比较不同型号遮阳网的降温情况。

将上述观测结果填入表1-6：

表1-6　不同遮阳网性能观测

遮阳网型号	光照强度/lx	温度/℃		备注
		网下50 cm处	网下100 cm处	
SZW-8(黑色)				
SZW-8(银灰色)				
SZW-12				
SZW-16				

任务2　遮阳网应用技术

【任务目标】

掌握遮阳网的选择及应用技术要点。

【教学材料】

常用遮阳网。

【教学方法】

在教师指导下，学生了解并掌握遮阳网的选择方法以及应用技术要点。

遮阳网主要应用于高温和强光照季节，对蔬菜等进行遮光降温育苗或栽培。在南方一些地区，冬季也有利用闲置的遮阳网直接覆盖在秋冬作物（如大白菜、花椰菜、结球莴苣等）

上防寒防冻，延长采收期，或于早春为防霜冻侵袭，用遮阳网代替草苫、苇苫等，对早春菜保温覆盖，提早上市。

一、遮阳网选择

1. *根据作物种类选择* 喜光、耐高温的作物适宜选择SZW-8、SZW-10、SZW-12型遮光率较低的遮阳网，不耐强光或耐高温能力较差的作物应选择SZW-14、SZW-16型遮光率较高的遮阳网，其他作物可根据相应情况进行选择。如：高温季节种植对光照要求较低、病毒病危害较轻的作物（如伏小白菜、大白菜、芹菜、香菜、菠菜等），可选择遮光降温效果较好的黑色遮阳网；种植对光照要求较高、易感染病毒病的作物（如萝卜、番茄、辣椒等），则应选择透光性好，且有避蚜作用的银灰色遮阳网。

2. *根据季节选择* 黑色网多于酷暑期在蔬菜和夏季花卉上使用。秋季和早春应选择银灰色遮阳网，不致造成光照过弱。

二、遮阳网覆盖

遮阳网的覆盖形式通常分为外覆盖和内覆盖两种。

1. *外覆盖* 外覆盖是将遮阳网直接覆盖在设施外表面或覆盖在设施外的支架上。见图1-12。

外覆盖的主要优点：对设施的遮光效果好，设施内的进光量减少明显，降温效果也好；遮阳网对薄膜具有一定的保护作用，可避免强光引起的薄膜老化，也可减轻风、雨、冰雹等对薄膜的损坏程度，护膜效果好；遮阳网覆盖在设施外，不受设施空间和内部设备的限制，适合机械化大面积覆盖管理。

外覆盖的主要缺点：遮阳网管理不方便；为减少强光、风、雨、冰雹等对遮阳网的损坏，对遮阳网的规格要求较为严格，同时对支架的材料要求也比较严格，费用增高。

外覆盖适合于各类植物的遮阳栽培，尤其适于高大植物的遮阳栽培。另外，大型的生产设施也多采用外覆盖形式，进行机械化开、关管理。

2. *内覆盖* 内覆盖是将遮阳网覆盖在设施内部，多采用悬挂方式悬挂在棚膜下方，见图1-13。

图1-12 遮阳网外覆盖（大型设施）

图1-13 温室遮阳网内覆盖

内覆盖的主要优点：遮阳网悬挂在设施内，位置较低，易于进行人工管理；不易遭受风、雨、强光以及冰雹等的损坏，对遮阳网的规格和支撑材料要求不严格，费用降低。

内覆盖的主要缺点：遮阳网覆盖后，容易造成设施内空间低矮，不方便设施内的管理，特别是不方便通风管理以及大型的机械化作业等，也不适合高秧蔬菜的中后期生长；遮阳网对射入设施内的光照量没有限制作用，不利于设施内的降温管理，降温效果差；遮阳网对薄膜无保护作用。

内覆盖适用于蔬菜育苗、小型盆花栽培等的遮阳覆盖，多作为临时性覆盖。

【注意事项】

(1)为便于遮阳网的揭盖管理和固定，应根据覆盖面积的长、宽选择不同幅宽的遮阳网，并将数块遮阳网拼接成一幅大的遮阳网，对整个大棚或较大的区域进行整块覆盖。

(2)在切割遮阳网时，剪口要用电烙铁烫牢，避免以后“开边”；在拼接遮阳网时，不可采用棉线，应采用尼龙线缝合，以增加拼接牢固度。

【经验与常识】 如何鉴别遮阳网的质量优劣？

优质遮阳网通常具备以下特点：

(1)网面平整、光滑，编丝与缝隙平行、整齐、均匀，经纬清晰明快。

(2)光洁度好，有质亮感。

(3)柔韧适中、有弹性，无生硬感，不粗糙，有平整的空间厚质感。

(4)正规的定尺包装，遮阳率、规格、尺寸标明清楚。

(5)无异味、臭味，有的有塑料淡淡的焦煳味。

凡是不具备上述特点的大多为劣质遮阳网。

另外，目前市场上销售遮阳网主要有两种方式：一种是按重量卖，一种是按面积卖。按重量卖的一般为再生料网，属低质网，使用期为 2 个月至 1 a，此网特点是丝粗、网硬、粗糙、网眼密、重量重、无明确的包装；按面积卖的网一般为新料网，使用期为 3～5 a，此网特点是质轻、柔韧适中、网面平整、有光泽。

【典型案例 1】

莱芜生姜遮阳栽培增产增收成效显著

生姜是莱芜市农业的一大支柱，为提高生姜的产量和质量，目前莱芜生姜生产地区积极推广遮阳网覆盖保护栽培模式，主要种植模式有“地膜覆盖＋条幅式遮阳网遮阴”、“地膜覆盖＋棚式遮阳网遮阴”以及“地膜、小拱棚＋棚式遮阳网遮阴”三种。遮阳网的使用，不仅免除了传统姜田插草、插秸秆等的繁杂劳动，而且由于遮阳网的通风透光，在保持弱光环境的同时，对地表降温、降湿效果也比较突出。特别是后两种种植模式，还能防止部分害虫飞入，减轻病虫危害；通过大行株距种植，还可以采取多次培土等配套技术措施；在霜降前通过搭盖棚膜保护，还能延长生姜生育期 20～25 d，增产增收效果明显，产量、效益一般较传统栽培模式增加 1 倍以上。

Module 5

防 虫 网

任务1　防虫网的种类与主要性能
任务2　防虫网应用技术

任务1 防虫网的种类与主要性能

【任务目标】
熟悉防虫网的种类，了解其主要性能。

【教学材料】
常见防虫网。

【教学方法】
在教师指导下，学生了解并掌握防虫网的种类、特性等。

一、防虫网的种类

防虫网是一种新型农用覆盖材料，它以优质聚乙烯为原料，添加了防老化、抗紫外线等化学助剂，经拉丝织造而成，形似窗纱类的覆盖物(图1-14)。

防虫网通常是以目数进行分类的。目数即是在一英寸见方(长25.4 mm，宽25.4 mm)内有经纱和纬纱的根数，如在一英寸见方内有经纱20根，纬纱20根，即为20目，目数小的防虫效果差；目数大的防虫效果好，但通风透气性差，遮光多，不利网内蔬菜、花卉等的生长。

防虫网的颜色有白色、黑色、银灰色、灰色等几种。铝箔遮阳防虫网是在普通防虫网的表面缀有铝箔条，来增强驱虫、反射光效果。

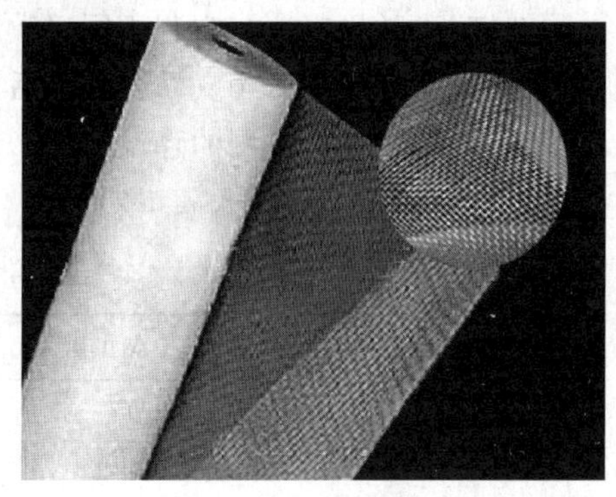

图1-14 防虫网

二、防虫网的性能

1. 防虫 防虫网以人工构建的屏障，将害虫拒之网外，达到防虫、防病保菜的目的。此外，防虫网反射、折射的光对害虫还有一定的驱避作用。覆盖防虫网后，基本上可免除菜青虫、小菜蛾、甘蓝夜蛾、斜纹夜蛾、黄曲跳甲、猿叶虫、蚜虫等多种害虫的为害。

2. 防暴雨、抗强风 夏季强风暴雨会对作物造成机械损伤，使土壤板结，发生倒苗、死苗等现象。覆盖防虫网后，由于网眼小、强度高，暴雨经防虫网撞击后，降到网内已成蒙蒙细雨，冲击力减弱，有利于作物的生长。

防虫网具有较好的抗强风作用。据测定，覆盖25目防虫网，大棚内的风速比露地降低15%～20%；覆盖30目防虫网，风速降低20%～25%。

3. 调节气温和地温 防虫网属于半透明覆盖物，具有一定的增温和保温作用。据测定，覆盖25目白色防虫网，大棚温度在早晨和傍晚与露地持平，而晴天中午，网内温度比露地高约1℃，大棚10 cm地温在早晨和傍晚时高于露地，而在午时又低于露地。

4. 遮光调湿　防虫网具有一定的遮光作用，但遮光率比遮阳网低，如25目白色防虫网的遮光率为15%～25%、银灰色防虫网为37%、灰色防虫网可达45%，可起到一定的遮光和防强光直射作用，因此防虫网可以在植物的整个生产期间实施全程覆盖保护。

防虫网能够增加网内的空气湿度，一般相对湿度比露地高5%左右，浇水后高近10%左右。

5. 防霜冻　早春3月下旬至4月上旬，防虫网覆盖棚内的气温比露地高1～2℃，5 cm地温比露地高0.5～1℃，能有效防止霜冻。

6. 保护害虫天敌　防虫网构成的生活空间，为害虫天敌的活动提供了较理想的生境，又不会使天敌逃逸到外围空间去，既保护了天敌，也为应用推广生物治虫技术创造了有利的条件。

7. 防病毒病　病毒病是多种蔬菜、花卉上的灾难性病害，主要是由昆虫特别是蚜虫传病。由于防虫网切断了害虫这一主要传毒途径，因此，大大减轻蔬菜、花卉病毒的侵染，防效可达80%左右。

【练习与作业】

防虫网的性能观测。

(1)防虫效果观测　观测不同目数防虫网的防虫效果。

(2)降温性观测　于夏季中午前后，分别测量不同型号防虫网下50 cm、100 cm处的温度，比较不同型号防虫网的降温情况。

将上述观测结果填入表1-7：

表1-7　不同防虫网性能观测

防虫网型号	昆虫数量	温度	备注
20目			
25目			
30目			
35目			

任务2　防虫网应用技术

【任务目标】

掌握防虫网的选择及主要应用。

【教学材料】

常见防虫网及覆盖用材料和用具。

【教学方法】

在教师指导下，学生了解并掌握防虫网的选择方法以及应用。

一、防虫网的选择

生产上主要根据所防害虫的种类选择防虫网，但也要考虑作物的种类、栽培季节和栽培方式等因素。

防棉铃虫、斜纹夜蛾、小菜蛾等体形较大的害虫，可选用20～25目的防虫网；防斑潜蝇、温室白粉虱、蚜虫等体形较小的害虫，可选用30～50目的防虫网。

喜光性蔬菜、花卉以及低温期覆盖栽培，应选择透光率高的防虫网；夏季生产应选择透光率低、通风透气性好的防虫网，如可选用银灰色或灰色及黑色防虫网。

单独使用时，适宜选择银灰色（银灰色对蚜虫有较好的拒避作用）或黑色防虫网。与遮阳网配合使用时，以选择白色为宜，网目一般选择20～40目。

二、防虫网覆盖

（一）覆盖形式

1. *整体覆盖*　主要分为以下几种情况：

（1）大、中拱棚覆盖　将防虫网直接覆盖在棚架上，四周用土或砖压严实，棚管（架）间用压膜线扣紧，留大棚正门揭盖，便于进棚操作。

（2）小拱棚覆盖　将防虫网覆盖于拱架顶面，四周盖严，浇水时直接浇在网上，整个生产过程实行全程覆盖（图1-15）。

图1-15　遮阳网小拱棚覆盖

（3）平棚覆盖　用水泥柱或毛竹等搭建成平棚，面积以0.2 hm^2左右为宜，棚高2 m，棚顶与四周用防虫网覆盖压严，既能做到生产期间的全程覆盖，又能进入网内操作。

2. *局部覆盖*　主要用于温室、塑料大棚防雨栽培。防虫网覆盖于温室、塑料大棚的通风口、门等部位。

(二)覆盖与管理技术要点

1. 防虫网覆盖前要进行土壤灭虫　可用50%敌敌畏800倍液或1%杀虫素2 000倍液,畦面喷洒灭虫,或667 m^2 地块用3%米乐尔2 kg做土壤消毒,杀死残留在土壤中的害虫,清除虫源。

2. 防虫网要严实覆盖　防虫网四周要用土压严实,防止害虫潜入为害与产卵。

3. 防虫网实行全栽培期覆盖　对栽培期短的作物,基肥要一次性施足,生长期内不再撤网追肥,不给害虫侵入制造可乘机会。

4. 拱棚应保持一定的高度　拱棚的高度要大于作物高度,避免叶片紧贴防虫网,网外害虫取食叶片并产卵于叶上。

5. 破损管理　发现防虫网破损后应立即缝补好,防止害虫趁机而入。

6. 高温季节要防网内高温　高温季节覆盖防虫网后,网内温度容易偏高,可在顶层加盖遮阳网降温,或增加浇水次数,增加网内湿度,以湿降温。当最高温度连续超过35℃时,应避免使用防虫网,防止高温危害。

正确使用与保管下,防虫网寿命可达3～5 a或更长。

Module 6

保 温 被

任务 1　保温被的种类与主要性能
任务 2　保温被应用技术

任务1　保温被的种类与主要性能

【任务目标】

熟悉保温被的种类，了解其主要性能。

【教学材料】

常见保温被。

【教学方法】

在教师指导下，学生了解并掌握保温被的种类与主要性能。

保温被的种类

近几年来，我国各地研制开发的保温被品种比较多，主要类型有：

图 1-16　复合型保温被

1. 复合型保温被　这种保温被采用厚 2 mm 的蜂窝塑料薄膜 2 层，加 2 层无纺布，外加化纤布缝合制成(图 1-16)。它具有重量轻、保温性能好的优点，适于机械卷放。其主要缺点是经一个冬季使用后，里面的蜂窝塑料薄膜和无纺布经机械卷放碾压后容易破碎。

2. 针刺毡保温被　针刺毡是用旧碎线(布)等材料经一定处理后重新压制而成的，造价低，保温性能好。保温被用针刺毡作主要防寒保温原料，一面覆上化纤布，一面用镀铝薄膜与化纤布相间缝合作面料，采用缝合方法制成(图 1-17)。

图 1-17　针刺毡保温被

该保温被自身重量较复合型保温被重,防风性、保温性均较好。其最大缺点是防水性较差,水容易从针线孔渗入,保温被受湿后降低保温效果。另外,该保温被只有晾干后才能保存,在保温被收放保存之前需要大的场地晾晒,晾晒也很麻烦。

3. 腈纶棉保温被　保温被采用腈纶棉、太空棉作主要防寒材料,用无纺布作面料,采用缝合方法制成。

该保温被在保温性上能满足要求。但其结实耐用性差,无纺布几经机械传动碾压后,很快破损。另外,该保温被采用缝合方法制成,防水性也不佳,雨(雪)水能够从针眼渗到里面,洇湿腈纶棉。

4. 羽绒保温被　保温被由防雨布和薄膜与保温胆构成,两层防雨布中间设置保温胆。保温胆由两层薄膜构成,内放置羽绒。羽绒保温被上周边设置子母扣,由子母扣相互连接多条羽绒保温被。保温被的结构简单,安装拆卸使用方便,重量轻,保温性能强,防腐抗晒,防雨雪,不透气。

5. 泡沫保温被　保温被采用微孔泡沫作主料,上下两面采用化纤布或无纺布作面料(图 1-18)。主料具有质轻、柔软、保温、防水、耐化学腐蚀和耐老化的特性,经加工处理后的保温被不仅保温性持久,且防水性极好,容易保存,具有较好的耐久性。它的缺点是自身重量太轻,需要解决好防风的问题。

图 1-18　泡沫保温被

6. 新型保温被　利用聚乙烯 PE 膜做保温被表层材料,采用非缝合、非胶粘一次成型工艺,与毛毡或棉毡直接压合,彻底解决针脚渗水及离骨的问题。制成不同幅宽(1 000～6 600 mm)、不同厚度(5～20 mm)、不同保温层(棉毡或毛毡)的保温被,采用尼龙扣作被与被之间搭接,使之形成一个整体,既美观实用,又减少搭接面积,节省材料。

上述几种保温被都有较好的保温性,都适于机械卷动,近年来推广使用的面积在不断扩大。

【相关知识】　保温被的基本结构

保温被是由多层不同功能的化纤材料组合而成的保温覆盖材料,一般厚度 6～15 mm。

一、保温被的基本结构

典型保温被一般由防水层、隔热层、保温层和反射层四部分组成。见图 1-19 所示。

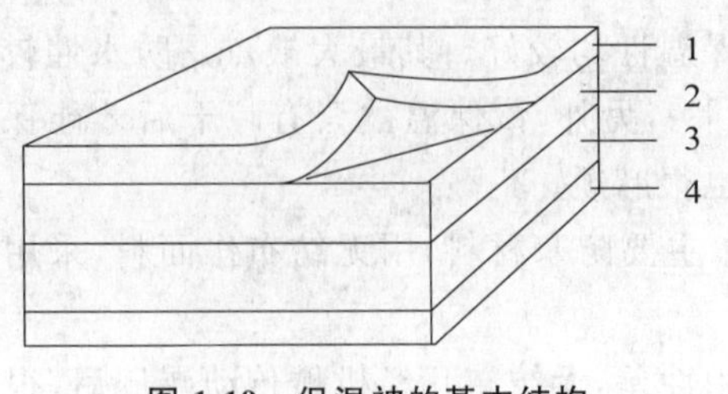

图 1-19 保温被的基本结构

1. 防水层 2. 隔热层 3. 保温层 4. 反射层

1. 防水层　为保温被的最外层。主要采用耐老化、耐腐蚀、强度高、寿命长的镀膜防水苫布。其主要作用是隔水，防止雨水渗入保温被内。

2. 隔热层　主要由阻隔红外线的保温材料构成，主要作用是减少热量向外传递，增强保温效果。

3. 保温层　是保温被的主要保温部分，多用膨松无纺布、腈纶棉、针毡、毛毡、羽绒、微孔泡沫等作保温材料。

4. 反射层　一般选用反光镀铝膜。其主要功能为反射远红外线，减少辐射散热。

二、保温被的主要性能

1. 保温性　保温被的规格和结构是根据保温需要进行设计的，针对性强，并且保温被较草苫覆盖严实，紧贴棚膜，保温性能较好。一般单层保温被可提高温度 5～8℃，与加厚草苫相当；而在低温多湿地区，由于保温被的防水性较好，晴天温度较草苫提高 2～3℃，雨雪天提高 4～5.5℃。

同草苫一样，保温被使用一段时间后，由于结构损坏，其保温能力也有所下降。

2. 持久性　保温被采用棉纤维、毛纤维和化学纤维等作原料，注重抗紫外线和抗氧化的功能，解决了稻草苫不能解决的怕酸碱、怕潮湿、怕霉变的难题，使用寿命长，一般正常使用时间可达 10 年以上，而草苫的使用寿命一般只有 2～3 年。

3. 易于卷放操作　草苫体积大，重量大，卷帘机卷草苫会经常走偏，卷放强度大，并且对草苫的损坏也比较严重。保温被薄并且重量轻，使用小功率卷放机即可完成任务，并且卷保温被不会走偏，卷放和运输、保存都方便。

4. 抗风性好　保温被柔软，紧贴在大棚膜上，不易被风吹起，适当固定后，防风效果优于草苫。

5. 增强大棚膜的透光性　保温被全部采用耐腐蚀、抗老化材料，在使用中基本不掉毛，并且在卷放过程中，能吸附大棚膜上的尘土，还能把大棚膜擦得特别亮，始终保持大棚膜洁净明亮，提高了大棚的采光量。

6. 降低使用成本　保温被有效使用期可达 10 年以上，到时无法应用了还可回收，从而降低了使用成本。另外，保温被每平方米重量轻，无须大型卷帘机，与卷草苫的卷帘机相比，100 m 长大棚每台节省 200 元左右，还可节省大量的绳子和维修费等。

7. 减少薄膜损坏　保温被重量轻，自身对棚膜的损坏轻。同时保温被还能保持大棚膜表面清洁，无须再上人清扫，也减少了对棚膜的损坏。

任务 2　保温被应用技术

【任务目标】

掌握保温被的应用技术。

【教学材料】

常见保温被及覆盖用材料与用具。

【教学方法】

在教师的指导下，学生了解并掌握保温被的应用要点。

一、选择保温被

1. 选择合格的保温被　合格的保温被一般用腈纶棉、防水包装布、镀铝膜等多层材料复合缝制而成，要求质轻，蓄热保温性好，能防雨雪，厚度不应低于 3 cm，寿命在 5～8 年。

2. 根据所在地区冬季的温度情况选择保温被　冬季严寒地区应选择厚度大一些的保温被，反之则选择薄一些的保温被，以降低生产成本。

保温被重量选择参考如下：每平方米 2 500 g 保温被的保温效果相当于 2.5 层新稻草苫；每平方米 2 250 g 保温被的保温效果相当于 2 层新稻草苫；每平方米 2 000 g 保温被的保温效果相当于 1.5 层新稻草苫；每平方米 1 750 g 保温被的保温效果相当于 1 层新稻草苫。

3. 根据所在地区冬季的降水情况选择保温被　冬季雨、雪多的地区应选择防水效果好的保温被。使用缝制式保温被时，不宜选择双面防水保温被，因为双面防水保温被一旦进水后，水难以清除，冬天上了冻后，不但不保温，反而从棚内吸热降温，并且也容易使保温被碎裂。

二、上保温被

1. 上保温被前的准备

(1)要选购保温被专用的卷帘机。由于保温被比草苫薄，重量也轻，通常选用小机头卷帘机即可。

(2)保温被在运输过程中要轻搬轻放，严禁撕裂、刺破和磨损。

(3)卷帘机横卷杆通常每隔 0.5 m 设一个固定螺母，以利于穿钢丝固定保温被。

(4)大棚东西两侧墙上应备有压被沙袋、连接绳，通常一条保温被需要备用一条同样长的尼龙绳(带)。

2. 上保温被

(1)要严格按照安装要求将保温被与卷帘机连接安装好。

(2)上保温被时，两床保温被之间的搭接宽度不能少于 10 cm，保温被底下的尼龙绳(带)下端要固定在卷被用的横铁杆上，上端固定在钢丝上。

(3)保温被上好后，由连接绳将保温被搭接处连成一体。

(4)保温被应固定在大棚后墙顶中央。后墙顶向北应有一定的倾斜度，并用完整防水油布(纸)覆盖，以利于雨水向外排放，防止浸湿保温被。

3. 保温被应用与维护

(1)保温被在下放和卷起过程中，如果出现温室两侧卷放不同步现象时，应松开保温被的卡子，重新调整保温被的位置，并重复以上操作直到温室两侧同步卷放为止。

(2)保温被覆盖好后，大棚东西墙体上的搭压宽度应不少于 30 cm，并用沙袋压好，防止被风吹起，降低保温效果。

(3)应及时清除地面积水，防止保温被放到大棚底端后，浸湿保温被。有条件时，在地面与大棚膜交接处放置旧草苫子，防止保温被接触地面。

(4)卷帘电机在开启和关闭到极限位置时，应及时将电机停止，防止撕裂保温被。

(5)雪天过后，应及时清扫掉保温被上的积雪，防止保温被因结冰打滑而影响卷放。如果保温被被雨水打湿，应在次日卷起前让阳光照射一段时间，基本干燥后再卷起。

(6)遇强冷天气保温被与防水膜冻结时，应让太阳照射一段时间，至冰块水化后再卷起。

(7)第二年夏季不用时，选择晴天晾晒干燥后，卷起保存在后墙上或专用存放场地，用防水膜密封保存，严禁日晒雨淋。

【经验与常识】 警惕劣质保温被

由于人们在衡量大棚保温被质量好坏时，一般是以保温被的重量和厚度为标准，认为保温被的重量越大，质量越好，厚度越大，保温效果越好。一些不良商家为了迎合用户的这一心理特点，通过运用各种不良手段，比如在保温被里面添加黑心棉、垃圾棉、铁厂下来的黑沙，甚至直接在里边加土等来增加保温被的重量和厚度。遇上雨雪天气多的年份，因垃圾棉本身就容易吸水，吸水之后马上就失去了棉被本应该有的保温效果，同时重量成倍增加，不仅容易压塌棚架，而且卷帘机工作吃力，也很容易造成卷帘机损坏。另外，为了降低保温被的生产成本，个别厂家使用不合格的材料或替代品做保温被的封面材料，容易老化破裂，缩短使用寿命。合格保温被一般使用寿命 10 年左右，劣质保温被有的当年就发生破损，无法继续使用。

Module 7

草　苫

任务 1　草苫的种类与主要性能
任务 2　草苫应用技术
任务 3　草苫的维护与存放

任务1 草苫的种类与主要性能

【任务目标】

掌握草苫的种类与主要性能。

【教学材料】

常见草苫。

【教学方法】

在教师指导下,学生了解并掌握草苫的种类与主要性能。

一、草苫的种类

(一)按制作材料分类

主要有稻草苫和蒲草苫两种。

1. 稻草苫　用稻草加工制成(图1-20)。稻草苫材料来源广,制作成本低,价格便宜;质地柔软,易于覆盖,覆盖严实,保温性好;防潮能力好,不易霉烂。其主要不足是厚度大,用料多,重量大,不方便搬运和贮存;稻草秸秆短,一幅草苫需要多个草把接长,接头处容易开裂,影响使用寿命。

图1-20　稻草苫

稻草苫在正常使用和保管情况下,一般可连续使用3～5年。

2. 蒲草苫　用蒲草加工制成。与稻草苫相比较,蒲草苫质地硬,容易折断,覆盖也不严密,保温性差;蒲草秸秆的下端尖硬,容易刺破薄膜;密度小,重量轻;蒲草较长,适于加工制作超宽幅草苫。

(二)按制作方法分类

分为手工加工草苫和机器加工草苫两种。

1. 手工加工草苫　草把排列紧而整齐,草苫表面平整,两边也较齐,不容易掉草,保温效果好;草苫弹性好,容易卷放;使用寿命长;用料较多,加工工效低,草苫价格高。

2. 机器加工草苫　用料少,加工工效高,价格便宜;草把排列不紧,容易掉草和开裂,保温效果不如手工加工草苫好;草苫表面叶片、秸秆较多,两边多较“毛糙”;草苫弹性差,不易于卷放;使用寿命短。

二、草苫的性能

草苫主要功能是用于低温期的设施保温,一般覆盖一层新草苫(厚度4 cm以上),可提高温度 5～7℃，但随着草苫层数的增多，单层草苫的平均保温性能下降。

任务2 草苫应用技术

【任务目标】

掌握草苫的选择与覆盖要点。

【教学材料】

常见草苫及覆盖用材料和用具。

【教学方法】

在教师指导下，学生了解并掌握草苫的选择及覆盖要点。

一、选择草苫

(一)草苫的规格

1. 长度 适宜的草苫长度为棚面宽+(1～2)m。较棚面宽长出的 1～2 m，用来压到后坡和前地面上，增强保温效果。

2. 宽度 稻草秸秆短，不适合做宽幅草苫，适宜的宽度为 1.2～2.0 m。草苫过宽，草把接头增多，牢度差。

蒲草苫的适宜宽度一般为 1.5～2.5 m。

3. 厚度 普通温室所用草苫厚度要求不少于 3 cm，节能型日光温室所用草苫厚度应不少于 4 cm。按重量计算，3 m 宽的稻草苫，重量一般要求不少于 11.5 kg/m，也有订制加厚的，约 12.5 kg/m。

草苫厚度测量方法：将草苫按标准松紧度卷好，然后量取草苫卷的直径。用直径除以草苫层数所得数值，便为单层草苫的厚度。

(二)草苫的质量

1. 草把排列要紧密 编制草苫的草把排列要紧密，用手从两侧拉、拽草把，草把不容易被抽出。用力抖动草苫，不掉草。

2. 规格要均匀 要求草把大小、草苫厚度、草苫宽度等均匀一致。

3. 编草要新而干燥 编制草苫的草要求新而干燥，发霉的陈草质地柔软，容易断裂，不宜用来编制草苫。

4. 径绳的道数要适宜 编制草苫的径绳间距不超过 15 cm，最外缘的径绳距草苫边缘应保持在 8～10 cm，1.2 m 宽草苫一般不少于 8 道径绳。

5. 径绳要结实耐用 编制草苫要使用尼龙绳，塑料绳容易老化，不能用来编制草苫。另外，尼龙绳要选择经过抗老化处理的“熟丝”，不要购买“生丝”，“生丝”容易老化，使用寿命短。

判断尼龙绳是“生丝”还是“熟丝”的方法：用手指甲对尼龙绳使劲来回刮一下，如果起毛,则说明是“生丝”,购买时要留心。

二、上草苫

(一)上苫前的准备

1. 草苫加固　新购置的草苫上苫前,要对草苫的两端进行固定,以增强两端的耐拉能力,避免将草把拉出。

具体做法:每个草苫取两根长度同草苫宽的细竹竿(直径 3 cm 左右),两根竹竿分别用细铁丝固定到草苫的上、下两端,见图 1-21。

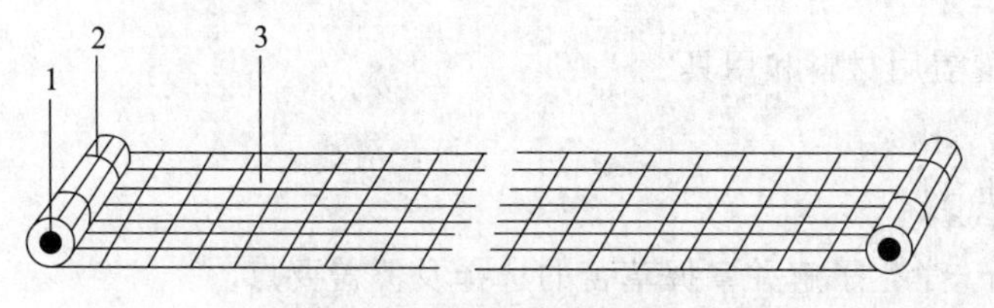

图 1-21　加固草苫两端

1. 细竹竿　2. 细铁丝　3. 草苫

2. 草苫接长　购买回的草苫长度偏短时,需要接长。

具体做法:将两幅草苫上、下叠压齐,叠压部分宽 20 cm 左右,然后用细尼龙绳或塑料绳按 10 cm 间距,上、下缝两道横线,将草苫连接好。

3. 草苫修补　草苫用过一段时间后,局部容易发生开裂或被鼠咬坏,需要修补。

具体做法:取一块长度较破损处稍大一些的完整草苫,覆盖到破损处,两边对齐后,将上、下两端用尼龙绳缝连好。

(二)上苫

1. 上苫形式　草苫的上苫形式主要有“品”字式、斜“川”字式和混合式三种。见图 1-22。

(1)“品”字式　草苫在温室顶部分前、后两排摆放,前后两排草苫间位置交错,相邻三个草苫呈“品”字形排列(图 1-23)。该上苫形式的前、后排草苫间相互独立,易于卷放。人工卷放草苫时,可同时进行多人卷放,工效较高,也便于进行局部草苫的卷放,草苫管理比较灵活。但该上苫形式的草苫覆盖后,草苫间的相互防风能力比较差,容易被风掀起。

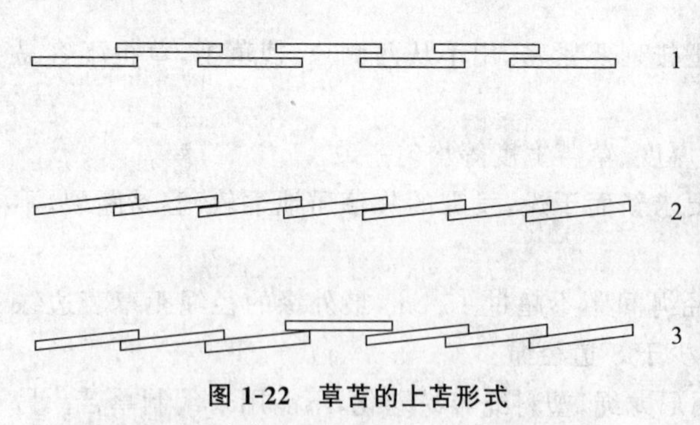

图 1-22　草苫的上苫形式

1.“品”字式　2. 斜“川”字式　3. 混合式

图 1-23　草苫“品”字式上苫

(2)斜“川”字式　草苫在温室的顶部呈一字斜放，相邻草苫顺序叠压，呈一边倒形。

该上苫形式的草苫覆盖后，草苫间顺风向叠压，防风效果好，不易被风掀起，保温效果也比较好，较适合多风地区使用，也适合机械卷放草苫选用。但该上苫形式的草苫间相互牵扯，人工卷放草苫时，只能从一端逐个卷起或放下，费工费事，工效低，草苫卷放前后，设施内东西两端的环境差异幅度也比较大。

(3)混合式　该上苫形式将5～10个草苫分为一组，组内草苫按斜“川”字式排放，组间草苫按“品”字式排放。该式兼顾了前两式的优点，适用于多风地区人工卷放草苫。

2. 技术要点

(1)应选无风天或微风天上苫。

(2)旧草苫上苫前，应先晾晒干后再上到棚顶。

(3)相邻草苫间相互搭接部分不得少于10 cm。

(4)草苫的顶端应用细铁丝固定到温室顶部的粗铁丝或预埋的固定锚钩上，将草苫固定住，避免下放时草苫上部下滑，或被风吹散。

(5)草苫在棚顶排列要整齐，人工卷放的草苫要用拉绳将草苫固定住。

三、草苫卷放

1. 草苫要适时卷放　一般上午当阳光照满棚面后开始卷起草苫，卷起过晚，卷苫后棚温升高过快，容易导致作物萎蔫。雪后或久阴乍晴日，人工卷苫时应间隔卷起草苫，机械卷放草苫时要先卷起下部，不要一次全部卷起，避免室内温度上升过快，导致作物萎蔫。下午当阳光西斜，棚内温度低于20℃，温室内西部棚膜下起雾时开始放苫。

2. 草苫固定要牢　草苫放下后，地面部分要用土袋或石块等压住，两侧部分要用土袋或石块压到两山墙上。一方面使草苫严实覆盖，提高保温效果；另一方面还能防止风吹起草苫。

3. 要保持草苫干燥　雪后要将草苫上的积雪清理掉后再卷起，避免带雪卷草苫。雪天应先清理掉膜面积雪，再放下草苫，避免积雪融化后打湿草苫。

4. 要正确卷放草苫　草苫卷起要紧，放下草苫时，草苫在棚面要正当，不要偏斜。机械卷放草苫时，要严格按照要求进行操作，注意人身安全。

任务3　草苫的维护与存放

【任务目标】

掌握草苫的维护与存放要点。

【教学材料】

常见草苫。

【教学方法】

在教师指导下，学生了解并掌握草苫的维护与存放要点。

一、草苫维护

(1)要防止雨雪打湿草苫。雨雪打湿草苫后,不仅降低草苫的保温效果,而且草苫重量加大,也增加了卷草苫的难度,并且棚面承受的压力增大,还容易损坏棚面结构。为避免雨雪打湿草苫,通常草苫放下后,应在草苫的表面覆盖一层塑料薄膜保护草苫。

(2)草苫被雨雪打湿后,要及时放开晾晒干。

(3)机械卷放草苫,拉绳的力量大,对草苫的损坏程度也比较高,可在草苫下贴覆一层无纺布保护草苫。具体做法:放下草苫前,先覆盖一层无纺布,用细钢丝每隔 3 m 将其上端固定在大棚后墙上的东西拉绳上,然后,再把草苫覆盖其上,最后用细钢丝将两者的上下两头连接起来即可。

(4)草苫使用过程中如果发生断绳、散草、开边等现象时,应及时修补好。

二、草苫存放

(1)春季气温升高后,要及时将草苫撤下,晾干后用防雨布覆盖好,下部垫起,集中放在通风处存放。

(2)草苫存放过程中要注意防鼠害。

(3)草苫存放过程中要定期检查,发现漏水湿帘时,要及时翻堆晾晒干。

【单元小结】

设施覆盖材料主要有塑料薄膜、地膜、硬质塑料板材、遮阳网、防虫网、保温被和草苫。其中塑料薄膜、地膜、硬质塑料板材为透明覆盖材料;遮阳网和防虫网属于半透明覆盖材料,主要用于遮阴和防虫覆盖;保温被和草苫属于不透明覆盖材料,主要用于保温覆盖。每种覆盖材料均有其各自的特性和适用范围,要正确选择覆盖材料,使用过程中应加强覆盖材料的维护和贮藏。

【实践与作业】

1. 在教师的指导下,学生了解当地园艺设施覆盖材料种类和生产应用情况。对当地主要园艺设施覆盖材料应用情况进行分析,并提出合理化建议。

2. 在教师的指导下,学生进行塑料薄膜、地膜、硬质塑料板材、遮阳网、防虫网、保温被和草苫覆盖练习,总结上述覆盖材料的覆盖技术要领,写出操作流程和注意事项。

【单元自测】

一、填空题(40 分,每空 2 分)

1. 设施常用的透明覆盖材料主要有__________和__________;常用保温覆盖材料主要有__________和__________两种。

2. 我国常用塑料薄膜主要有__________、__________和__________三种。

3. 地膜覆盖方式主要有______、______、______、沟畦覆盖和浮膜覆盖。

4. 遮阳网的主要作用是______和______、防止强光和高温危害。

5. 防棉铃虫、斜纹夜蛾、小菜蛾等体形较大的害虫，可选用______目的防虫网；防斑潜蝇、温室白粉虱、蚜虫等体形较小的害虫，可选用______目的防虫网。

二、判断题(24 分，每题 4 分)

1. 聚乙烯多功能复合膜较适合于北方塑料大棚覆盖。(　　)

2. "半无滴膜"只有一面具有防雾滴功能。(　　)

3. 防虫网的目数越大，防虫效果越差。(　　)

4. PE 多功能复合膜一般为三层共挤复合结构，其内层添加防雾剂，外层添加防老化剂，中层添加保温成分，使该膜同时具有长寿、保温和无滴三项功效。(　　)

5. 典型保温被一般由防水层、隔热层、保温层和反射层四部分组成。(　　)

6. 防虫网的目数即是在一英寸见方(长 25.4 mm，宽 25.4 mm)内有经纱和纬纱的根数。(　　)

三、简答题(36 分，每题 6 分)

1. 简述设施塑料薄膜选择的原则。

2. 简述遮阳网选择的原则。

3. 简述草苫上苫程序与要求。

4. 简述防虫网覆盖技术要领。

5. 简述地膜覆盖技术要领。

6. 简述保温被应用要领。

单元自测部分答案 1

【能力评价】

在教师的指导下，学生以班级或小组为单位进行设施覆盖材料覆盖应用实践。实践结束后，学生个人和教师对学生的实践情况进行综合能力评价。结果分别填入表 1-8 和表 1-9。

表 1-8　学生自我评价表

姓名			班级		小组	
生产任务		时间		地点		
序号	自评内容			分数	得分	备注
1	在工作过程中表现出的积极性、主动性和发挥的作用			5		
2	资料收集			10		
3	工作计划确定			10		
4	塑料薄膜应用			10		
5	地膜覆盖应用			15		
6	遮阳网、防虫网覆盖应用			15		
7	草苫覆盖应用			15		
8	其他覆盖材料覆盖应用			10		

续表 1-8

序号	自评内容	分数	得分	备注
9	指导生产	10		
合计得分				
认为完成好的地方				
认为需要改进的地方				
自我评价				

表 1-9　指导教师评价表

指导教师姓名：________ 评价时间：____年____月____日　课程名称________

生产任务				
学生姓名：　　　所在班级				
评价内容	评分标准	分数	得分	备注
目标认知程度	工作目标明确，工作计划具体结合实际，具有可操作性。	5		
情感态度	工作态度端正，注意力集中，有工作热情	5		
团队协作	积极与他人合作，共同完成任务。	5		
资料收集	所采集材料、信息对任务的理解、工作计划的制订起重要作用	5		
生产方案的制订	提出方案合理、可操作性、对最终的生产任务起决定作用	10		
方案的实施	操作的规范性、熟练程度	45		
解决生产实际问题	能够解决生产问题	10		
操作安全、保护环境	安全操作，生产过程不污染环境	5		
技术文件的质量	技术报告、生产方案的质量	10		
合计		100		

【信息收集与整理】

收集园艺覆盖材料最新发展类型及应用情况，并整理成论文在班级中进行交流。

【资料链接】

1. 中国温室网：http://www.chinagreenhouse.com
2. 中国园艺网：http://www.agri-garden.com
3. 中国农资网(农膜网)：http://www.ampcn.com/nongmo
4. 中国农地膜网：http://www.nongdimo.cn

【教材二维码(项目一)配套资源目录】

1. 棚膜品种类型图片
2. 棚膜机械粘接系列图片
3. 地膜类型及覆膜系列图片

项目一的二维码

4. 保温被品种类型图片

5. 遮阳网应用系列图片

【拓展知识】 我国设施覆盖材料的应用与发展

一、我国设施覆盖材料发展沿革

为了摆脱大自然的束缚，我们的祖先很早就开始利用保护设施抵御恶劣的自然条件，进行超时令、反季节蔬菜、瓜、果栽培实践。据史料记载，早在汉代就有"冬种瓜于骊山（今陕西临潼境内）谷中温处，瓜实成"。当时既无纸张、更无玻璃和塑料薄膜，只能利用地形小气候和温泉条件，建造朝阳暖室，夜间用不透明的天然材料覆盖保温，这是世界上最原始的温室栽培。到了汉代，纸张的发明，使温室栽培进入了以纸为透光覆盖材料的纸温室时代。玻璃问世以后，便取代纸成为温室覆盖材料，大大改善了温室的光照条件，增强了温室效应，促进了温室的发展。20 世纪 30—50 年代，以玻璃为透明覆盖材料的阳畦、改良阳畦和温室有了较大的发展。但是，由于玻璃重量大，易破损，对骨架要求严格，建造和维修难度大、费用高，推广普及范围受到限制。

20 世纪 50 年代中后期，随着塑料小拱棚覆盖栽培方式的引进，揭开了我国以塑料薄膜取代玻璃作为透明覆盖材料棚室栽培的新篇章。20 世纪 60 年代初至 70 年代中期，聚氯乙烯（PVC）薄膜大面积应用于大、中、小棚栽培，促进了我国塑料棚园艺的发展。然而，1975—1976 年冬春，由于农用聚氯乙烯薄膜增塑剂选择不当，造成了大面积塑料棚栽培作物的中毒。此后，聚氯乙烯农膜厂家纷纷转产聚乙烯（PE）薄膜，只有东北地区因气候严寒且有一定的生产和使用经验，聚氯乙烯薄膜尚有一定市场，其他地区均改用农用聚乙烯薄膜，并开始取代玻璃用作阳畦、改良阳畦和温室透明覆盖材料。20 世纪 70 年代末 80 年代初，地膜、无纺布也作为棚室内保温覆盖材料开始广泛应用。之后，随着我国棚膜生产工艺技术的迅速发展，从普通棚膜到乙烯-醋酸乙烯（EVA）多功能复合膜，已经研制开发出了三代新型棚膜，即防老化膜、双防膜（防雾滴、防老化）和乙烯-醋酸乙烯多功能复合膜，极大地推动了设施园艺的发展。

二、我国主要设施覆盖材料的应用与发展

1. 棚膜的应用与发展

塑料温室用膜：我国以棚膜为透明覆盖材料的塑料温室，主要分布在东北、西北、华北、黄淮地区。加温温室和普通日光温室多覆盖聚乙烯双防膜或普通聚乙烯膜，节能日光温室大都覆盖聚氯乙烯双防膜或聚乙烯多功能复合膜，厚度多在 0.08～0.12 mm。近年来新开发的乙烯-醋酸乙烯多功能复合膜、PO 膜等，透光性能显著优于聚乙烯双防膜，流滴性及保温性与聚氯乙烯双防膜基本相当，是今后颇具竞争力的节能日光温室透明覆盖材料。

塑料大棚用膜：我国的塑料大棚主要分布在长江中下游地区，过去主要使用普通棚膜，近年来已经大面积改用聚乙烯双防膜和聚乙烯多功能复合棚膜。大棚膜的厚度，江南及江淮地区多在 0.05～0.08 mm，华北、东北和西北地区多为 0.10～0.12 mm。乙烯-醋酸乙烯

多功能复合膜在塑料大棚上也有广阔的推广应用前景。

2. 遮阳网的应用与发展 我国传统的遮阳降温防暴雨覆盖材料是芦帘。20 世纪 80 年代初，一些出国访问学者，将遮阳网带回国内进行试验研究，收到显著的遮阳降温防暴雨效果。20 世纪 80 年代中后期，国内研制出了高强度、耐老化遮阳网，并进入生产性试验示范。1990 年，全国农业技术推广服务中心立项组织推广，目前年用网量大约 895.5 hm^2，覆盖栽培面积 4.67 万 hm^2，每年新增和更换遮阳网 1 499.25～1 999 hm^2，主要用于北方的蔬菜、花卉、茶叶、果树栽培和育苗。近年来，遮阳网在北方蔬菜、花卉生产上的使用量明显增加。

3. 保温覆盖材料的应用与发展 我国很早就开始利用草帘、草苫、纸被进行保温覆盖，20 世纪 80 年代以来应用面积急剧增加，每年大、小草帘、草苫的需求量大约有 8 亿令。约有 10 万 hm^2 的日光温室用纸被和草苫配套进行外保温覆盖，每年需耗用 2 亿多令纸被。草帘的应用区域主要在长江中下游及江南地区，草苫和纸被的应用区域主要在黄淮地区和华北、东北、西北地区。

保温被属于现代园艺设施用覆盖保温材料，在我国日光温室中主要起外部保温作用。与传统的草苫相比较，大棚保温被无论在经济上还是在实用上都比稻草苫有很多优势，现在越来越多的地区开始使用大棚保温被，特别是在东北、北京、新疆、西藏、宁夏、内蒙古等高寒地区，单纯用稻草苫无法达到温室要求，而大棚保温被以化纤、羊毛等为原料，表层采用抗紫外线原料保护，彻底解决了高寒地区和强阳光照射地区大棚保温难题，保温效果显著提高，应用前景广阔。

4. 农用无纺布的应用与发展 无纺布在日本、美国、荷兰、加拿大等发达国家早已普遍应用。用无纺布覆盖大棚比覆盖草苫保温效果显著，而且比草苫重量轻，管理方便，可实现机械化或半机械化揭盖。随着无纺布生产工艺水平的提高和覆盖技术的进一步完善，在蔬菜、果树等反季节栽培发展中，无纺布将会得到进一步的应用。

三、我国设施覆盖材料推广应用展望

随着我国设施栽培技术体系的发展和设施蔬菜、瓜、果、花卉经营格局的形成，设施栽培在种植业中的比较效益仍将保持较高的水平。在效益驱动下，我国的设施栽培面积仍将保持快速发展的势头。高科技含量的设施覆盖材料，将在我国设施园艺中发挥重要作用。如 F-Clean 薄膜作为一种高透光性、高耐候性的新型塑料温室覆盖材料，在建造超大跨度和超高温室时，较玻璃具有更大的优势；太阳能发电型覆盖材料将太阳能光伏发电材料夹在玻璃中或贴在软质的塑料膜上，可以通过太阳辐射吸收热量发电供应温室的运行，非常适合当今发展低碳经济的需求。

项目二

园艺设施的类型

知识目标

了解风障畦、阳畦、电热温床、塑料小拱棚、塑料大棚和温室的主要类型及建造要点，掌握风障畦、阳畦、电热温床、塑料小拱棚、塑料大棚和温室的主要性能及应用。

能力目标

能够对风障畦、阳畦、电热温床、塑料小拱棚、塑料大棚和温室进行合理布局与设计建造；能够正确进行风障畦、阳畦、电热温床、塑料小拱棚、塑料大棚和温室的生产应用。

Module 1

风 障 畦

任务 1　风障畦的结构与设置
任务 2　风障畦的性能与应用

任务1　风障畦的结构与设置

【任务目标】

掌握风障畦的结构与设置。

【教学材料】

常用风障畦建造材料与用具。

【教学方法】

在教师指导下，学生了解并掌握风障畦的结构与设置要点。

风障畦是指在菜畦的北侧立有一道挡风屏障的蔬菜栽培畦。

一、风障畦的结构

风障畦主要由栽培畦与风障两部分构成，见图2-1。

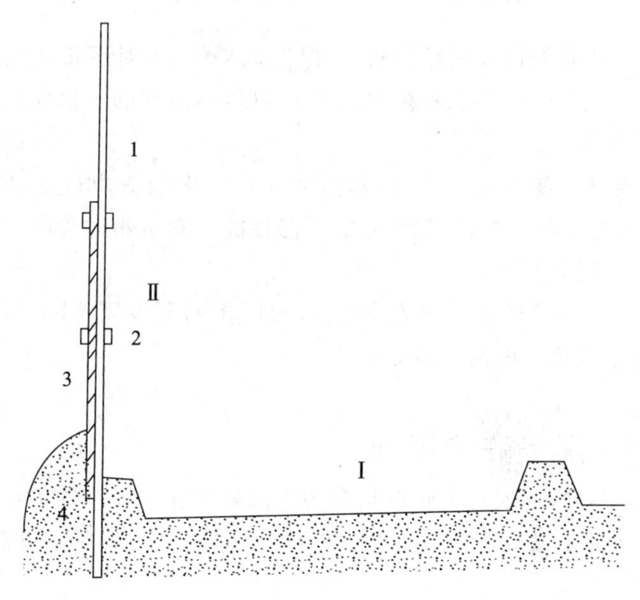

图2-1　风障畦的基本结构

Ⅰ.栽培畦　Ⅱ.风障

1.篱笆　2.拦腰　3.披风　4.土背

(一)栽培畦

栽培畦主要为低畦。视风障的高度不同，畦面一般宽1～2.5 m。根据畦面是否有覆盖物，通常将栽培畦分为普通畦和覆盖畦两种。

(二)风障

风障是竖立在蔬菜栽培畦北侧的一道高 1～2.5 m 的挡风屏障。

风障的结构比较简单。完整风障主要由篱笆、披风和土背三部分组成,简易风障一般只有篱笆和土背,不设披风。

1. 篱笆　篱笆是挡风的骨干,主要用玉米秸、高粱秸等具有一定强度和高度的作物秸秆夹设而成。为增强篱笆的抗风能力,在篱笆内一般还间有较粗的竹竿或木棍等。

2. 披风　披风固定在风障背面的中下部,主要作用是加强风障的挡风能力。一般用质地较软、结构致密的草苫、苇席、包片以及塑料薄膜等,高度 1～1.5 m。有的地方在风障的正面也固定上一层旧薄膜或反光膜,加强风障的挡风和反射光作用,增温和增光效果比较好。

3. 土背　土背培在风障背面的基部,一般高 40 cm 左右,基部宽 50 cm 左右。土背的主要作用是加固风障,并增强风障的防寒能力。

二、风障畦的设置

1. 风障畦的大小　风障畦的长度应适当大一些,一般要求不小于 10 m。风障畦越长,风障两端的风回流对风障畦的不良影响越小,畦内的温度越高,栽培效果也越好。

栽培畦不宜过宽,视风障的高度以及所栽培蔬菜的耐寒程度不同,以 1～2.5 m 为宜。栽培畦过宽,一是畦内、外两侧的小气候差异幅度增大,蔬菜生长不整齐;二是畦面受“穿堂风”的影响也增大。

2. 风障的间距　适宜的风障间距是防风、保温效果好,不对后排栽培畦造成遮光,并且土地利用率也要高。一般冬季栽培蔬菜,风障间距以风障高度的 3 倍左右为宜,春季栽培以风障高度的 4～6 倍为宜。

3. 风障的倾斜角度　冬季栽培用风障畦,风障应向南倾斜,与地面呈 75°左右,以减少风害及垂直方向上的对流散热量,加强风障的保温性能。春季用风障畦,风障应与地面垂直或采用较小的倾斜角,避免遮光。

4. 风障畦的排列　风障较多时应集中建造,成区排列。多风地区可在风障区的西面夹设一道风障,增强整个栽培区的防风能力。

【相关知识】 风障畦的类型

依照风障的高度不同,一般将风障畦划分为小风障畦和大风障畦两种类型。

1. 小风障畦　风障低矮,通常高度 1 m 左右,结构也比较简单,一般只有篱笆,无披风和土背。

小风障畦的防风抗寒能力比较弱,畦面多较窄,一般只有 1 m 左右。主要用于行距较大或适于进行宽、窄行栽培的大株型蔬菜,于早春进行保护定植。

2. 大风障畦　风障高度 2.5 m 左右,保护范围较大,其栽培畦也比较宽,一般为 2 m 左右。

大风障畦的增、保温性较小风障畦的好,土地利用率也比较高。多用于冬春季育苗以及冬季或早春栽培一些种植密度比较大、适合宽畦栽培的绿叶菜类、葱蒜类、白菜类等。

任务2 风障畦的性能与应用

【任务目标】

掌握风障畦的主要性能与应用要点。

【教学材料】

常用风障畦。

【教学方法】

在教师指导下,学生了解并掌握风障畦的主要性能与应用要点。

一、风障畦的性能

1. 防风性 风障的主要功能是削弱风障前的风速。风障的有效防风范围约为风障高度的12倍,离风障越近,风速越小。据测定,在风障的有效防风范围内,由外向内,一般能使障前的风速削弱10%~50%。

2. 保温性 风障畦主要是依靠风障的反射光、热辐射以及挡风保温作用,使栽培畦内的温度升高。由于风障畦是敞开的,无法阻止热量向前和向上散失,因此风障畦的增温和保温能力有限,并且离风障越远,温度增加越不明显。

风障畦的增温和保温效果受气候的影响也很大。一般规律是,晴天的增、保温效果优于阴天;有风天优于无风天,并且风速越大,增温效果越明显。见表2-1。

表2-1 气候对风障畦内地温的影响 ℃

观测位置	有风晴天		无风晴天		阴天	
	10 cm 地温	比露地增温	10 cm 地温	比露地增温	10 cm 地温	比露地增温
距风障0.5 m	10.4	7.2	−0.2	2.1	0.0	0.6
距风障1.0 m	8.8	5.6	−0.4	1.9	−0.4	0.2

3. 增光性 风障能够将照射到其表面上的部分太阳光反射到障前畦内,增强栽培畦内的光照。一般晴天畦内的光照量比露地增加10%~30%,如果在风障的南侧缝贴一层反光膜,可较普通风障畦增加光照1.3%~17.4%,并且提高温度0.1~2.4℃。

二、风障畦的生产应用

1. 越冬栽培 用大风障畦保护秋播蔬菜、花卉或多年生蔬菜、花卉安全越冬,并于春季提早生产上市,一般种植蔬菜可较露天栽培提早15~20 d上市。

2. 春季提早栽培 用小风障保护,于早春定植一些瓜类、豆类或茄果类蔬菜,可提早上市 15～20 d。

3. 冬春栽培　在冬季不太寒冷地区，用大风障畦，畦面覆盖薄膜和草苫，栽培韭菜、韭黄、蒜苗、芹菜等，一般于元旦前后开始收获上市。

【练习与作业】

风障畦的性能观测

(1)防风性观测　分别观测距离风障 0 cm、50 cm、100 cm、150 cm、200 cm、250 cm、300 cm、350 cm、400 cm 处的地面风速，分析风障前风速的变化规律。

(2)保温性观测　于清晨日出前，分别观测距离风障 0 cm、50 cm、100 cm、150 cm、200 cm、250 cm、300 cm、350 cm、400 cm 处的地面温度，分析风障前地面温度的变化规律。

将上述观测结果填入表 2-2：

表 2-2　风障畦的主要性能观测

距风障位置 /cm	风速 /(m/s)	温度 /℃	距风障位置 /cm	风速 /(m/s)	温度 /℃
0			250		
50			300		
100			350		
150			400		
200					

Module 2

阳　畦

任务1　阳畦的结构与设置
任务2　阳畦的性能与应用

任务1 阳畦的结构与设置

【任务目标】

掌握阳畦的结构与设置要点。

【教学材料】

常用阳畦建造材料与用具。

【教学方法】

在教师指导下,学生了解并掌握阳畦的主要性能与设置要点。

阳畦是在风障畦的基础上,将畦底加深、畦埂加高加宽,白天用玻璃窗或塑料拱棚覆盖,夜间覆盖草苫保温,以阳光为热量来源的简易保护设施。

一、阳畦的结构

阳畦主要由风障、畦框和覆盖物组成,见图2-2。

(一)风障

一般高度2～2.5 m,由篱笆、披风和土背组成。篱笆和披风较厚,防风、保温性能较好。

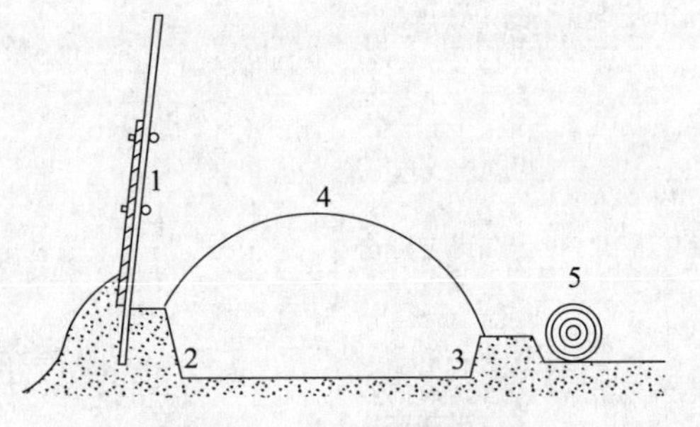

图2-2 阳畦的基本结构

1. 风障 2. 北畦框 3. 南畦框 4. 塑料拱棚(或玻璃窗扇) 5. 保温覆盖物

(二)畦框

畦框的主要作用是保温以及加深畦底,扩大栽培床的空间。多用土培高后压实制成,也有用砖、草把等砌制或垫制而成。

南畦框一般高20～60 cm,宽度30～40 cm。北畦框高度40～60 cm,宽度35～40 cm。东西两畦框与南北畦框相连接,宽度同南畦框。

(三)覆盖物

1. 玻璃 以玻璃窗形式或扇页形式覆盖在畦口上,管理麻烦,易破碎,费用也较高,为早期阳畦的主要透明覆盖物,因费用较高,现已较少使用。

2. 塑料薄膜 多以小拱棚形式扣盖在畦口上,容易造型和覆盖,费用较低,并且畦内的栽培空间也比较大,有利于生产,为目前主要的透明覆盖材料。

3. 草苫 为主要的保温覆盖材料。目前主要有稻草苫、蒲草苫以及苇毛盖苫等,一些地方也使用纸被、无纺布等作为辅助保温覆盖物。

二、阳畦设置

阳畦应建于背风向阳处，育苗用阳畦要靠近栽培田。为方便管理以及增强阳畦的综合性能，阳畦较多时应集中成群建造。群内阳畦的前后间隔距离应不少于风障高度的3倍，避免前排阳畦对后排造成遮阴。

【相关知识】 阳畦的类型

按南北畦框的高度相同与否，分为抢阳畦和槽子畦两种。

1. 抢阳畦　南畦框高20～40 cm，北畦框高35～60 cm，南低北高，畦口形成一自然的斜面，采光性能好，增温快，但空间较小，主要用于培育各类作物苗。

2. 槽子畦　南、北畦框高度相近，或南框稍低于北框，一般高度40～60 cm，畦口较平，白天升温慢，光照也比较差，但空间较大，可用于低矮蔬菜、花卉等的栽培。

任务2　阳畦的性能与应用

【任务目标】

掌握阳畦的性能与应用要点。

【教学材料】

常用阳畦。

【教学方法】

在教师指导下，学生了解并掌握阳畦的主要性能与应用要点。

一、阳畦的性能

1. 增、保温性　阳畦空间小，升温快，增温能力比较强。如北京地区12月至翌年1月份里，普通阳畦的旬增温幅度一般为6.6～15.9℃。阳畦低矮，适合进行多层保温覆盖，保温性能好，北京地区12月至翌年1月份里，普通阳畦的旬保温能力一般可达13～16.3℃。

阳畦的温度高低受天气变化的影响很大，一般晴天增温明显，夜温也比较高，阴天增温效果较差，夜温也相对较低。

阳畦内各部位因光照量以及受畦外的影响程度不同，温度高低有所差异，见表2-3。

表2-3　阳畦内不同部位的地面温度分布

距离北框/cm	0	20	40	80	100	120	140	150
地面温度/℃	18.6	19.4	19.7	18.6	18.2	14.5	13.0	12.0

阳畦内畦面温度分布不均匀的特点，往往造成畦内蔬菜或幼苗生长不整齐，生产中要注意区分管理。

2. 增光性　阳畦空间低矮，光照比较充足，特别是由于风障的反射光作用，阳畦内的光照一般要优于其他大型保护设施。

二、阳畦主要应用

阳畦空间较小，不适合栽培蔬菜，主要用于冬春季育苗。

Module 3

电热温床

任务1　电热温床的结构与布线技术
任务2　电热温床的应用与管理

任务1　电热温床的结构与布线技术

【任务目标】

掌握电热温床的结构与布线技术要点。

【教学材料】

常用电热温床建造材料与用具。

【教学方法】

在教师指导下，学生了解并掌握电热温床的基本结构与布线技术要点。

电热温床是指在畦土内或畦面铺设电热线，低温期用电能对土壤进行加温的蔬菜、花卉和果树的育苗畦或栽培畦的总称。

一、电热温床的基本结构

完整的电热温床由隔热层、散热层、电热线、床土和覆盖物等几部分组成，见图2-3。

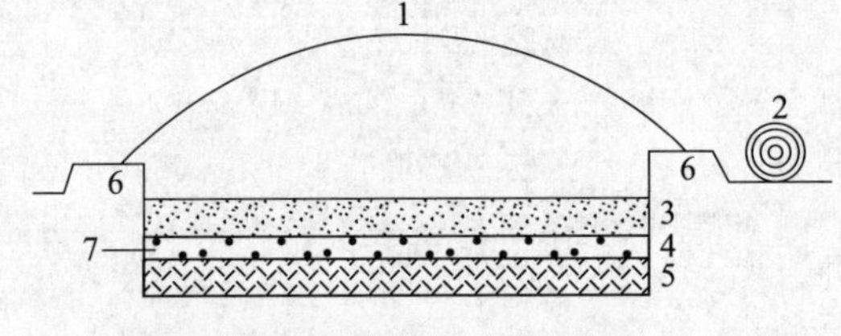

图2-3　电热温床基本结构

1. 透明覆盖物　2. 保温覆盖物　3. 床土层　4. 散热层　5. 隔热层　6. 畦框　7. 电热线

1. *隔热层*　是铺设在床坑底部的一层厚10～15 cm的秸秆或碎草，主要作用是阻止热量向下层土壤中传递散失。

2. *散热层*　是一层厚约5 cm的细沙，内铺设有电热线。沙层的主要作用是均衡热量，使上层床土均匀受热。

3. *电热线*　为一些电阻值较大、发热量适中、耗电少的金属合金线，外包塑料绝缘皮。为适应不同生产需要，电热线一般分为多种型号，每种型号都有相应的技术参数。表2-4中为上海DV系列电热线的主要型号及技术参数。

表2-4　DV系列电热线的主要型号及技术参数

型号	电压/V	电流/A	功率/W	长度/m	色标	使用温度/℃
DV20406	220	2	400	60	棕	≤40
DV20608	220	3	600	80	蓝	≤40
DV20810	220	4	800	100	黄	≤40
DV21012	220	5	1 000	120	绿	≤40

4. *床土*　床土厚度一般为12～15 cm。育苗钵育苗不铺床土，一般将育苗钵直接排列到散热层上。

5. *覆盖物*　分为透明覆盖物和不透明覆盖物两种。透明覆盖物的主要作用是白天利用光能使温床增温，不透明覆盖物用于夜间覆盖保温，减少耗电量，降低育苗成本。

二、电热温床布线技术

农用电热线主要使用220 V交流电源。当功率电压较大时，也可用380 V电源，并选择与负载电压相配套的交流接触器连接电热线。

(一)准备工作

1. 电热线用量确定

电热线根数＝温床需要的总功率÷单根电热线的额定功率

温床需要总功率＝温床面积×单位面积设定功率

单位面积设定功率主要是根据育苗期间的苗床温度要求来确定的。一般，冬春季播种床的设定功率以80～120 W/m^2 为宜，分苗床以50～100 W/m^2 为适宜。

因出厂电热线的功率是额定的，不允许剪短或接长，因此当计算结果出现小数时，应在需要功率的范围内取整数。

2. 电热线道数确定

计算公式如下：

电热线道数＝(电热线长－床面宽)÷床面长

为使电热线的两端位于温床的同一端，方便线路连接，计算出的道数应取偶数。

3. 电热线行距确定

计算公式如下：

电热线行距＝床面宽÷(布线道数－1)

确定电热线行距时，中央行距应适当大一些，两侧行距小一些，并且最外两道线要紧靠床边。苗床内、外相邻电热线行距一般差距3 cm左右为宜。为避免电热线间发生短路，电热线最小间距应不小于3 cm。

4. 附属设备准备

(1)控温仪　控温仪的主要作用是根据温床内的温度高低变化，自动控制电热线的线路连、断(图2-4)。不同型号控温仪的直接负载功率和连线数量不完全相同，应按照使用说明进行配线和连线。

(2)交流接触器　其主要作用是扩大控温仪的控温容量(图2-5)。一般当电热线的总功

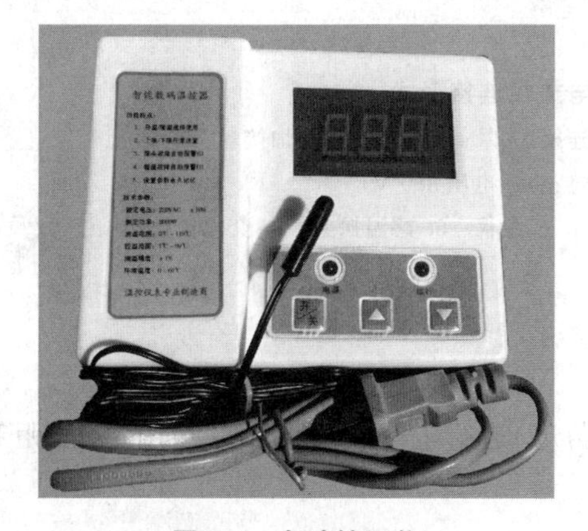

图2-4　自动控温仪

图2-5　交流接触器

率＜2 000 W(电流 10 A 以下)时，可不用交流接触器，而将电热线直接连接到控温仪上。当电热线的总功率＞2 000 W(电流 10 A 以上)时，应将电热线连接到交流接触器上，由交流接触器与控温仪相连接。

(3)其他组成部分　包括开关、漏电保护器等。

(二)布线技术

先在床坑底部铺设一层厚度 12 cm 左右的隔热材料，整平、踩实后，再平铺一层厚约 3 cm 的细沙。取两块长度同床面宽的窄木板，按线距在板上钉钉子。将两木板平放到温床的两端，然后将电热线绕钉子拉紧、拉直。拉好线并检查无交叉、连线后，在线上平铺一层厚约 2 cm 的细沙将线压住，之后撤掉两端木板。

电热线数量少、功率不大时，一般采用图 2-6 中的 A、B 连接法即可。电热线数量较多、功率较大时，应采用 C、D 连接法。

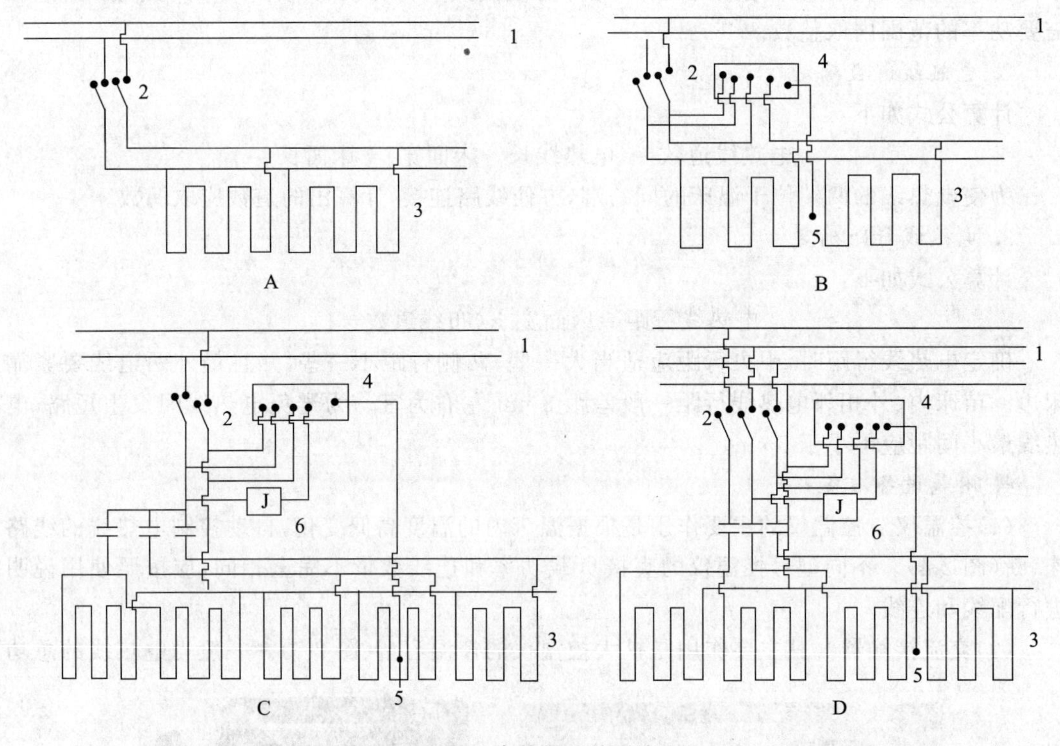

图 2-6　电热线连接形式

A. 单相连接法　B. 单相加控温仪连接法　C. 单相加控温仪加接触器连接法

D. 三相四线连接法(电压 380 V)

1. 电源线　2. 开关　3. 电热线　4. 控温仪　5. 感温探头　6. 交流接触器

【练习与作业】

为一长 7 m、宽 1.5 m 的电热温床(育苗床)进行电热线(DV20608)用量、线距和道数的计算。

任务 2　电热温床的应用与管理

【任务目标】

掌握电热温床的应用与管理要点。

【教学材料】

常用电热温床。

【教学方法】

在教师指导下，学生了解并掌握电热温床的应用与管理要点。

1. 生产应用　电热温床的床土浅，加温费用高，不适合生产栽培，主要用于育苗。由于电热温床温度高、幼苗生长快等原因，电热温床的育苗期一般较常规育苗床缩短，故电热温床育苗时应适当推迟播种期。

2. 管理要点　电热温床的土温较高，水分蒸发快，床土容易发生干旱，要注意勤浇水。但每次的浇水量不宜过多，避免床坑内积水发生漏电短路。另外，还要加强温床的保温措施，缩短通电时间，降低费用。

Module 4

塑料小拱棚

任务1 塑料小拱棚的结构与建造

【任务目标】

掌握塑料小拱棚的结构类型与建造要点。

【教学材料】

常用塑料小拱棚建造材料与用具。

【教学方法】

在教师指导下，学生了解并掌握塑料小拱棚的结构类型与建造要点。

塑料小拱棚是指棚高低于1.5 m，跨度3 m以下，棚内有立柱或无立柱的塑料拱棚。

一、塑料小拱棚的结构类型

依结构不同，一般将塑料小拱棚划分为拱圆棚、半拱圆棚、风障棚和双斜面棚四种类型，见图2-7。其中以拱圆棚应用最为普遍，双斜面棚应用相对比较少。

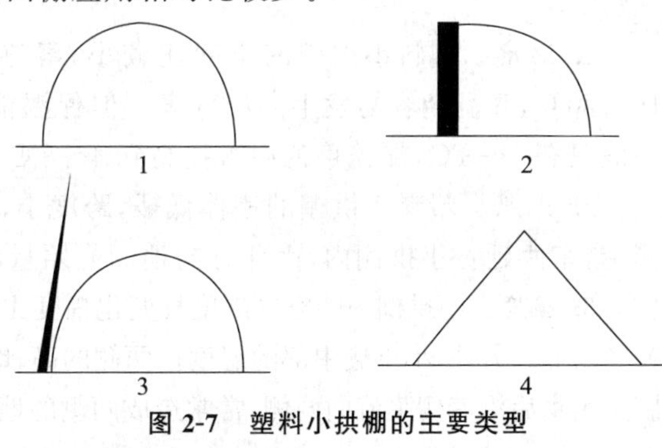

图2-7 塑料小拱棚的主要类型

1. 拱圆棚 2. 半拱圆棚 3. 风障棚 4. 双斜面棚

二、塑料小拱棚建造

1. 架体要牢固 竹竿、竹片等架杆粗的一端要插在迎风一侧。视风力和架杆的抗风能力大小不同，适宜的架杆间距为0.5～1 m。多风地区应采取交叉方式插杆，用普通的平行方式插杆时，要用纵向连杆加固棚体。架杆插入地下深度不少于20 cm。

2. 棚膜要压紧 露地用塑料小拱棚要用压杆（细竹竿或荆条）压住棚膜，多风地区的压杆数量要适当多一些。

3. 棚膜的扣盖方式要适宜 小拱棚主要有扣盖式和合盖式两种覆膜方式，见图2-8。

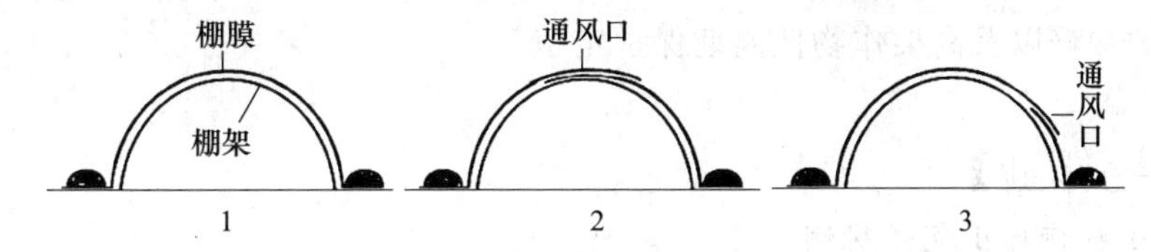

图2-8 塑料小拱棚的棚膜覆盖方式

1. 扣盖式 2. 顶合式 3. 侧合式

扣盖式覆膜扣膜严实，保温效果好，也便于覆膜，但需从两侧揭膜放风，通风降温和排湿的效果较差，并且泥土容易污染棚膜，也容易因“扫地风”而伤害蔬菜。

合盖式覆膜的通风管理比较方便，通风口大小易于控制，通风效果较好，不污染棚膜，也无“扫地风”危害蔬菜的危险，应用范围比较广。其主要不足是棚膜合压不严实时，保温效果较差。依通风口的位置不同，合盖式覆膜又分为顶合式和侧合式两种形式，见图 2-6。

顶合式适合于风小地区，侧合式的通风口开于背风的一侧，主要用于多风、风大地区。

任务 2 塑料小拱棚的性能与应用

【任务目标】

掌握塑料小拱棚的性能与应用要点。

【教学材料】

常用塑料小拱棚。

【教学方法】

在教师指导下，学生了解并掌握主要塑料小拱棚的性能与应用要点。

一、塑料小拱棚的性能

1. 温度　塑料小拱棚的空间比较小，蓄热量少，晴天增温比较快，一般增温能力可达 15～20℃，高温期容易发生高温危害。但保温能力比较差，在不覆盖草苫情况下，保温能力一般只有 1～3℃，加盖草苫后可提高到 4～8℃。

2. 光照　塑料小拱棚的棚体低矮，跨度小，棚内光照分布相对比较均匀，差距不大。据测定，东西延长小拱棚内，南北方向地面光照量的差异幅度一般只有 7%左右。

3. 湿度　小拱棚内的空气湿度日变化幅度比较大，一般白天的相对湿度为 40%～60%，夜间 90%以上。另外，小拱棚中部的温度比两侧的高，地面水分蒸发快，容易干旱，而蒸发的水汽在棚膜上聚集后沿着棚膜流向两侧，常常造成两侧的地面湿度过高，导致地面湿度分布不均匀。

二、塑料小拱棚的生产应用

塑料小拱棚的空间低矮，不适合栽培高架蔬菜、花卉，生产上主要用于育苗、矮生蔬菜和花卉等的保护栽培以及高架作物低温期保护定植等。

【练习与作业】

1. 塑料小拱棚内小气候观测。

(1)增、保温性观测　分别于清晨日出前、中午观测小拱棚内的地面温度和棚外地面温度，比较同期小拱棚内外的温度差异。

(2)湿度分布规律观测　分别观测小拱棚内中央和两侧 5 cm 的土壤湿度，分析小拱棚内土壤湿度的分布规律。

Module 5

塑料大棚

任务1 塑料大棚的结构与设置
任务2 塑料大棚施工技术
任务3 塑料大棚的性能与应用

任务1　塑料大棚的结构与设置

【任务目标】

掌握塑料大棚的结构与设置要点。

【教学材料】

常用塑料大棚。

【教学方法】

在教师指导下，学生了解并掌握主要塑料大棚的结构与设置要点。

塑料大棚是棚体顶高1.8 m以上，跨度6 m以上的大型塑料拱棚的总称。

一、塑料大棚的基本结构

塑料大棚主要由立柱、拱架、拉杆、棚膜和压杆五部分组成，见图2-9。

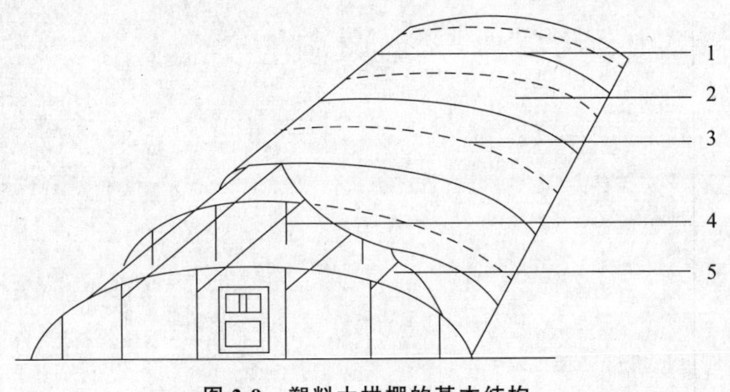

图2-9　塑料大拱棚的基本结构

1. 压杆　2. 棚膜　3. 拱架　4. 立柱　5. 拉杆

1. 立柱　立柱的主要作用是稳固拱架，防止拱架上下浮动以及变形。在竹拱结构的大棚中，立柱还兼有拱架造型的作用。立柱材料主要有水泥预制柱、竹竿、钢架等。

竹拱结构塑料大棚中的立柱数量比较多，一般立柱间距2～3 m，密度比较大，地面光照分布不均匀，也妨碍棚内作业。钢架结构塑料大拱棚内的立柱数量比较少，一般只有边柱甚至无立柱。

2. 拱架　拱架的主要作用，一是大棚的棚面造型，二是支撑棚膜。拱架的主要材料有竹竿、钢梁、钢管、硬质塑料管等。

3. 拉杆　拉杆的主要作用是纵向将每一排立柱连成一体，与拱架一起将整个大棚的立柱纵横连在一起，使整个大棚形成一个稳固的整体。竹竿结构大棚的拉杆通常固定在立柱的上部，距离顶端20～30 cm处，钢架结构大棚的拉杆一般直接固定在拱架上。拉杆的主要材料有竹竿、钢梁、钢管等。

4. 棚膜　塑料薄膜的主要作用,一是低温期使大棚内增温和保持大棚内的温度;二是雨季防雨水进入大棚内,进行防雨栽培。

5. 压杆　压杆的主要作用是固定棚膜,使棚膜绷紧。压杆的主要材料有竹竿、大棚专用压膜线、粗铁丝以及尼龙绳等。

二、塑料大棚设计

(一)规格设计

塑料大棚的适宜长度为 30～80 m。大棚过短,棚内的环境变化剧烈,保温性也差;大棚过长,管理不方便,管理跟不上时容易造成棚内局部环境差异过大,影响生产。

大棚的适宜宽度为 6～16 m。冬春季风雪比较大的地区,大棚不宜过宽,春秋季雨水偏多的地区大棚也不宜过宽,以减少风害及保持棚面良好的排雨、雪性能。

大棚的适宜中高为 1.8～3 m,适宜边高为 1～1.5 m,侧高应根据有利于棚面排雨、雪的原则来确定。

(二)棚边设计

塑料大棚的棚边主要分为弧形棚边和直立棚边两种,见图 2-10。

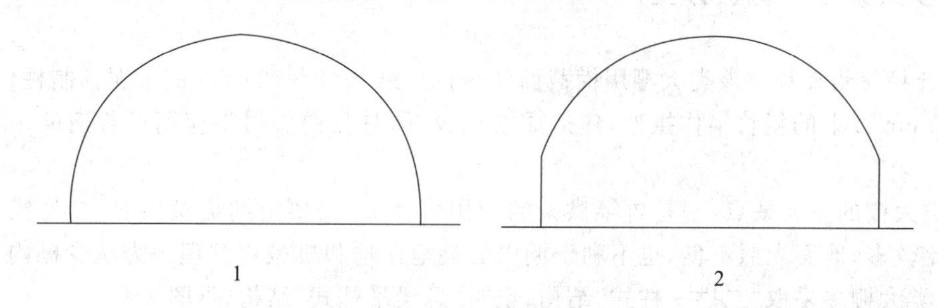

图 2-10　塑料大棚的棚边类型

1. 弧形棚边　2. 直立棚边

弧形棚边的抗风能力比较强,对提高大棚的保温性能、扣膜质量等也比较有利,但棚两侧的空间低矮,不适于栽培高架蔬菜。直立棚边大棚的两侧比较高大,通风好,适于栽培各种蔬菜,目前应用较为普遍。直立棚边的主要缺点是抗风能力较差,棚边的上缘也容易磨损薄膜,生产中应采取相应的措施予以弥补,减少其不良影响。

(三)通风口设计

1. 通风口的类型　塑料大棚的通风口主要分为窗式通风口、扒缝式通风口和卷帘式通风口三种。

(1)窗式通风口　为固定式通风口,主要用于钢材结构大棚,采取自动或半自动方式开、关通风口,管理比较方便。

(2)扒缝式通风口　从上、下相邻两幅薄膜的叠压处,扒开一道缝进行放风,通风口大小可根据通风需要进行调整,比较灵活,但容易损坏薄膜,并且叠压缝合盖不严时,保温性差,膜面不平整时也容易引起积水等。

(3)卷帘式通风口　使用卷杆向上卷起棚膜,在棚膜的接缝处露出一道缝隙进行通风,卷杆向下移动时则关闭通风口，通风口大小易于调节，接缝处的薄膜不易松弛，叠压紧密，多用于钢拱结构大棚和管材结构大棚，采取自动或半自动方式卷放薄膜。

2. 通风口的面积　大棚通风口的总面积一般要求不少于棚面总表面积的20%。顶部通风口为大棚的主要放风口，所占比例应适当大一些，腰部通风口和底部通风口的比例可适当小一些。

(四)方位设计

塑料大棚的基本方位为东西延长的南北方位和南北延长的东西方位。

1. 南北方位　大棚的采光量大，增温快，保温性也比较好，但容易遭受风害，大棚过宽时，南北两侧的光照差异也比较大。该方位比较适合于跨度8～12 m、高度2.5 m以下的大棚以及风害较少的地区。

2. 东西方位　大棚的采光性能不如前者，早春升温稍慢，但大棚的防风性能好，棚内地面的光照分布也较为均匀，有利于保持整个大棚内的作物整齐生长，适合于各种类型的大棚，特别适合于科研用大棚。

【相关知识】　塑料大棚的类型

一、按拱架建造材料分类

1. 竹拱结构大棚　该类大棚用横截面(8～12) cm×(8～12) cm的水泥预制柱作立柱，用径粗5 cm以上的粗竹竿作拱架，建造成本比较低，是目前农村中应用最普遍的一类塑料大棚。

该类大棚的主要缺点：一是竹竿拱架的使用寿命短，需要定期更换拱架；二是棚内的立柱数量比较多，地面光照不良，也不利于棚内的整地作畦和机械化管理。为减少棚内立柱的数量，该类大棚多采取"二拱一柱式"结构，也叫"悬梁吊柱式"结构，见图2-11。

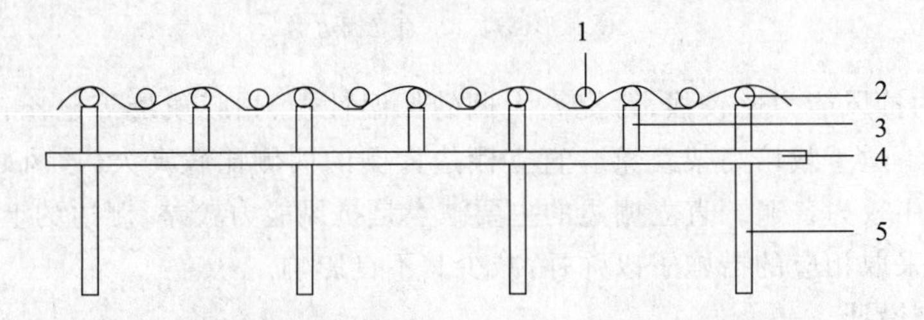

图2-11　塑料大棚"二拱一柱式"结构形式

1. 压杆　2. 拱杆　3. 小立柱(吊柱)　4. 拉杆　5. 立柱

2. 钢架结构大棚　该类大棚主要使用ϕ8～16 mm的圆钢以及1.27 cm或2.54 cm的钢管等加工成双弦拱圆钢梁拱架，见图2-12。

为节省钢材，一般钢梁的上弦用规格稍大的圆钢或钢管，下弦用规格小一些的圆钢或钢管。上、下弦之间距离20～30 cm，中间用ϕ8～10 mm的圆钢连接。钢梁多加工成平面梁，钢材规格偏小或大棚跨度比较大，单拱负荷较重时，应加工成三角形梁。

除拱形钢架外，也有一些塑料大棚选用角钢、小号扁钢、槽钢以及圆钢等加工成屋脊型

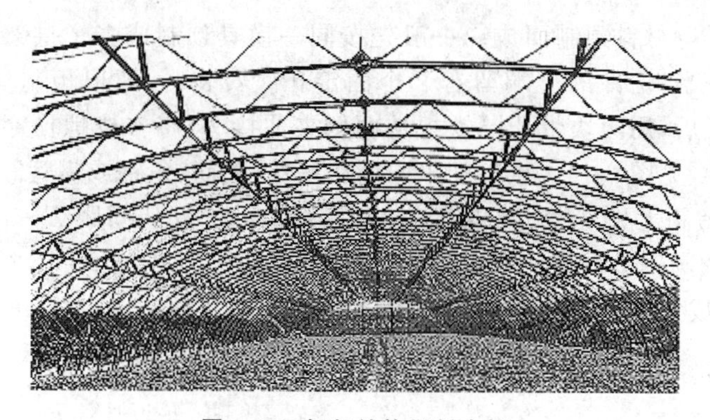

图 2-12　钢架结构塑料大棚

钢梁作拱架。由于屋脊型拱架的覆膜质量相对较差，也不适合建造大跨度大棚等原因，目前应用比较少。

钢梁拱架间距一般 1～1.5 m，架间用 ϕ10～14 mm 的圆钢相互连接。

钢拱结构大棚的结构比较牢固，使用寿命长，并且棚内无立柱或少立柱，环境优良，也便于在棚架上安装自动化管理设备，是现代塑料大拱棚的发展方向。该类大棚的主要缺点是建造成本比较高，设计和建造要求也比较严格，另外，钢架本身对塑料薄膜也容易造成损坏，缩短薄膜的使用寿命。

3. 管材组装结构大棚　该类大棚采用一定规格[ϕ(25～32) mm×(1.2～1.5) mm]的薄壁热镀锌钢管，并用相应的配件，按照组装说明进行连接或固定而成(图 2-13)。

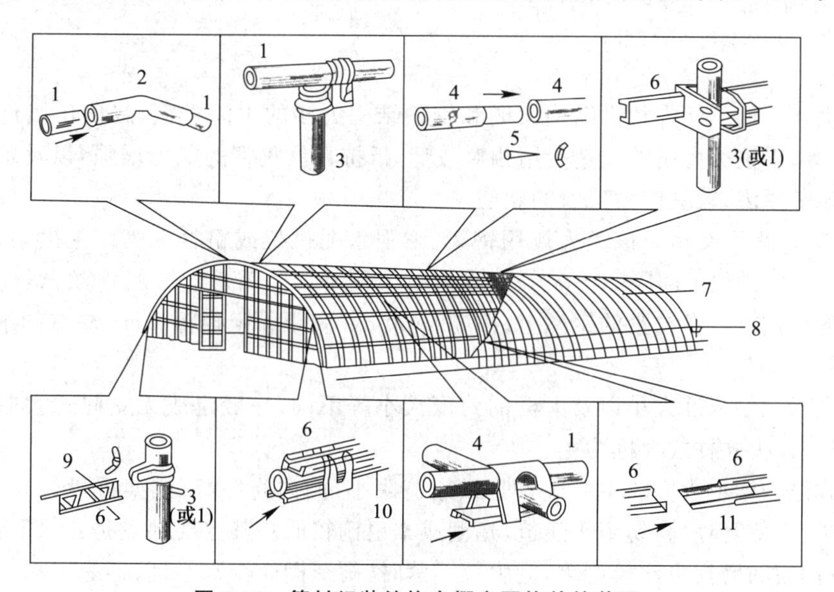

图 2-13　管材组装结构大棚主要构件的装配

1. 拱杆　2. 拱杆接头　3. 立柱　4. 纵向拉杆　5. 拉杆接头　6. 卡槽　7. 压膜线
8. 卷帘器　9. 弹簧　10. 棚头拱杆　11. 卡槽接头

管材组装结构大棚的棚架由工厂生产，结构设计比较合理，规格多种，易于选择，也易于搬运和安装，是未来大棚的发展主流。

4. 玻璃纤维增强水泥骨架结构大棚　也叫 GRC 大棚。该大棚的拱杆由钢筋、玻璃纤维、增强水泥、石子等材料预制而成。一般先按同一模具预制成多个拱架构件，每一构件为完整拱架长度的一半，构件的上端留有 2 个固定孔。安装时，两根预制的构件下端埋入地里，上端对齐、对正后，用两块带孔厚铁板从两侧夹住接头，将 4 枚螺栓穿过固定孔紧固后，构成一完整的拱架，见图 2-14。拱架间纵向用粗铁丝、钢筋、角钢或钢管等连成一体。

5. 混合拱架结构大棚　大棚的拱架一般以钢架为主，钢架间距 2～3 m，在钢梁上纵向固定 ϕ6～8 mm 的圆钢。钢架间采取悬梁吊柱结构或无立柱结构形式，安放 1～2 根粗竹竿为副拱架，通常建成无立柱或少立柱式结构，见图 2-15。

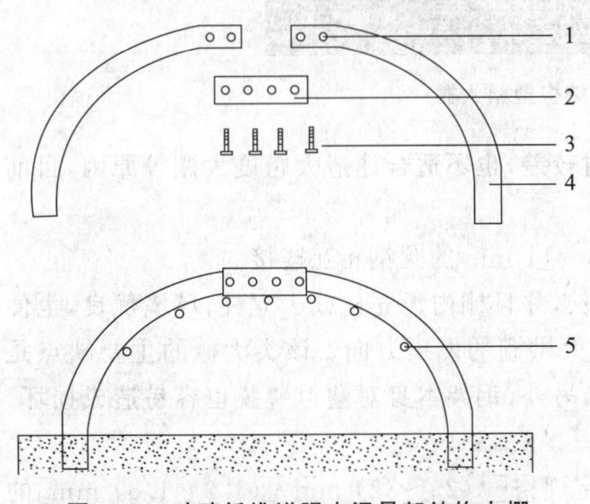

图 2-14　玻璃纤维增强水泥骨架结构大棚

1. 固定孔　2. 连接板　3. 螺栓

4. 拱架构件　5. 拉杆

图 2-15　混合拱架结构大棚

混合拱架结构大棚为竹拱结构大棚和钢拱结构大棚的中间类型，栽培环境优于前者但不及后者。由于该类大棚的建造费用相对较低，抵抗自然灾害的能力增强，以及栽培环境改善比较明显等原因，较受广大菜农的欢迎。

6. 琴弦式结构大棚　该类大棚用钢梁、增强水泥拱架或粗竹竿等作主拱架，拱架间距 3 m 左右。在主拱架上间隔 20～30 cm 纵向拉大棚专用防锈钢丝或粗铁丝，钢丝的两端固定到棚头的地锚上。在拉紧的钢丝上，按 50～60 cm 间距固定径粗 3 cm 左右的细竹竿来支撑棚膜(图 2-16)。

依据主拱架的强度大小以及大棚的跨度大小等不同，一般建成无立柱式大棚或少立柱式大棚，目前以少立柱式大棚为主。

琴弦式结构塑料大棚的主要优点是拱架遮阴小，棚内光照好；棚架重量较轻，棚内立柱的用量减少，方便管理；容易施工建造，建棚成本也比较低。其主要缺点是：大棚建造比较麻烦，钢丝对棚膜的磨损也比较严重，棚膜拉不紧时，雨季棚面排水不良，容易积水。

二、按棚拱数量分类

1. 单栋大棚　整座大棚只有一个拱圆形棚顶，有比较完整的棚边和棚头结构，占地面积一般 667 m^2 左右，大型大棚也不过 2 000 m^2 左右。

单栋大棚的主要优点：对建棚材料的要求不甚严格，建棚成本低，容易施工；扣盖棚膜比

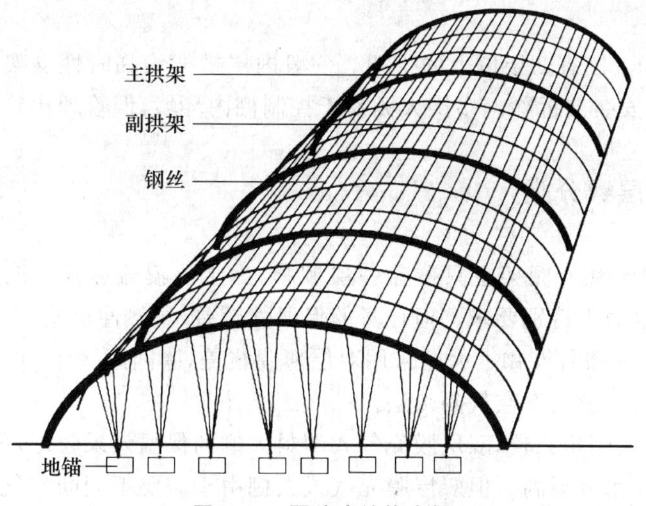

图 2-16　琴弦式结构大棚

1. 主拱架　2. 钢丝或专用铁丝　3. 副拱架

较方便，扣膜的质量也容易保证；棚面排水、排雪效果较好；通风降温以及排湿性能较好。其主要缺点是：土地利用率较低；棚内温度、湿度以及光照等分布不均匀，低温期的保温性能较差；大棚的跨度比较小，一般只有 6～15 m，棚内空间小，特别是两侧较为低矮，不适合机械化和工厂化栽培管理。

2. 连栋大棚　该类大棚有 2 个或 2 个以上拱圆形或屋脊形的棚顶，见图 2-17。连栋大棚的主要优点：大棚的跨度范围比较大，根据地块大小，从十几米到上百米不等，占地面积大，土地利用率比较高；棚内空间比较宽大，蓄热量大，低温期的保温性能好；适合进行机械化、自动化以及工厂化生产管理，符合现代农业发展的要求。

连栋大棚的主要缺点：对棚体建造材料的要求比较高，对棚体设计和施工的要求也比较严格，建造成本高；棚顶的排水和排雪性能比较差，高温期自然通风降温效果不佳，容易发生高温危害。

图 2-17　连栋塑料薄膜大棚

三、按拱架的层数分类

1. 单拱大棚　整个大棚只有一层拱架，结构简单，成本低，光照好。但棚内环境受外界气候变化的影响比较大，不易控制。

2. 双拱大棚　大棚有内、外两层拱架，棚架多为钢架结构或管材结构。

双拱大棚低温期一般覆盖双层薄膜保温，或在内层拱架上覆盖无纺布、保温被等保温，可较单层大棚提高夜温 2～4℃。高温期则在外层拱架上覆盖遮阳网遮阴降温，在内层拱架上覆盖薄膜遮雨，进行降温防雨栽培。

与单拱大棚相比较，双拱大棚容易控制棚内环境，生产效果比较好。其主要不足是建造成本比较高，低温期双层薄膜的透光量少，棚内光照也不足。

双拱大棚在我国南方应用比较多，主要用来代替温室于冬季或早春进行蔬菜、果树、花卉栽培。

3. 多拱大棚　大棚有2层以上的拱架。一般内层拱架为临时性支架,根据季节变化或环境管理要求进行安装或拆除。多拱大棚易于控制棚内环境,但管理比较麻烦。

四、按薄膜的层数分类

1. 单层膜塑料大棚　棚架上只覆盖一层棚膜,为主要覆盖形式。该类棚的透光性好,薄膜管理简单,对电力无特别要求。但自身的保温性较差,早熟性也差。

2. 双层膜充气式塑料大棚　大棚采用双层薄膜覆盖,膜间距30～50 mm。膜间用鼓风机不停地鼓入空气,形成动态空气隔热层。

与单层膜塑料大棚相比较,双层膜充气式塑料大棚的保温效果较好,可提高温度40%以上,并可进一步减少水分凝滴。但双层膜充气式大棚由于需要不间断充气,不仅需要电力支持,使用范围受到电力限制,而且维持费用也较高。另外,该大棚的充气管理要求也比较高,技术性强,难以被农民所掌握,蔬菜生产上较少使用,多应用于高档园林植物栽培。

任务2　塑料大棚施工技术

【任务目标】

掌握塑料大棚的施工要点。

【教学材料】

常用塑料大棚施工材料与用具。

【教学方法】

在教师指导下,学生了解并掌握主要塑料大棚的施工要点。

一、埋立柱

春用大棚的立柱应于上年秋土壤封冻前挖坑埋好。

立柱埋深30～40 cm。立柱下要铺填砖石并夯实。土质过于疏松或立柱数量偏少时,应在立柱的下端绑一“柱脚石”,稳固立柱。立柱埋好后,要求纵横成排成列,立柱顶端的“V”形槽方向要与拱架的走向一致,同一排立柱的地上高度也要一致。

二、固定拉杆和拱架

(一)固定拉杆

有立柱大棚拉杆一般固定到立柱的上端,距离顶端约30 cm处。钢架无立柱大棚一般在安装拱架的同时焊接拉杆，拉杆的连接形式如图 2-18 所示。

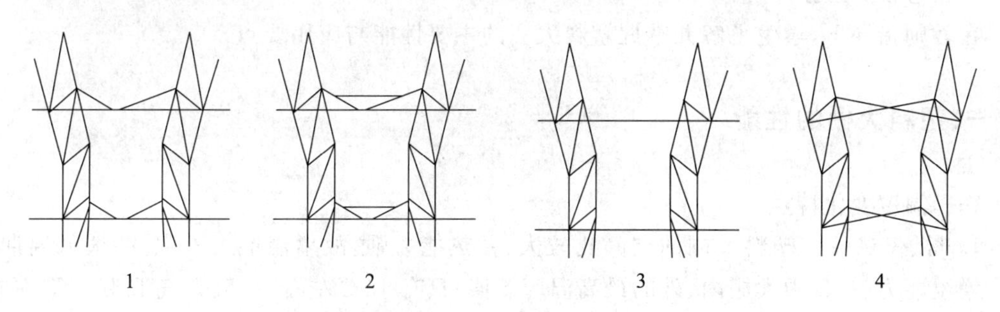

图 2-18　钢拱结构大棚的拉杆连接形式

1. 斜交式　2. 加固斜交式　3. 平行式　4. 交叉式

（二）安装拱架

1. 竹拱架　弧形棚边大棚的竹竿粗头朝下，两端插入地里，或用粗铁丝固定到矮边柱上（边柱斜埋入地里，地上部分长 50～60 cm）。直立棚边大棚的竹竿粗头朝下，安放到边柱顶端的“V”形槽内，并用粗铁丝绑牢，拱架两端与边柱的外缘齐平。

2. 钢拱架　拱架竖起后，要用支架进行临时固定，待调整好位置并将各焊接点依次焊接牢固以及焊接拉杆拉住钢架后，撤掉支架。

三、扣膜

选无风或微风天扣膜。

采用扒缝式及卷帘式通风口的大棚，适宜薄膜幅宽为 3～4 m。扣膜时从两侧开始，由下向上逐幅扣膜，上幅膜的下边压住下幅膜的上边，上、下两幅薄膜的膜边叠压缝宽不少于 20 cm。棚膜拉紧拉平拉正后，四边挖沟埋入地里，同时上压杆压住棚膜。

采用窗式通风口的大棚多是将几幅窄薄膜连接成一幅大膜扣膜，以加强棚膜的密封性，增强保温能力。

四、上压杆或压膜线

压膜线和粗竹竿多压在两拱架之间，细竹竿则紧靠拱架固定在拱架上。

任务 3　塑料大棚的性能与应用

【任务目标】

掌握塑料大棚的主要性能与应用要点。

【教学材料】

常用塑料大棚。

【教学方法】

在教师指导下，学生了解并掌握塑料大棚的主要性能与应用要点。

一、塑料大棚的性能

(一)温度变化特点

1. 增、保温性　塑料大棚的空间比较大，蓄热能力强，故增温能力不强，一般低温期的最大增温能力(一日中大棚内、外的最高温度差值)只有15℃左右，一般天气下为10℃左右，高温期达20℃左右。

塑料大棚的棚体宽大，不适合从外部覆盖草苫保温，故其保温能力较差，一般单栋大棚的保温能力(一日中大棚内、外的最低温度差值)为3℃左右，钢架结构大棚采用保温被覆盖，保温能力可提高5℃以上。连栋大棚的保温能力稍强于单栋大棚，见表2-5。

表2-5　单栋大棚与连栋大棚的保温能力比较*　℃

大棚类型	气温		地温			
	前期	后期	前期		后期	
			5 cm土层	10 cm土层	5 cm土层	10 cm土层
连栋大棚	3.8	9.4	5.1	3.2	8.1	9.2
单栋大棚	2.8	8.8	1.8	2.0	6.2	8.9
温度差	+1.0	+0.6	+3.3	+1.2	+1.9	+0.3

*1974年观测于吉林省长春市蔬菜所和福利大队。

2. 日变化规律　通常日出前棚内的气温降低到一日中的最低值，日出后棚温迅速升高。晴天在大棚密闭不通风的情况下，一般到10时前，平均每小时上升5～8℃，13～14时棚温升到最大值，之后开始下降，平均每小时下降5℃左右，夜间温度下降速度变缓。一般12月至翌年2月份的昼夜温差为10～15℃，3～9月份的昼夜温差为20℃左右或更高。晴天棚内的昼夜温差比较大，阴天温差较小。

3. 地温变化规律　大棚内的地温日变化幅度相对较小，一般10 cm土层的日最低温度较最低气温晚出现约2 h。

(二)光照变化特点

1. 采光特点　塑料大棚的棚架材料粗大，遮光多，采光能力不如中小拱棚的强。根据大棚类型以及棚架材料种类不同，采光率一般从50.0%～72.0%不等，具体见表2-6。

表2-6　各类塑料大棚的采光性能比较

大棚类型	透光量/klx	与对照的差值/klx	透光率/%	与对照的差值/%
单栋竹拱结构大棚	66.5	−3.99	62.5	−37.5
单栋钢拱结构大棚	76.7	−2.97	72.0	−28.0
单栋硬质塑料结构大棚	76.5	−2.99	71.9	−28.1
连栋钢材结构大棚	59.9	−4.65	56.3	−43.7
对照(露地)	106.4		100.0	

双拱塑料大棚由于多覆盖了一层薄膜，其采光能力更差，一般仅是单拱大棚的50%左右。

大棚方位对大棚的采光量也有影响。一般东西延长大棚的采光量较南北延长大棚稍高一些，见表2-7。

表2-7 不同方位大棚内的照度比较 %

大棚方位	观测时间					
	清明	谷雨	立夏	小满	芒种	夏至
东西延长	53.14	49.81	60.17	61.37	60.50	48.86
南北延长	49.94	46.64	52.48	59.34	59.33	43.76
比较值	+3.20	+3.17	+7.69	+2.03	+1.17	+5.1

摘自《天津农业科学》，1978年第一期。

2. 光照分布特点　垂直方向上，由上向下，光照逐渐减弱，大棚越高，上、下照度的差值也越大。

水平方向上，一般南部照度大于北部，四周高于中央，东西两侧差异较小。南北延长大棚的背光面较小，其棚内水平方向上的光照差异幅度也较小；东西延长大棚的背光面相对较大，其棚内水平方向上的光照分布差异也相对较大，特别是南、北两侧的光照差异比较明显。

二、塑料大棚的生产应用

塑料大棚的棚体高大，不便于从外部覆盖草苫保温，保温能力比较差，北方地区较少用来育苗，主要用来栽培果菜类、果树、花卉等。

【练习与作业】

1. 塑料大棚增保温性观测　分别于清晨日出前和中午，观测塑料大棚内中央地面和棚外地面的温度，比较棚内外的温度差异情况。

2. 塑料大棚内温度分布情况观测　分别于上午9：00和下午4：00，观测东西延长和南北延长大棚内中央和两侧地面的温度。比较不同棚向大棚内的地面温度分布差异情况。

3. 塑料大棚内光照分布情况观测　分别于上午9：00和下午4：00，观测东西延长和南北延长大棚内中央和两侧地面的光照强度。比较不同棚向大棚内地面光照分布差异情况。

Module 6

温　室

任务1　温室的结构与设计
任务2　温室建造技术
任务3　温室的性能与应用

任务1　温室的结构与设计

【任务目标】

掌握温室的结构与设置要点。

【教学材料】

常用温室。

【教学方法】

在教师指导下，学生了解并掌握主要温室的结构与设置技术要领。

温室一般是指具有屋面和墙体结构，增、保温性能优良，适于严寒条件下进行园艺植物生产的大型保护栽培设施的总称。

一、温室的基本结构

温室主要由墙体、后屋面、前屋面、立柱、加温设备以及保温覆盖物等几部分构成。见图2-19。

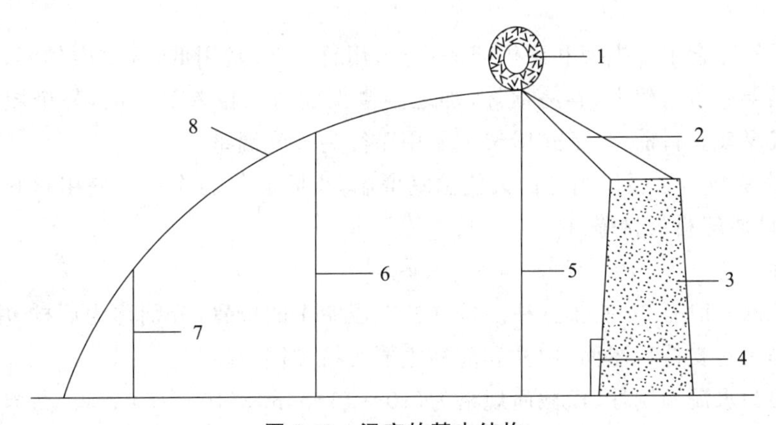

图2-19　温室的基本结构

1. 保温覆盖　2. 后屋面　3. 后墙　4. 加温设备　5. 后立柱　6. 中立柱　7. 前立柱　8. 前屋面

(一)墙体

分为后墙和东、西两侧墙，主要由土、草泥以及砖石等建成，一些玻璃温室以及硬质塑料板材温室为玻璃墙或塑料板墙。

泥、土墙通常做成上窄下宽的“梯形墙”，一般基部宽1.2～2 m，顶宽1～1.2 m。

砖石墙一般建成“夹心墙”或“空心墙”，宽度0.8 m左右，内填充蛭石、珍珠岩、炉渣等保温材料。

后墙高度2～4 m。侧墙前高1 m左右，后高同后墙，脊高3～5 m。

墙体主要作用，一是保温防寒；二是承重，主要承担后屋面的重量；三是在墙顶放置草苫和其他物品；四是在墙顶安装一些设备，如草苫卷放机。

(二)后屋面

普通温室的后屋面主要由粗木、秸秆、草泥以及防潮薄膜等组成。秸秆为主要的保温材料，一般厚20～40 cm。砖石结构温室的后屋面多由钢筋水泥预制柱(或钢架)、泡沫板、水泥板和保温材料等构成。

后屋面的主要作用是保温以及放置草苫等。

(三)前屋面

前屋面由屋架和透明覆盖材料组成。

1. *屋架*　主要作用是前屋面造型以及支持薄膜和草苫等，分为半拱圆形和斜面形两种基本形状。竹竿、钢管及硬质塑料管、圆钢等易于弯拱的建材，多加工成半拱圆形屋架，角钢、槽钢等则多加工成斜面形屋架。

按结构形式不同，一般将屋架分为普通式和琴弦式两种。

(1)普通式　一般只有一种拱架，拱架间距1～1.2 m，结构牢固，易于管理，但造价偏高。

(2)琴弦式　拱架一般分为主拱架(粗竹竿或粗钢管、钢梁)和副拱架(细竹竿或细钢管)两种。主拱架强度较大，支持力强、持久性好，一般间距3 m左右；副拱架的强度弱，支持力也差，容易损坏，持久性差。

在主拱架上纵向固定粗铁丝或钢筋，将副拱架固定到粗铁丝上，拱架、铁丝一起构成琴弦状的屋架。

琴弦式屋架综合了主拱架和副拱架的优点，用材经济，费用低，温室内的温、光环境也比较好。但主拱架的负荷较大，容易损坏，加之副拱架的持久性差等原因，整个屋架的牢固程度不如普通式屋架。目前，琴弦式屋架主要用于简易日光温室。

2. *透明覆盖物*　主要作用是白天使温室增温，夜间起保温作用。使用材料主要有塑料薄膜、玻璃和硬质塑料板材等。

(四)立柱

普通温室内一般有3～4排立柱。按立柱在温室中的位置，分别称为后柱、中柱和前柱。后柱的主要作用是支持后屋面，中柱和前柱主要支持和固定拱架。

立柱主要为水泥预制柱，横截面规格为(10～15) cm×(10～15) cm。高档温室多使用粗钢管作立柱。立柱一般埋深40～50 cm。后排立柱距离后墙0.8～1.5 m，向北倾斜5°左右埋入地里，其他立柱则多垂直埋入地里。

钢架结构温室以及管材结构温室内一般不设立柱。

(五)加温设备

加温设备主要有火道、暖水、电炉、地中热加温设备等。冬季不甚寒冷地区，一般不设加温设备或仅设简单的加温设备。

(六)保温覆盖物

保温覆盖物主要作用是在低温期减少温室内的热量散失，保持温室内的温度。温室保温覆盖物主要有草苫、纸被、无纺布以及保温被等。

二、温室设计

(一)规格设计

1. 顶高　节能型日光温室的顶高要求不少于 3 m，以 3.5～4.5 m 为宜，以确保温室内有足够的栽培和容热空间，并保持适宜的前屋面采光角度。普通日光温室以 2.5 m 左右为宜。加温温室不宜过高，以 2～2.5 m 为宜，温室过高，空间过大，加温时升温缓慢，不利于提高温度，同时也增加加温开支。

2. 内部跨度　节能型日光温室的内跨以 8～10 m 为宜，加温温室 6～8 m 为宜。

3. 长度　适宜的温室长度为 60～70 m，一般要求不短于 40 m，不超过 80 m。

(二)前屋面设计

1. 倾角设计

(1)冬季栽培用温室的前屋面倾角

A. 单斜面温室　前屋面倾角按公式 $\alpha=\phi-\delta$ 进行计算。

公式中的 ϕ 为当地的地理纬度；δ 为赤维，是太阳直射点的纬度，随季节而异，与温室设计关系最密切的为冬至时节的赤维（$\delta=-23°27'$）；α 为前屋面的最大倾角。

由于太阳入射角在 0°～45°范围内时，温室的透光量变化不大，为避免温室的顶高过大，使顶高与跨度保持一合理的比例，实际的 α 值通常按理论 α 值－40°～45°公式来确定。

B. 多折式温室　前屋面的底角一般按公式 $\alpha=\phi-\delta$ 计算出的 α 值确定或稍大一些即可；中部主要采光面的倾角按理论 α 值－40°～45°确定；顶部倾角要求不小于 10°，以 15°左右为宜，否则顶面坡度太小，容易积水，卷放草苫也不方便。

C. 拱圆型温室　最好设计成中部坡度较大的圆面型、抛物面型以及圆-抛物面组合型屋面。不论选用何种性状，温室山墙顶点与前点连线的地面交角应符合表 2-8 中的参考角度值。

表 2-8　温室前屋面与地面的参考交角值

地理纬度(ϕ)	屋面交角	地理纬度(ϕ)	屋面交角
30°	23.5°	39°	29.0°
34°	24.0°	40°	29.5°
35°	25.0°	41°	30°
36°	26.0°	42°	31°
37°	27.0°	43°	32°
38°	28.0°		

D. 连栋温室　连栋温室的屋面倾角按国际标准（$\delta=26°50'$）确定即可。

(2)春季栽培用温室的前屋面倾角　温室的前屋面倾角可较冬季用温室的小一些，最大倾角可用立春的赤维值（$\delta=-16°20'$）进行计算，并参考冬季用温室的角度分布要求，来确定各部位的角度大小。

2. 屋前边设计　塑料薄膜温室应尽量设计成弧形屋边，以便覆膜后使棚膜绷紧，减少风害。塑料板材温室则设计成直立形屋边。

弧形屋边的制作方法：竹竿骨架温室一般是在粗竹竿的前端绑接一厚竹片，竹片弯成弧形，下端插入地里；钢架温室的拱架前端一般直接加工成弧形。

(三)后屋面设计

1. 后屋面的结构　永久性温室的屋架要用木材或钢材、钢筋水泥预制柱等作支架，用水泥预制板铺底。

临时性温室的屋架可采取粗木(或水泥预制柱)、水泥板结构形式，粗木作支架，水泥板铺底。一些地方为降低建造成本，采用粗木作支架，在支架上纵向拉粗铁丝，在粗铁丝上直接铺盖秸秆、压土。该做法虽然建造费用降低，但后屋面不稳固，也容易因秸秆腐烂或铁丝生锈拉断后，导致屋顶局部塌陷，缩短使用寿命(一般为3年左右)，增加维修费用，不宜提倡。

2. 后屋面的宽度　后屋面的适宜地面垂直投影宽度为0.8～2.0 m。冬季严寒地区(最低温度−20℃以下)以及加温温室应适当宽一些，日光温室以及冬季不甚严寒的地区(最低温度−20℃以上)可适当窄一些，以减少后屋面的遮阴。

3. 后屋面的厚度　后屋面保温层的适宜厚度为20～40 cm。屋顶过厚，屋架的负荷过大，容易塌陷。为减轻屋顶重量，水泥屋顶的夹层应填充质地较轻的珍珠岩、蛭石或聚苯板等。泥、草屋顶的秸秆层厚度20～30 cm，封顶的草泥层要薄，一般不超过10 cm。

4. 防雨设计　水泥屋顶温室底部铺水泥板并用水泥弥缝隔湿，顶部用一定厚度的水泥封顶；简易温室的后屋顶底部铺盖完好的加厚塑料薄膜隔湿，秸秆上(包括前端)再覆盖完好的加厚塑料薄膜防止雨(雪)水渗入，并在薄膜上压土保护薄膜。

5. 后屋面的倾斜角度　为避免冬季后屋面对后墙遮阴，造成光照死角，冬季用温室的后屋面倾角要等于或稍大于当地冬至时的太阳高度角。某地冬至时节太阳高度角的计算公式为$66°33'-\phi$。

(四)墙体设计

1. 砖墙　砖石墙应设计成“夹心墙”，内填充轻质保温材料，不要填充吸湿后体积容易发生膨大的保温材料(包括泥土)，以免体积膨大后，从内部“鼓破”墙体，发生倒塌。砖墙底部要用石头砌一道50 cm左右高的隔潮墙，以保持砖体干燥，延长墙体寿命。

2. 泥、土墙　要设计成梯形墙，并且墙体厚度要适当大一些，以增强保温性以及抗倒塌能力，一般要求不少于1.5 m，冬季严寒地区以及多雨水地区的厚度不少于2 m。

墙的底部要用石头或砖砌一道50 cm左右高的隔潮墙，以保持墙体干燥，延长墙体寿命。墙顶要覆盖薄膜防雨水渗入，薄膜上压土保护。墙的外沿要安装瓦片或铺水泥板作屋檐挡雨，防止雨水冲刷墙面。

(五)方位设计

冬季及早春严寒、上午多雾地区，应按偏西5°的方位建造温室，以多接受下午的光照，提高夜温。冬季及早春下午多雾、光照不良的地区，应选偏东5°的方位建造温室，以增加上午的采光量。其他情况下，选择正南北方位即可。

(六)通风口设计

1. 通风口的种类　目前，日光温室的通风口主要为扒缝式结构，自动化程度较高的钢架结构温室多采用自动开关的窗式结构，还有部分温室采用手动或电动卷膜式通风口。

2. 通风口的面积比例　由于温室的主要栽培季节为冬季，通风量较少，为增强温室的严密性，通风口的面积比例不宜过大。一般，冬季用温室的通风口面积占前屋面表面积的5%～10%即可满足需要，春秋季扩大到10%～15%即可。

3. 通风口的位置设计　温室高度大，并且三面有墙，室内的通风均匀性比较差，因此合理安排通风口位置十分重要。

小型温室一般设置上部通风口和下部通风口即可。大型温室除了设有上、下部通风口外，在后墙的中上部还应设有背部通风口，以在高温期协助上、下部通风口放风，增大通风量。

上部通风口设于温室的顶部，下部通风口设于温室的前部离地面 1～1.5 m 高处，背部通风口设于后墙上距离地面 1.5 m 以上高处。有的温室不专设下部通风口，而是将前边棚膜从地里扒出，卷起后代替通风口，该法容易形成“扫地风”，伤害蔬菜，不宜提倡。

(七)其他设计

冬季严寒地区，应设计成半地下式温室，室内地面低于室外 0.8 m 左右，以增强温室自身的保温能力。

任务2 温室建造技术

【任务目标】

掌握温室的建造技术要点。

【教学材料】

常用温室建造材料与用具。

【教学方法】

在教师指导下，学生了解并掌握主要温室的建造要点。

一、抄平地面

用水平仪测量地面后，按标准高度抄平地面。

二、画线

按平面设计图，用白灰在抄平的地面上画出温室的四条边及墙体的平面图。温室的四角要画成直角，可用“勾股定理”原理来确定。

三、墙体施工

1. 泥、土墙施工要点　要于当地主要雨季过后施工，泥墙还应在后坡施工前至少留有 20 d 以上的风干时间，避免后坡施工时压塌泥墙。

土墙要夯实、夯紧，最好用推土机压土成墙。草泥墙要分层打墙，逐层风干、硬实，每次打墙高度不超过 50 cm。

打墙所用泥、土的干湿度要适宜，泥以脚踩不粘脚为宜，土以手握成团，落地松散为适宜。

2. *砖石墙施工要点* 墙基要深，一般深度 40 cm 以上。内层墙厚 24 cm，外层墙厚 12 cm，两层墙间的保温层宽 12 cm。两层墙间要有“拉手”(钢筋或砖)，把两墙连成一体。

墙体砌到要求的高度后，顶部用水泥板封盖住，并用水泥密封严实，防止进水。

四、埋立柱

按平面设计图要求标出挖坑点。

后排立柱挖坑深不少于 50 cm，前、中排立柱挖坑深不少于 40 cm。将坑底填入砖石，并夯实后放入立柱。东西方向上，每排立柱先埋东、西两根。调整高度和位置，确保两立柱在要求的平面上以及顶高在同一水平线上后，拥土固定、埋牢。然后，在两立柱的顶端水平拉一施工线，其余立柱以施工线为标准，逐一埋牢固。

后排立柱应向后倾斜 5°～8°埋入地里，其他立柱垂直埋入地里即可。前排立柱埋好后，还应在每根立柱的前面斜埋一根“顶柱”，防止前柱受力后向前倾斜。

立柱要纵横成排、成列。东西方向上各排立柱的地上高度要一致，立柱顶端预留的“V”形槽口方向也要一致。

五、后屋面施工

普通温室的后屋面主要由粗木、秸秆、草泥以及防潮薄膜等组成。秸秆为主要的保温材料，一般厚 20～40 cm。砖石结构温室的后屋面多由钢筋水泥预制柱(或钢架)、泡沫板、水泥板和保温材料等构成。

后屋面的主要作用是保温以及放置草苫等。

六、前屋面施工

(一)有立柱温室前屋面施工技术要点

1. *安装拱架* 竹拱架结构温室的竹竿粗头朝上，上端固定到后屋面的横梁上，下端依次固定到南北向立柱顶端的“V”形槽内，并用粗铁丝绑牢固。

用钢管作拱架时，应将钢管依次焊接到后屋顶和南北立柱顶端的焊接点上。

琴弦式结构温室的屋架在固定好粗竹竿或钢管后，按 25 cm 左右间距在粗竹竿或钢管上东西向拉专用钢丝。钢丝的两端固定到温室外预埋的地锚上。钢丝与竹竿或钢管交叉处用细铁丝固定紧，避免钢丝上、下滑动。最后，在铁丝上按 60 cm 间距固定加工好的细竹竿。

2. *扣膜* 选无风或微风天扣膜。采用扒缝式通风口类温室，主要有二膜法和三膜法两种扣膜方法，见图 2-20。双膜法扣膜后只留有上部通风口，下部通风口一般采取揭膜法代替。三膜法扣膜后，留有上、下两个通风口，下部通风口的位置比较高，可避免“扫地风”的危害。扣膜时，上幅膜的下边压住下幅膜的上边，压幅宽不少于 20 cm。

不管采取何种扣膜法，叠压处上、下两幅薄膜的膜边均应粘成裙筒。下幅膜的裙筒内穿粗铁丝或钢丝，并用细铁丝固定到前屋面的拱架或钢丝上，防止膜边下滑。上幅膜的裙筒内要穿钢丝，利用钢丝的弹性，拉直膜边，使通风口关闭时合盖严实。

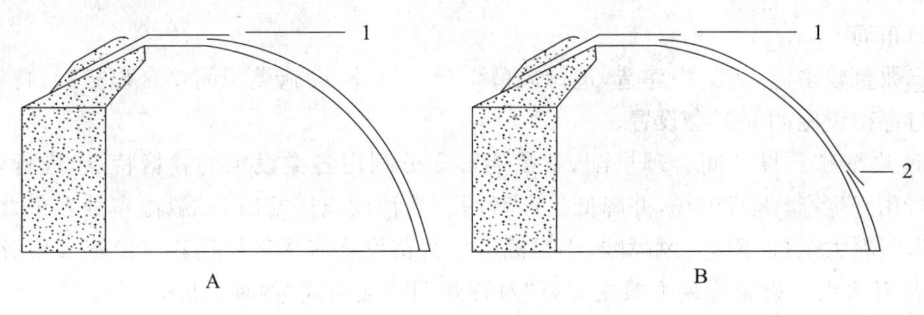

图 2-20　温室薄膜扣盖方法

A. 二膜法　B. 三膜法

1. 上部通风口　2. 下部通风口

扣膜后，随即上压膜线或竹竿压住薄膜。

(二)无立柱温室的前屋面施工技术要点

该类温室的拱架为钢梁或工厂生产的成型屋架，施工比较简单。安装时，需要用支架临时固定住拱架，待焊牢连接点或上螺丝固定住连接点后，再撤掉支架。拱架间用纵向拉杆连成一体。

【相关知识】

一、园艺设施建造场地选择与布局

(一)场地选择

1. 场地选择的一般原则　有利于控制设施内的环境，有利于蔬菜、果树、花卉等的生长与发育，有利于控制病虫害，有利于产品与农用物资的运输。

2. 对建造场地的具体要求

(1)避风向阳　要求场地的北面及西北面有适当高度的挡风物，以利于低温期设施的保温，但挡风物也不宜过高，否则高温期设施周围通风不畅，影响降温效果。比较而言，村南建造温室、大棚的综合效果优于村北，村东优于村西。另外，小山前、树林前也是设施建造的优良场所。

(2)光照充足　要求场地的东、西、南三面无高大的建筑物或树木等遮光。

(3)地下水位低　地下水位高处的土壤湿度大，土壤容易发生盐渍化，不宜选择。

(4)病菌、虫卵含量少　一般老菜园地中的病菌和虫卵数量比较多，不适合建造温室、大棚等，应选土质肥沃的粮田。

(5)土壤的理化性状有利于蔬菜生产　要求土壤的保肥保水能力强、通透性好、酸碱度中性。

(6)地势平坦　要求地面平整，以减少设施内局部间的环境差异。

(7)地势高燥　要求所选地块的排水性良好，雨季不积水。

(8)方便运输　要求场地靠近主要的交通线路，使产品能及时运出。但建造场地也不宜离公路(尤其是土路)太近，以减少汽车尾气、尘土等对设施和蔬菜的污染。

(9)符合标准　建造场地的土壤、空气、水等条件应符合无公害蔬菜生产的标准要求。

(二)布局

设施数量较多时,应集中建造,进行规模生产。另外,设施类型间要合理搭配,特别是栽培设施与育苗设施间要配套设置。

1. 设施搭配　设施间合理搭配,一是能够充分利用各类设施的栽培特点,进行多种蔬菜、果树、花卉生产,丰富市场,并降低生产费用。几种设施搭配时,一般温室放在最北面,向南依次为塑料大拱棚、阳畦、风障畦、小拱棚等。育苗设施应尽量靠近栽培设施或栽培田。

2. 排列方式　设施排列方式主要有"对称式"和"交错式"两种,见图 2-21。

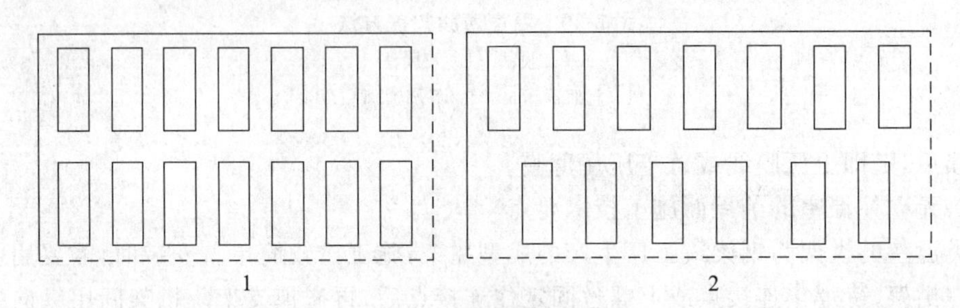

图 2-21　设施排列方式

1. 对称式　2. 交错式

"对称式"排列的设施群内通风性较好,高温期有利于通风降温,但低温期的保温效果较差,需加围障、腰障等。

"交错式"排列的设施群内无风的通道,挡风、保温性能好,低温期有利于保温和早熟,但高温期的通风降温效果不佳。

3. 设施间距　温室、塑料大拱棚等高大设施的南北间距应不少于设施最大高度的 2 倍,以 2.5～3 倍为宜,风障畦以及阳畦的南北间距应大于 2 倍风障高。小拱棚高度低,遮光少,一般不对间距作严格要求,以方便管理为准。

4. 灌溉与运输　设施群内应设有交通运输通道以及排、灌渠道。

交通运输通道分为主道和干道,主道与公路相连,宽 5 m 以上,两边挖有排水沟。干道与主道相连,宽 2～3 m。

灌溉渠道也分为主渠道和支道。主渠道与水源相连接,支道通往设施内。排水管道一般单设,排水能力设计应以当地常年最大降雨强度为依据,要求能及时将雨水排走,确保设施内不发生积水。

任务 3　温室的性能与应用

【任务目标】

掌握温室的性能与应用要点。

【教学材料】

常用温室。

【教学方法】

在教师指导下，学生了解并掌握温室的性能与应用。

一、温室的性能

(一)温度变化特点

1. 增、保温特点　一般来讲，单屋面温室无太阳直射光的死角，在光照下增温比较快，增温性优于塑料大棚。据测定，寿光式节能型日光温室冬季晴天的增温能力约30℃，普通日光温室也在20℃以上。阴天的增温能力比较弱，冬季阴天的增温幅度只有几摄氏度。双屋面温室以及连栋式温室由于有太阳直射光的死角，且背光面比较大，增温能力与塑料大拱棚基本相近。

温室有完善的保温结构，保温性能比较强。据测定，冬季晴天，寿光式节能型日光温室卷苫前的最低温度一般比室外高20～25℃，采取多层覆盖保温措施后，保温幅度还要大。连阴天日光温室的保温能力降低，一般仅为10℃左右。普通日光温室白天的升温幅度小，夜间的保温措施也不完善，保温能力相对比较弱，冬季一般为10℃左右。

加温温室在温度偏低时，能够进行加温，增、保温性能优于日光温室，特别是抗连阴天的能力比较强。

2. 日温度变化特点　温室的空间较大，容热能力强，温度变化相对比较平缓。据原山东省昌潍农业学校蔬菜专业对节能型日光温室观测：冬季晴天上午从卷起草苫到10时前，温度上升较为缓慢，每升高1℃平均需要12 min左右，10～12时升温速度加快，平均每10 min升温1℃；中午13时前后温度升到最高值，之后开始降温，从13～16时，平均每15 min温度约下降1℃；覆盖草苫后，降温速度放慢，一般从16时到第二天上午8时，降温10℃左右。一日中，温室南部的温度变化幅度比较大，昼夜温差约23℃，中部和北部的温度变化比较平缓，昼夜温差约20℃。东西方向上，东部上午升温慢，下午接受光照多，温度比较高，降温晚，夜温较高。西部上午升温快，温度高，但下午降温早，散热多，夜间温度较低，故温室的门多开于东部。

3. 地温变化特点　地温高低受气温变化的影响很大。据原山东省昌潍农业学校蔬菜专业观测：冬季，一般白天气温每升高4℃，10 cm耕层的地温平均升高1℃，最高地温出现时间一般较最高气温晚2～3 h；夜间气温每下降4℃，地温约下降约1℃，不进行人工加温时，最低地温值一般较最低气温高4℃左右。

(二)光照变化特点

1. 采光特点　温室的跨度小，采光面积和采光面的倾斜角度比较大，加上冬季覆盖透光性能优良的玻璃或专用薄膜，故采光性比较好。特别是改良型日光温室，由于其加大了后屋面的倾斜角度，消除了对后墙的遮阴，使冬季太阳直射光能够照射到整个后墙面上，采光性更为优良。

一般情况下，温室内的光照能够满足蔬菜栽培的需要。

2. 光照分布特点　温室内由于各部位的采光面角度大小以及高度等的不同，地面光照的差异也比较明显，见表2-9。

表 2-9　温室内不同部位地面的光照分布　klx

区域	部位			
	南部*	中部	北部**	露地光照
西葫芦区	15	13	10.5	47
黄瓜区	8.6	4.7	4.2	

1995 年 3 月 30 日测于原山东省昌潍农业学校实习基地。

* 观测点距底角 50 cm 远；** 观测点距后墙 1 m 远。

东西方向上，由于侧墙的遮阴和反射光作用，地面光照的差异也比较明显。通常上午西部增光较快，东部由于侧墙遮阴，光照较弱，下午东部增光明显，而西部则迅速下降，以温室中部的光照为最好。

3. 季节性变化特点　冬季太阳出于东南，落于西北，自然光照时间短，北方大部分地区的日照时数只有 11 h 左右，而温室因保温需要，草苫晚揭早盖，其内的日照时数更短，通常仅为 8 h 左右。另外，冬季由于太阳斜对温室，反射光数量较多，温室的采光量也不足。故不论是从光照时数还是从光的照度上，冬季温室内的光照均不能满足喜光蔬菜的要求，需要采取增、补光措施。春季太阳升高，自然光照的时间加长，温室内的光照时间也延长至 11 h 左右，基本上能够满足喜光蔬菜的需光要求。夏季温室内的光照比较充足，容易引起高温，需要采取遮光措施，防止高温危害。秋季的 9～10 月份，温室内的光照基本上能够满足蔬菜生长的需要，但晚秋由于秋冬交替，连阴天较多，光的照度下降明显，不能满足需要，应适时补光。

二、温室的生产应用

1. 加温温室的应用　主要用于冬春季栽培喜温的蔬菜、花卉等。在塑料大棚以及普通日光温室蔬菜生产较发达的地区，也多用加温温室培育大棚和日光温室蔬菜春季早熟栽培用苗。

2. 改良型日光温室的应用　在冬季最低温度－20℃以上的地区，在不加温情况下，可于冬春季生产喜温的蔬菜、花卉等。在冬季最低温度－20℃以下的地区，冬季只能生产耐寒的绿叶蔬菜以及多年生蔬菜等。另外，改良型日光温室还多用来培育塑料大棚、小拱棚以及露地蔬菜等的春季早熟栽培用苗。

3. 普通型日光温室的应用　在冬季最低温度－10℃以下的地区，冬季一般只能生产一些耐寒性蔬菜和花卉等，以及于春、秋两季对喜温性蔬菜进行春早熟栽培或秋延迟栽培。另外，普通型日光温室还多用于培育早春露地蔬菜用苗以及种子生产用苗。

【相关知识】　温室的类型

一、根据温室内有无加温设备分类

分为加温温室和日光温室两种。

(一)加温温室

温室内设有烟道、暖气片等加温设备，温度条件好，抵抗严寒能力强，但栽培成本较高，主要用于冬季最低温度长时间处于－20℃以下的地区。

(二)日光温室

温室内不专设加温设备,完全依靠自然光能进行生产,或只在严寒季节进行临时性人工加温,生产成本比较低,适用于冬季最低温度－10～－15℃或短时间处于－20℃左右的地区。

根据日光温室的结构和增、保温能力不同,通常将日光温室划分为节能型日光温室和普通型日光温室两种类型。

1. 节能型日光温室　又称为冬暖型日光温室。温室前屋面的采光角度大,白天增温较快。温室的墙体较厚,所用覆盖材料的增、保温性能好,并且温室内空间较大,容热量大等,故自身的保温能力比较强,一般可达 15～20℃,在冬季最低温度－15℃以上或短时间－20℃左右的地区,可于冬季不加温下,生产出喜温的蔬菜、水果、花卉。

2. 普通型日光温室　也叫春秋型日光温室、冷棚等。温室的前屋面较平,采光角度比较小,采光能力差,增温性不佳。温室的墙体比较薄,没有后屋顶或后屋顶较窄,温室低矮,空间小,容热量小,加上所用覆盖材料的规格较小等原因,自身的保温能力较弱,一般只有10℃左右,在冬季严寒地区,只能于春、秋两季和冬初、冬末生产喜温性蔬菜、果树、花卉。

节能型和普通型日光温室结构的主要区别见表 2-10。

表 2-10　节能型和普通型日光温室的主要结构比较

温室类型	前屋面角度(°)	薄膜类型	脊高/m	后屋面厚度/cm	后屋面斜角/(°)	最大宽/高比	墙体厚度/m	草苫厚度/cm
节能型	＞20	高温膜	＞2.5	＞30	＞40	＜2.8	＞1	＞4
春秋型	＜20	普通膜	＜2.5	＜30	＜40	＞2.8	＜1	＜4

二、根据温室的前屋面坡形分类

通常将温室划分为拱圆面型和斜面型两种类型,每类温室又分为多种形式,见图 2-22。

1. 拱圆面型温室　该类温室以多角度采光,采光量比较大,温度高,同时温室内的空间也比较大,保温性好,有利于蔬菜生长。其主要缺点是对拱架材料要求比较严格,所用材料必须易于弯拱并且还要有一定的强度。

该类温室中,以圆-抛物面组合型的综合性能最好,应用也最多。椭圆面型温室的南部空间较大,适合栽培高架蔬菜,但坡面较平,采光性差,并且草苫卷放困难、排水和排雪性能也比较差,冬季寒冷地区以及多雪地区不宜使用。

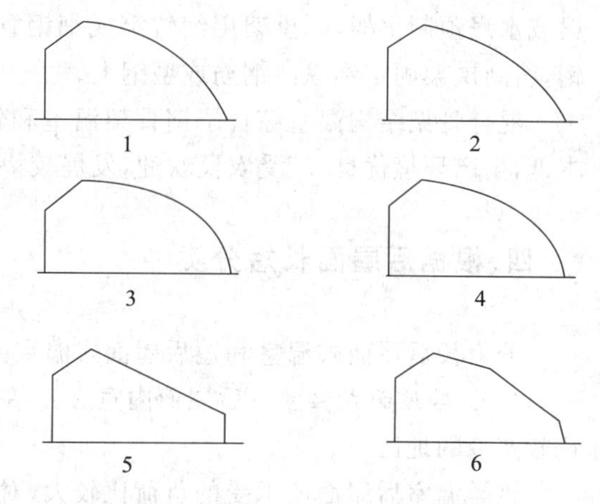

图 2-22　温室前屋面的形状

1. 圆面型　2. 抛物面型　3. 椭圆面型　4. 圆-抛物面组合型　5. 二折式　6. 三折式

2. 斜面型温室　屋面建造材料主要有木材、角钢、槽钢等,玻璃及塑料板材温室的前屋面属此类型。斜面型温室的排水、排雪性能比较好，也易于卷放草苫。其主要缺点是两折式温室的中、前部比较低矮，栽培效果较差；三折式温室虽然中、前部加高、加大，但结构的牢固性下降，并且对建造材料和施工的要求也变高。

三、根据骨架的材料分类

分为竹拱结构温室、玻璃纤维增强水泥预制骨架结构温室、钢骨架结构温室和混合骨架结构温室四种。

1. 竹拱结构温室　该类温室用横截面(10～15) cm×(10～15) cm 的水泥预制柱作立柱，用径粗 8 cm 以上的粗竹竿作拱架，建造成本比较低，也容易施工建造。该类温室的主要缺点是：竹竿拱架的使用寿命较短，需要定期更换拱架；棚内的立柱数量比较多，地面光照不良，也不利于棚内的整地作畦和机械化管理。

竹拱结构温室是普通日光温室的主要结构类型，一般采取悬梁吊柱结构形式，二拱一柱，以减少立柱的数量。节能型日光温室目前在广大农村也普遍采用此类结构，为了减少立柱的数量，大多采用琴弦式结构或主副拱架结构形式。

2. 玻璃纤维增强水泥预制骨架结构温室　即 GRC 结构温室。该温室的拱架由钢筋、玻璃纤维、增强水泥、石子等材料预制而成。

3. 钢骨架结构温室　该类温室所用钢材一般分为普通钢材、镀锌钢材和铝合金轻型钢材三种，我国目前以前两种为主。单栋日光温室多用镀锌钢管和圆钢加工成双弦拱形平面梁，用塑料薄膜作透明覆盖物。双屋面温室和连栋温室一般选用型钢(如角钢、工字钢、槽钢、丁字钢等)、钢管和钢筋等加工成骨架，用硬质塑料板作透明覆盖物。

钢架结构温室结构比较牢固，使用寿命长，并且温室内无立柱或少立柱，环境优良，也便于在骨架上安装自动化管理设备，是现代温室的发展方向。但钢架温室的建造成本比较高，设计和建造要求也比较严格，尚不适合在广大农村建造使用。

4. 混合骨架结构温室　主要为主、副拱架结构温室。主拱架一般选用钢管、钢筋平面梁或水泥预制拱架，副拱架用细竹竿或细钢管。在主拱架上纵向拉几道钢筋或焊接几道型钢，将副拱架固定到纵向钢筋或型钢上。

混合骨架结构温室综合了钢骨架温室和竹拱温室的优点，结构简单、结实耐用，制造成本低，生产环境优良，较受农民欢迎，发展较快，是当前我国农村温室发展的主要方向。

四、根据后屋面长短分类

分为长后屋面式温室和短后屋面式温室两种。

1. 长后屋面式温室　后屋面内宽 2 m 左右，温室自身的保温性能较好，主要用于冬季比较寒冷的地区。

该类温室后屋面所承受的负荷比较大，对屋架材料的种类和规格要求比较严格，同时后屋面的遮光面也比较大，温室北部的光照不良。

2. 短后屋面式温室　后屋面内宽小于 1.5 m，所承受的负荷减少，对建造材料和规格的要求不甚严格，易于建造。同时，温室的遮光面减少，室内的光照条件也较好。但温室自身的保温性能不如前者，多用于华北、西北等一些冬季不甚寒冷的地区。

五、根据薄膜的层数分类

分为单层膜温室和双层膜充气式温室两种。

1. 单层膜温室　前屋面只覆盖一层棚膜，大多数温室属于此类。该类温室的透光性好，薄膜管理简单，但自身的保温性较差。

2. 双层充气膜温室　前屋面覆盖双层棚膜，膜间距 30～50 mm，膜间用鼓风机不停地鼓入空气，形成动态空气隔热层，见图 2-23。

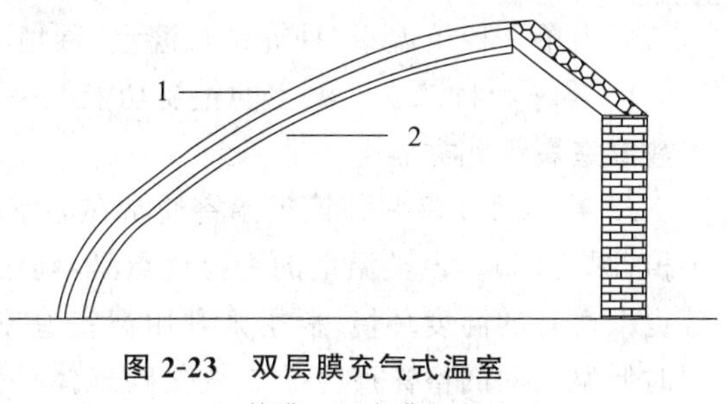

图 2-23　双层膜充气式温室

1. 外膜　2. 内膜

该类温室的保温性能好，冬季不甚严寒地区可以代替“薄膜＋草苫”覆盖形式进行冬季栽培，节能效果好。但双层膜充气式温室由于需要不间断充气，不仅需要电力支持，使用范围受到电力限制，而且维持费也较高。

六、根据温室的屋顶数量分类

分为单栋温室和连栋温室两种。

1. 单栋温室　整座温室只有一个屋顶，有比较完整的温室结构，一般占地面积 667 m^2 左右。

单栋温室对建造材料要求不严格，建造成本低，容易施工；扣盖薄膜比较方便，扣膜的质量也容易保证；屋面排水、排雪效果比较好，温室的通风降温以及排湿性能也较好。其主要缺点是土地利用率较低；温室内的温度、湿度以及光照等分布不均匀，低温期的保温性能也较差；跨度比较小，一般为 7～10 m，室内空间小，特别是前端较为低矮，不适合机械化和工厂化栽培管理。

2. 连栋温室　该类温室有 2 个或 2 个以上屋顶。

连栋温室的跨度范围比较大，根据地块大小，从十几米到上百米不等，占地面积大，土地利用率比较高；室内空间比较宽大，蓄热量大，低温期的保温性能好；适合进行机械化、自动化以及工厂化生产管理，符合现代农业发展的要求。其主要缺点是对建造材料、结构设计和施工等的要求比较严格，建造成本高；屋顶的排水和排雪性能比较差，高温期自然通风降温效果不佳，容易发生高温危害。

七、根据温室的环境控制手段和管理自动化程度分类

分为常规和智能两种温室。

1. 常规温室　温室的环境控制主要是凭经验或根据常规仪器显示变化，进行人工手动操作，费工费事，效率低，同时设施内的环境稳定性较差，容易出现较大的局部差异。

2. 智能温室　该温室将计算机控制技术、信息管理技术、机电一体化技术等在设施内

进行综合运用，可以根据温室作物的要求和特点，对温室内的光照、温度、水、气、肥等诸多因子进行自动调控。智能化温室是未来温室的发展方向。

八、根据温室的功能分类

分为单一种植温室、种养结合温室、种植与发电温室等几种类型。

1. 单一种植温室　温室的主要功能就是进行园艺植物的种植与生产，目前国内的绝大多数温室属于此类。

2. 种养结合温室　该类温室通常在温室的一端设置猪、鸡、鸭舍等，其余部分用于植物种植(图 2-24)。该类温室的主要优点是：利用温室自身的高温，为冬春季的养猪、养鸡、养鸭等提供适宜的温度环境，夏季则利用温室遮阳设备为畜禽创造冷凉环境，加快畜禽的生长，同时低温期间的畜禽产生的二氧化碳气体补充了植物需求上的不足，畜禽的粪便等可以通过配套的沼气系统进行发酵，产生的沼气不仅可以用于温室内的补光照明，还可以用于低温期的燃烧加热，沼气池内的废渣也是植物的上等有机肥，可以用来施肥。一些种植的植物还可以用来喂养畜禽。在此类温室中，动物和植物间形成了一个良性的生态环境，因此，该类温室也被称为“生态温室”。该类温室的主要不足是管理较为麻烦，技术要求高，同时畜禽粪便产生的气味对植物和人体也会产生一定的不良影响。目前该类温室多用于示范园区以及示范村，大规模应用较少。

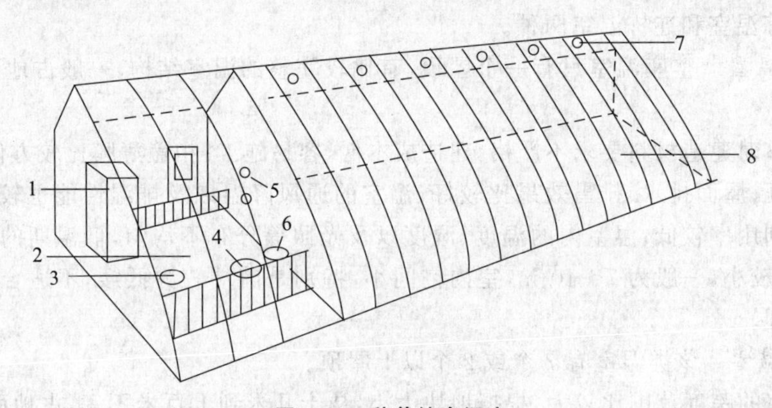

图 2-24　种养结合温室

1. 厕所　2. 猪圈　3. 进料口　4. 沼气池　5. 通气口　6. 出料口　7. 沼气灯　8. 生产田

3. 种植与发电温室　该类温室多是通过在温室的前屋面骨架上，按一定规律安装双玻晶硅透光组件和双玻薄膜组件，负责将太阳能转变为电能，在温室内安装光伏汇流箱和逆变器等设备，把直流电转换为交流电，并入电网的发电系统(图 2-25、图 2-26)。该类温室在植物进行生产的同时，还能进行发电，一举多得，不仅提高经济效益，而且还可提供绿色电能，生态效益也十分明显。目前，种植与发电温室在国内的发展比较快，在一些地区，已经形成了集植物种植、发电、旅游观光等于一体的全新农业发展模式。

【资料阅读】　主要温室介绍

1. 寿光冬暖式温室　温室方位采用正南或南偏西 5°，棚面采光角大于 30°，半地下式建

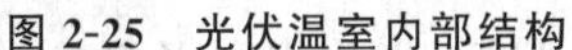

图 2-25　光伏温室内部结构

图 2-26　光伏温室外部结构

造，深入地下 1～1.3 m。温室内宽 10～15 m，长 80～100 m。后墙一般高 4～4.5 m，下宽 5～6 m，上宽 1.8～2 m。后屋面内宽 1.5 m 左右，与地面夹角 40°～45°，屋面厚度 30 cm 左右。前屋面通常建成无立柱结构，用镀锌钢管弯曲成拱，或用双弦钢梁、新型无机复合材料等作主拱，在主拱上东西向拉专用钢丝，钢丝间距 25～30 cm，在其上按 60 cm 间距固定细竹竿。有立柱结构温室一般有 4 排立柱，立柱东西间距 3～4 m，南北间距 3 m 左右，后排立柱下部埋入靠后墙的地里(图 2-27)。

A

B

图 2-27　寿光冬暖式日光温室

A. 寿光冬暖式有立柱温室　B. 寿光冬暖式无立柱温室

2. 辽沈Ⅳ型日光温室　该温室为沈阳农业大学研制的大跨度改良型日光温室，属于“十五”国家科技攻关项目。

该温室拱架采用镀锌钢管两铰拱式平面桁架(上、下双弦结构)，上弦 ϕ32.25×3.75，下弦 ϕ16，中间用 ϕ12 镀锌钢筋连接，拱架间距 85～90 cm；前坡顶部倾角 15°以上，距前底角 1 m 处高度 1.35～1.4 m；室内无立柱，净跨度 12 m；墙体宽 60 cm，双层砖结构。内层砖墙厚度 3.7 cm，外层砖墙厚度 24 cm，中间为两层缀铝箔聚苯乙烯泡沫塑料板，墙体沿高度每隔 8 层砖，水平间距每 50 cm 拉一道拉接筋；墙体顶部用钢筋混凝土压顶，在压顶北侧砌一道 24 cm 宽、45～60 cm 高的女儿墙，钢架安装好后，再沿压顶内侧砌 2 层砖，把钢架夹紧；后墙高 3 m(地面距压顶)；脊高 5.5 m，屋脊地面垂直投影点距离温室前点 9.5 m，距离后墙 2.5 m。后屋面仰角 45°，用 2～2.5 cm 厚的松木板铺底，上盖一层 12～20 cm 厚的聚苯板，

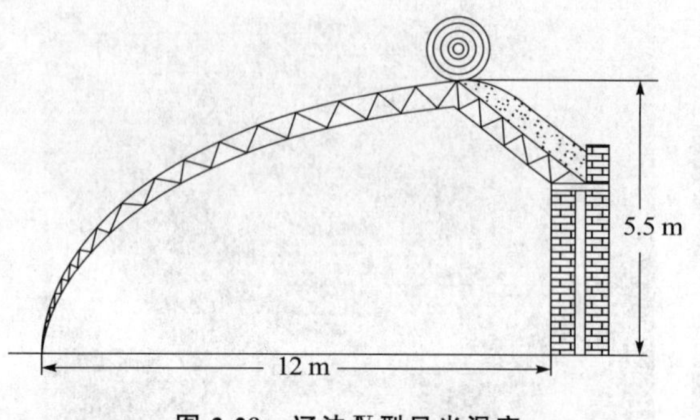

图 2-28　辽沈Ⅳ型日光温室

用 1∶5 的白灰炉渣掺少量水拍实，再抹 2.5 cm 厚的 1∶3 水泥砂浆封顶防水。参考结构见图 2-28。

3. 改良冀Ⅱ型节能日光温室　温室跨度 8 m，脊高 3.65 m，后坡投影长度 1.5 m。骨架为钢筋析架结构，后墙为 37 cm 厚砖墙，内填 12 cm 厚珍珠岩。

4. 廊坊 40 型节能日光温室　温室跨度 7～8 m，脊高 3.3 m，半地下式 0.3～0.5 m。前屋面的上部为琴弦微拱形，前底角区为 1/4 拱圆形，采用水泥多立柱、竹竿竹片相间复合拱架结构，或钢架双弦、单中柱结构。前坡以塑料薄膜和草苫覆盖。后屋面仰角 50°，水平投影 0.8 m。后坡为秸秆草泥轻质保温材料。后墙体为土筑结构，后墙高度为 2.2 m，底宽为 4 m，顶宽为 1.5 m。前底角外部设防寒沟，以加强防寒保温效果。后墙上设通气孔，利于炎热季节通风降温。

5. 双层充气膜温室　双层充气膜温室采用厚度为 0.15～0.2 mm 透光率较高的复合聚乙烯膜或聚醋酸乙烯膜，使用离心风机鼓风，形成双层薄膜间的空气层，以提高保温效果(图 2-29)。双层充气膜日光温室由于采用透光率较高的薄膜，透光率较单层膜略有降低，一般降低 10%左右。双层充气膜日光温室的密封性和保温性好，室内白天的最高气温较单层膜温室高，夜间在双层充气膜日光温室上再用保温被覆盖，其保温效果更好。双层充气膜日光温室由于采用了双层薄膜，薄膜质量好，价格高，因而其造价较单层薄膜高。但其保温效果好、整体造价低于玻璃，因此在东北、华北、西北等寒冷地区具有广阔的推广应用前景。目前，推广应用较多的双层充气膜日光温室主要有华北双层充气连栋温室、EM210 型双层充气膜温室、WGK(F)64 型双层充气膜温室等。

6. 文洛型连栋温室　文洛型(Venlo)温室起源于荷兰，属于小屋面玻璃温室，标准跨度 6 m，开间 4 m，檐高 3～4 m，每跨两个人字形小屋顶直接支撑在桁架上。小屋顶跨度 3.2 m，高度 0.8 m。根据桁架的支持能力，可将两个以上的 3.2 m 小屋面合并成一个 9.6 m、12.8 m 等的大跨度屋面，以便于机械化作业，见图 2-30。

图 2-29　双层充气膜温室

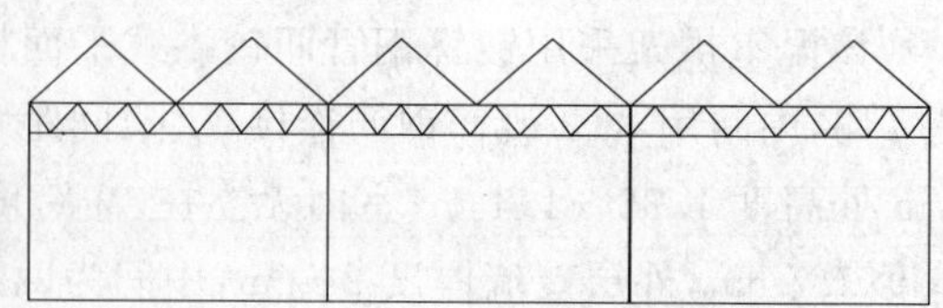

图 2-30　文洛型连栋温室示意图

文洛型连栋温室的主要优点：透光性好；钢材用量少，6.4 m 跨度、4 m 开间的标准温室用钢量小于 5 kg/m^2。其主要缺点：在我国气候条件下，温室的通风量不足，高温期的降温效果不佳。

我国1983年首次从罗马尼亚引进该种温室，目前国内已经有较大面积的推广应用。另外，针对文洛型连栋温室通风系统的不足，国内已经有部分温室生产厂家对其通风系统作了一些改进，并增加了湿帘风机降温系统和室外遮阳系统等，扩大了文洛型连栋温室在我国的适用范围。

7. 文洛式(VENLO)PC板温室　外观基于荷兰VENLO玻璃温室，采用双层或多层PC中空板作为覆盖材料。主要技术参数：跨度8～12 m，肩高3～5 m，开间4～5 m，风载0.5 kN/m^2，雪载0.3 kN/m^2(图2-31)。

图2-31　文洛式PC板温室

【典型案例1】　寿光式节能型日光温室

寿光节能型日光温室在我国北方应用较为广泛，其他省份除了直接引进建造使用外，也是进行地方温室设计时的重要参考对象。

寿光节能型日光温室起源于20世纪80年代末，经过数十年的改革与发展，目前，寿光式节能型日光温室结构已经发展到第六代。新一代日光温室，一般顶高6～7 m，内宽14～16 m，长80～100 m。后墙一般高5～6 m，下宽5～6 m，上宽2～2.5 m。温室内部空间高大，不仅容热能力强，有利于保持室内的温度稳定，而且还有利于蔬菜的生长发育，特别是有利于高架蔬菜的生产。

温室采用半地下式结构，通常深入地下1 m左右，提高了温室的保温性能。温室采用正南或南偏西5°方位，棚面采光角大于30°，有利冬季温室下午的采光。另外，温室的前屋面建成无立柱或少立柱结构，一般用镀锌钢管或用双弦钢梁作拱架，在拱架上东西向拉专用钢丝，建成琴弦式结构屋面，屋架的遮光面积小，采光量大，不仅有利于蔬菜的生长发育，增温效果也比较好。温室的后屋面内宽1.5 m左右，与地面夹角40～45°，屋面厚度30 cm左右，不仅保温性好，而且不会对后墙造成光照死角。

全钢结构温室的前屋面下不设立柱，传统琴弦式结构温室前屋面下一般有8排立柱，立柱东西间距3.6 m。后排立柱东西间距1.8 m，下部紧贴后墙埋入地里，在后墙与第二排立柱间留出1.2 m左右宽的空间，有利于物品搬运和进出管理。温室内北部地面一般用水泥、砖做成60～80 cm宽的水道，浇水时可防止水渗流，同时水泥地面也方便人、车在室内行走。

温室靠公路一侧通常建有一小屋，在小屋内的土墙上开一土洞，用于进出温室。

一些用于育苗的高档温室，在温室的东西侧墙上还安装有湿帘风机通风降温系统，以增强高温季节的降温效果。

【典型案例2】　中国设施蔬菜之乡——寿光市(县)

山东省寿光市是由国务院命名的国家级蔬菜之乡，是我国蔬菜冬暖式大棚(节能型日光温室)的发祥地。寿光市的设施蔬菜生产发达，现有冬暖式大棚20万个，拱棚5万个，栽培面积约1.5万hm^2，此外还拥有0.67万hm^2韭菜(风障畦冬春保护栽培)、年产量6万t的食用菌栽培设施等。

为推动设施蔬菜生产的发展，寿光市建立了专门为设施蔬菜生产服务的、目前国内规模最大的国家级农资市场和蔬菜批发市场，为菜农提供来自国内外的设施建造材料、蔬菜种子、农药、化肥、配套机械、技术服务等，基本实现了蔬菜生产资料与技术服务的专业化和国际化。为加快生产设施的升级和更新换代，寿光市还成立了多家以冬暖式大棚设计与建造为主要业务的公司和企业，实现了生产设施设计与建造的专业化、机械化和模块化。专业化的设计和建造有力地推动了寿光蔬菜生产设施的发展，以冬暖式大棚为例，寿光市平均每3～5年就会对大棚的结构与建材进行一次升级换代，以适应蔬菜发展的新要求。目前，冬暖式大棚已经发展到以大空间、钢架结构、后墙体、半地下式、机械化和自动化管理为主要特点的第六代，并且还新设计建造了“蔬菜—食用菌”连体温室、工厂化育苗专用的育苗温室等。在设施管理上，积极引进机械化和智能化管理设备和技术，成立了专业的服务协会和公司、企业，依靠专业队伍来推动设备和技术的更新换代和升级。以温室卷帘机为例，寿光市先后推广应用了后墙固定式、撑杆式、轨道式、侧卷式等结构形式，并根据自身的温室结构特点和生产需要，不断进行设备改造，生产推广具有地方特色的大棚卷帘机。

为加快技术引进与推广工作，寿光市建立了“蔬菜高科技示范园”“林海生态博览园”和“农业生态观光园”三大示范园区，建成了“以先正达、瑞克斯旺、海泽拉等国外种业公司示范农场组成的示范基地”、“以孙家集、洛城为主的绿色食品蔬菜基地”、“以文家为主的万亩韭菜高效开发基地”、“以羊口为主的盐碱地无土栽培基地”、“以稻田为主的国家级农业现代化示范基地”五大样板基地。“三大示范园”和“五大样板基地”的建立，有力地推动了蔬菜生产的技术进步与快速发展。

在生产发展的同时，寿光市还注重蔬菜文化的建设与发展，在蔬菜品牌建设、信息化建设、蔬菜节日开发、蔬菜生产标准制订等方面，一直走在了全国的前头，其中一年一度的中国国际蔬菜博览会，将寿光的蔬菜推向了全世界，使寿光成为具有国际化影响力，集生产、科研、装备、资源、营销、特色旅游等于一身的世界蔬菜中心（图2-32，图2-33）。

图2-32 连方成片的蔬菜日光温室

图2-33 寿光蔬菜高科技示范园

【拓展知识】

一、我国园艺设施的发展现状与趋势

1. 我国园艺设施的发展现状　我国设施农业起步较晚，但发展较快。目前世界塑料大棚和温室面积约 36.576 万 hm^2，我国塑料大棚和温室的建设面积已经从 20 世纪 90 年代初的约 40 hm^2 发展到现在近 15.67 万 hm^2，占世界 42.8%。我国现有大型温室面积约 200 hm^2，其中我国自行设计建造的约有 50 hm^2，从荷兰、日本、美国、以色列等国引进的约 140 hm^2。在已确切统计的 73 hm^2 引进温室中，大多数为大型连栋温室，是近十几年出现并得到迅速发展的一种温室形式。其中大型的连栋塑料温室约占 2/3 以上，其余为玻璃温室。在南方的大型温室以生产花卉为主，北方的则以栽培蔬菜为主，少部分温室用于栽培苗木。

塑料大棚、中棚及日光温室为我国主要设施结构类型。其中能充分利用太阳光热资源、节约能源、减少环境污染的日光温室为我国所特有。由农业部联合有关部门试验推广的新一代节能型日光温室，每年每亩可节约燃煤约 20 t。采用单层薄膜或双层充气薄膜、PC 板、玻璃为覆盖材料大型现代化连栋温室，具有土地利用率高、环境控制自动化程度高和便于机械化操作等特点。

目前我国温室的骨架多采用热镀锌管(板)，覆盖材料多为玻璃、双层充气膜、PC 板等，还自行研制设计了各种环境调控系统和微机监控系统等。在温室内机械耕种方面，只有少量的育苗、移植等设备，大部分是靠引进设备或手工作业；在应用方面，缺乏有效的管理体制和机制，还未将生产、加工、销售有机地结合起来，有的温室结构简单、设备简陋，环境的综合调控难以实现，生产管理和运行水平还远低于国外。

我国设施农业目前存在着诸如土地利用率低、盲目引进温室、设施结构不合理、能源浪费严重、运营管理费用高、管理技术水平低、劳动生产率低及单位面积产量低等诸多问题。我国商品化温室普及率很低，高、中档次的商品化温室主要被一些机关团体、军队、农场和科研单位采用，很少被个体及一般农民采用，普通农户采用最多的是自建的简易拱棚，占我国温室总量的 60%以上。

2. 我国温室大棚发展需要解决的问题

(1)完善并建立温室相关的国家标准　目前我国只有《温室结构设计载荷》国家标准，温室国家标准化还有很多工作要做。现有的控制系统大都具有较强的针对性，由于温室结构千差万别，执行机构各不相同，对于控制系统的优劣缺乏横向可比性。借鉴国外经验，建立本国模式是温室行业国产化的必由之路。由于我国地域辽阔，气候多样，所以我国温室的研究设计单位应建立不同地区、不同气候条件下的温室模式，从而使我国温室产业的发展模式有据可依。可以尝试制订行业标准或地区标准，然后申请国家标准。

(2)开发与我国国情相适应的温室优化控制软件　目前我国引进温室的控制系统大多运行费用过高，而自行研制的控制系统缺乏相应的优化软件，大多仍使用单因子开关量进行环境因子的调节。因此，结合温室内的物理模型、作物的生长模型和温室生产的经济模型，开发出一套与我国温室生产现状相适应的环境控制优化软件是非常重要的。

(3)需进一步加强对温室结构的研究　不同地区的不同气候条件，应有相应的温室结构，温室结构的好坏直接影响到温室生产的经济性。例如：在我国的北方地区，应加强对温室保温性能的研究，以减少冬季的热能耗；而在南方地区，则应加强对夏季通风装置的研究，以减少夏季的温室高热。

(4)加紧对温室相关技术的研究　例如：开发适合温室生产的综合机械配套设施、研究温室内的管理技术等。

3. 我国温室今后的发展趋势　随着社会的进步科学技术的发展，我国温室的发展将向着区域化、节能化、专业化、大型化方向发展，呈现出现代化、精准化、多元化、都市型的特点，形成高科技、自动化、机械化、规模化、产业化的工厂型农业。

【单元小结】

园艺设施主要包括风障畦、阳畦、电热温床、塑料小拱棚、塑料大棚和温室，风障畦、阳畦、电热温床和塑料小拱棚属于简易保护设施，结构简单，建造成本低，生产效益不高；塑料大棚和温室属于大型保护设施，性能好，是主要的保护栽培设施。各类园艺设施的设置与建造施工要根据当地的气候、生产条件和市场需求情况等综合进行考虑。

【实践与作业】

1. 在教师的指导下，学生了解当地园艺设施结构类型与生产应用情况，运用所学知识对当地蔬菜生产设施结构与生产应用情况进行科学分析，提高分析问题和解决问题的能力。并完成以下作业：

(1)调查当地蔬菜生产所用保护设施类型的结构及使用情况，结果填入表2-11。

表2-11　蔬菜生产设施类型及使用情况调查

设施名称	结构类型	数量(面积)/hm^2	种植蔬菜情况(茬口)	年生产效益/万元

(2对当地主要设施结构的合理性进行分析，并提出改进意见。

(3)对当地主要园艺设施的种植情况进行分析，并提出合理化建议。

2. 在教师的指导下，学生进行温室或大棚结构调查以及施工建造实践活动。并完成以下作业：

(1)对当地主要园艺设施结构进行分析，提出合理化建议。

(2)总结主要园艺设施的建造技术要领。

【单元自测】

一、填空题(40分，每空2分)

1. 前屋面倾角按公式$\alpha=\phi-\delta$进行计算，其中，α是________，ϕ是指________，δ是____。

2. 风障由____、____、____三部分组成，风障的主要功能是____。

3. 塑料大棚的基本结构由____、____、____、____和覆盖材料组成。

4. 温室主要由墙体、______和____、立柱、加温设备和保温覆盖物等组成。

5. 一般，冬季用温室的通风口面积占前屋面表面积的______即可满足需要，春秋季扩大到______即可。

6. 一般低温期的最大增温能力(一日中大棚内、外的最高温度差值)只有___℃左右，一般天气下为___℃左右，高温期达___℃左右。塑料大棚的保温能力较差，一般单栋大棚的保温能力为______℃左右。

7. 电热线行距计算公式是:电热线行距=__________÷(____________)

二、判断题(24 分,每题 4 分)

1. 采用扒缝式通风口类温室,主要有二膜法和三膜法两种扣膜方法。( )

2. 砖石墙应设计成“夹心墙”,内填充轻质保温材料,不要填充吸湿后体积容易发生膨大的保温材料。( )

3. 因出厂电热线的功率是额定的,不允许剪短或接长,因此当计算结果出现小数时,应在需要功率的范围内取整数。( )

4. 蔬菜的种植效果与温室和塑料大棚的高度、宽度成正比。( )

5. 阳畦主要由风障、畦框和覆盖物组成。( )

6. 简易风障一般只有篱笆和土背,不设披风。( )

单元自测
部分答案 2

三、简答题(36 分,每题 6 分)

1. 简述风障畦设置要点。

2. 简述电热温床电热线布线技术要点。

3. 简述塑料大棚的设计要点。

4. 简述塑料大棚的主要性能与生产应用。

5. 简述日光温室设计要点。

6. 简述日光温室的主要性能与应用。

【能力评价】

在教师的指导下,学生以班级或小组为单位进行风障畦、阳畦、电热温床、塑料小拱棚、塑料大棚和温室设置(设计)与施工实践。实践结束后,学生个人和教师对学生的实践情况进行综合能力评价。结果分别填入表 2-12 和表 2-13。

表 2-12　学生自我评价表

姓名			班级		小组	
生产任务		时间		地点		
序号	自评内容			分数	得分	备注
1	在工作过程中表现出的积极性、主动性和发挥的作用			5		
2	资料收集			10		
3	工作计划确定			10		
4	风障畦设置与建造			10		
5	电热温床布线			10		
6	塑料大棚设计与施工			15		
7	日光温室设计与施工			15		
8	塑料大棚和温室性能观察			15		
9	指导生产			10		
合计得分						
认为完成好的地方						
认为需要改进的地方						
自我评价						

表 2-13　指导教师评价表

指导教师姓名：＿＿＿＿＿＿　评价时间：＿＿年＿＿月＿＿日　课程名称＿＿＿＿＿＿

生产任务

学生姓名：　　　　所在班级

评价内容	评分标准	分数	得分	备注
目标认知程度	工作目标明确,工作计划具体结合实际,具有可操作性	5		
情感态度	工作态度端正,注意力集中,有工作热情	5		
团队协作	积极与他人合作,共同完成任务	5		
资料收集	所采集材料、信息对任务的理解、工作计划的制订起重要作用	5		
生产方案的制订	提出方案合理、可操作性、对最终的生产任务起决定作用	10		
方案的实施	操作的规范性、熟练程度	45		
解决生产实际问题	能够解决生产问题	10		
操作安全、保护环境	安全操作,生产过程不污染环境	5		
技术文件的质量	技术报告、生产方案的质量	10		
合计		100		

【信息收集与整理】

收集园艺设施最新发展类型及应用情况,并整理成论文在班级中进行交流。

【资料链接】

1. 中国温室网:http://www.chinagreenhouse.com
2. 中国园艺网:http://www.agri-garden.com
3. 中国农资网(农膜网):http://www.ampcn.com/nongmo
4. 中国农地膜网:http://www.nongdimo.cn
5. 中国农机设备总网:http://www.nongjx.com/

【教材二维码(项目二)配套资源目录】

1. 塑料大棚类型图片
2. 光伏温室系列图片
3. 温室扣膜系列图片
4. 温室机械化施工系列图片
5. 电热温床建造系列图片

项目二的二维码

项目三

设施环境调控技术

知识目标

学习了解设施光照、温度、湿度、土壤、气体等的变化规律，掌握影响设施光照、温度、空气湿度和土壤湿度以及土壤理化性状的主要因素，设施内有害气体的危害识别以及设施环境智能化控制原理。

能力目标

掌握设施增加光照、遮阴技术要领，设施增温、保温和降温技术措施，设施空气湿度和土壤湿度控制措施，设施土壤盐渍化和酸化控制主要措施，设施内二氧化碳气体施肥方法和化学施肥法技术要领，设施内有害气体预防措施，设施环境智能化控制技术要领等。

Module 1

设施光照调控技术

任务1　增光技术
任务2　遮阴技术

任务1 增光技术

【任务目标】

掌握园艺设施增加光照技术与措施。

【教学材料】

温室、塑料大棚等园艺设施以及增光用材料和用具。

【教学方法】

在教师指导下，学生了解并掌握主要园艺设施的增加光照技术要点。

一、合理的设施设计和布局

通过合理的骨架材料、屋面倾斜角度、设施方位与前后间隔距离以及使用透光率高且透光性能稳定的专用薄膜等，确保设施自身良好的透光性能。

二、保持透明覆盖物良好的透光性

主要措施有：

1. *覆盖透光率比较高的新薄膜*　一般新薄膜的透光率可达90%以上，一年后的旧薄膜，视薄膜的种类不同，透光率一般为50%～60%。

2. *保持覆盖物表面清洁*　应定期清除覆盖物表面上的灰尘、积雪等，减少遮阴物。目前，温室除尘多采用布条掸扫法，通过风吹动布条，带动布条上下、左右来回摆动，同时敲打棚膜，达到除尘效果(图3-1)。

图3-1　温室棚膜布条除尘

3. *及时消除薄膜内面上的水珠*　薄膜内面上的水珠能够反射阳光，减少透光量，同时水珠本身也能够吸收一部分光波，进一步减弱设施内的透光量，故要选用膜面水珠较小(一般仅为一薄层水膜)的无滴膜。

4. *保持膜面平、紧*　棚膜变松、起皱时，反射光量增大，透光率降低，应及时拉平、拉紧。

三、反光技术应用

一是在地面上铺盖反光地膜；二是在设施的内墙面或风障南面等张挂反光薄膜，可使北部光照增加50%左右；三是将温室的内墙面及立柱表面涂成白色。

四、农业措施

对高架蔬菜、果树、花卉等实行宽窄行种植，并适当稀植；及时整枝抹杈，摘除老叶，并用透明绳架吊拉蔬菜茎蔓等；在保证温度需求的前提下，上午尽量早卷草苫，下午晚放草苫，延长光照时间；白天设施内的保温幕和小拱棚等保温覆盖物要及时撤掉。

五、人工补光

人工补充照明的目的，一是人工补充光照，用以满足作物光周期的需要。当黑夜过长而影响作物生育时，为了抑制或促进花芽分化，调节开花期，需要进行补光。二是满足光合作用对能源的需要。

连阴天以及冬季温室采光时间不足时，一般于上午卷苫前和下午放苫后各补光 2～3 h，使每天的自然光照和人工补光时间相加保持在 12 h 左右。

人工补光一般用白炽灯、日光灯、卤钨灯、高压气体放电灯［包括水银灯、氙灯、金属卤化物灯（图 3-2），生物效应灯］等。

1. 白炽灯和卤钨灯　它们同属热辐射光源，即在给光的同时还产生热效应。为了防止高温烧伤植物，往往采取以下两种措施：

（1）用移动灯光　电灯距秧苗 15 cm 处，灯光在栽植床上移动的速度为 15～20 cm/s，适宜培育各种要求光照强度高的秧苗，一般功率为 200～500 W/m^2。

（2）用水滤器　在灯光下装置透光良好的水滤器，里面盛入流动的水，使植物在水滤器下生长，利用水吸收多余热量。

2. 日光灯　光谱全但缺乏紫外光，可克服白炽灯产生辐射热的缺点。苗期连续补光 30 d，每天 4～8 h，番茄、黄瓜连续补光 15～20 d。

3. 生物汞灯　农业专用灯，缺点是寿命短。

4. 钠光灯　作为广场照灯比较理想，照射幅度大，可兼做农业用（图 3-3）。

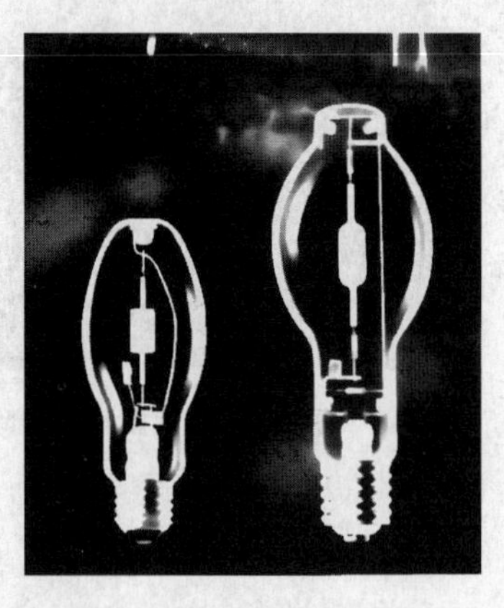

图 3-2　陶瓷金属卤化物灯

图 3-3　钠光灯

5. 水银荧光灯　这种灯能把紫外光变为可见光，光照强度高，有利于长日照植物进行光合作用。

6. 荧光灯　这种灯辐射能的紫外部分被玻璃罩内所涂的荧光粉吸收转变为可见光，光的颜色取决于所涂的特殊的荧光粉，适合于增加日照长度。

任务2　遮阴技术

【任务目标】

掌握园艺设施遮光技术与措施。

【教学材料】

温室、塑料大棚等园艺设施以及遮光用材料和用具。

【教学方法】

在教师指导下，学生了解并掌握主要园艺设施的遮光技术要点。

一、覆盖物遮阴

主要措施有采用遮阳网、阴障、苇帘、草苫等遮阴。

二、薄膜表面涂白遮阴

塑料大棚和温室还可以采取薄膜表面涂白灰水或泥浆等措施进行遮阴，一般薄膜表面涂白面积30%～50%时，可减弱光照20%～30%（图3-4）。

图3-4　温室薄膜表面涂白

【相关知识】　园艺设施的光照特点

园艺设施内的光照环境不同于露地，由于是人工建造的保护设施，其设施内的光照条件受建筑方位、设施结构、透光屋面大小、形状、覆盖材料特性、清洁程度等多因素的影响。

1. 光照强度　园艺设施内的光照强度，一般均比露地自然光弱，因为设施内的光是自然光通过覆盖材料后才进入设施内的，由于覆盖材料的吸收、反射、覆盖材料内水珠折射、吸收等而降低了透光率。尤其在寒冷的冬、春季节或阴雨天，透光率只有自然光的50%～70%。如果透明覆盖物不清洁，时间较长而染灰尘、老化等因素，使透光率不足自然光的50%。

2. 光照时数　园艺设施内的光照时数，是指受光时间的长短，因设施类型而异。塑料大棚和连栋温室，因全面透光，无外覆盖，设施内的光照时数与露地基本相同。但单屋面温室因有防寒保温覆盖，室内的光照时数一般比露地短。北方冬、春季的塑料小棚、改良阳畦，夜间也有外覆盖，同样有光照时数不足的问题。

3. 光质　园艺设施内的光质成分与露地不同，主要与透明覆盖材料的性质有关。以塑料薄膜为覆盖材料的设施，透过的光质与薄膜的成分、颜色等有直接关系。玻璃温室与硬质塑料板的特性，也影响设施内的光质。露地栽培太阳光直射到作物上，光的成分一致，不存在光质的差异。

4. 光的分布　露地光照与自然光一致，光的分布是均匀的，而园艺设施则不然。例如，单屋面温室，除南面是透明屋面外，其他三面均为不透明墙体，在其附近或下部会有不同程度的遮阴。南部光照好于北部。单屋面温室后屋面仰角的不同，也影响透光率，园艺设施内光照分布的不均匀性，使得园艺作物的生长也不一致。

Module 2

设施温度调控技术

任务 1　增温技术
任务 2　保温技术
任务 3　降温技术

任务1 增温技术

【任务目标】

掌握园艺设施的增温技术要点。

【教学材料】

温室、塑料大棚等增温用材料和设备。

【教学方法】

在教师指导下,学生了解并掌握主要园艺设施的增温技术要点。

一、增加透光量

具体做法见光照调控部分。

二、人工加温

1. *火炉加温* 用炉筒或烟道散热,将烟排出设施外。该法多见于简易温室及小型加温温室。

2. *暖水加温* 用散热片散发热量,加温均匀性好,但费用较高,主要用于玻璃温室、连栋温室和连栋塑料大棚中(图 3-5)。

3. *热风炉加温* 用带孔的送风管道将热风送入设施内,对设施内的空气进行加热。该法加温快,也比较均匀,主要用于连栋温室和连栋塑料大棚中(图 3-6)。

图 3-5 暖水加热散热器

图 3-6 温室大棚用热风炉

4. *明火加温* 在设施内直接点燃干木材、树枝等易于燃烧且生烟少的燃料,对设施进行加温。该法加温成本低,升温也比较快,但容易发生烟害。

该法对燃烧材料以及燃烧时间的要求比较严格,具体要求:用发烟较少、燃烧时间较长的干木材、木炭等进行加热，严禁使用锯末、麦糠以及湿秸秆等发烟较多的燃料点燃升温，以防发生烟害；加温时火堆要小，避免火堆过大、火焰过高烤伤作物并烤坏或点燃薄膜，引起火灾；火堆要远离作物，避免烟熏或烤伤作物；加温时间不宜过长，避免空气中的烟尘积累过多，引发其他生理病害；夜间明火增温后，白天要尽早地对设施进行通风换气，补充新鲜空气，排除烟尘等。

明火加温主要作为临时性应急加温措施，用于日光温室以及普通大棚中。

5. 火盆加温　用火盆盛装烧透了的木炭、煤炭等，将火盆均匀排入设施内或来回移动火盆进行加温。该法技术简单，容易操作，并且生烟少，不易发生烟害，但加温能力有限，主要用于育苗床以及小型温室或大棚的临时性加温。

6. 电加温　主要使用电炉、电暖器以及电热线等，利用电能对设施进行加温。该法具有加温快，无污染且温度易于控制等优点，但也存在着加温成本高、受电源限制较大以及漏电等一系列问题，主要用于小型设施的临时性加温。

三、地中热应用

1. 工作原理　白天，利用风机把设施内升温的热空气，送入地下管道，热空气通过地下管道时，将热量传递给温度较低的地下管道，地下管道受热升温。降温后的冷空气返回设施内，升温后再被送回地下管道，如此不断往复循环，始终保持地下管道较高的温度。地下管道升温后将热量传递给温度较低的土壤，土壤温度提高，起到空气热量贮存的作用。夜间，土壤放热，将管道中的空气加热，风机将地下管道中的热空气送到设施内，使设施气温升高；降温后的冷空气进入地下管道，再次被加温，再次被送回设施内，如此反复，不断给空气加热，直到地、气温度接近为止。具体工作原理见图3-7所示。

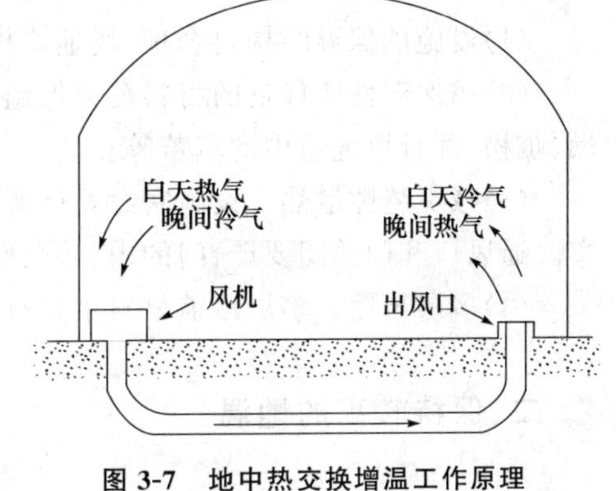

图3-7　地中热交换增温工作原理

一般，气温与地下土壤温度的差异越大，土壤吸收的热量就越多。当气温与土壤温度相等时，不产生热交换，土壤就不能起到贮存热量的作用。

2. 地中热交换增温系统组成　该系统由风机、地下热交换管道、出风口、贮气槽、地下隔热层和自动控制装置六部分组成，见图3-8。

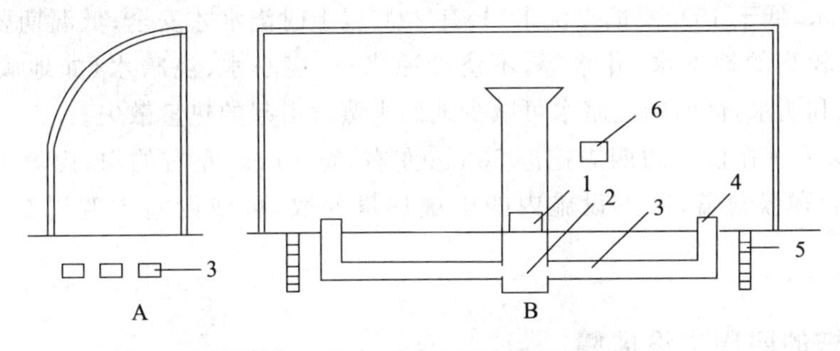

图3-8　地中热交换增温系统结构

A. 设施横断面图　B. 设施纵断面图

1. 风机　2. 贮气槽　3. 地中热交换管道　4. 出风口　5. 地下隔热层　6. 自动控制装置

地中热交换管道沿温室长向(即东西方向)铺设。贮气槽设于温室中央,贮气槽两侧接近底部均匀开孔与地中热交换管道相通,贮气槽上部开口盖以木板,中间开孔放置风机。

任务2 保温技术

【任务目标】

掌握园艺设施的保温技术要点。

【教学材料】

温室、塑料大棚等保温用材料与设备。

【教学方法】

在教师指导下,学生了解并掌握主要园艺设施的保温技术要点。

一、增强设施的保温能力

(1)设施的保温结构要合理,场地安排、方位与布局等也要符合保温的要求。

(2)用保温性能优良的材料覆盖保温。如:覆盖保温性能好的塑料薄膜;覆盖草把密、干燥、疏松,并且厚度适中的草苫等。

(3)减少缝隙散热。设施密封要严实,薄膜破孔以及墙体的裂缝等要及时粘补和堵塞严实。通风口和门关闭要严,门的内、外两侧应张挂保温帘。

(4)多层覆盖。多层覆盖材料主要有塑料薄膜、草苫、无纺布等。

二、保持较高的地温

主要措施有:

1. *合理浇水* 低温期应于晴天上午浇水,不在阴雪天及下午浇水;10 cm 地温低于10℃时不得浇水,低于15℃要慎重浇水,只有20℃以上时浇水才安全;低温期要尽量浇预热的温水或温度较高的地下水、井水等,不浇冷凉水;要浇小水、浇暗水(如地膜下开沟浇水等),不浇大水和明水,低温期浇暗水可减少地面水蒸发引起的热量散失。

2. *挖防寒沟* 在设施的四周挖深50 cm左右、宽30 cm左右的沟,内填干草或泡沫塑料等,上用塑料薄膜封盖,减少设施内的土壤热量外散,可使设施内四周5 cm 地温提高4℃左右。

三、在设施的四周夹设风障

多于设施的北部和西北部夹设风障,以多风地区夹设风障的保温效果较为明显。

任务3 降温技术

【任务目标】

掌握园艺设施的降温技术要点。

【教学材料】

温室、塑料大棚等降温材料和设备。

【教学方法】

在教师指导下，学生了解并掌握主要园艺设施的降温技术要点。

一、通风散热

通过开启通风口及门等，散放出热空气，同时让外部的冷空气进入设施内，使温度下降。具体通风时应注意以下两点：

第一，要严格掌握好通风口的开放顺序。低温期只能开启上部通风口或顶部通风口（图3-9），严禁开启下部通风口或地窗，以防冷风伤害蔬菜的根颈部。随着温度的升高，当只开上部通风口不能满足降温要求时，再打开中部通风口协助通风。下部通风口只有当外界温度升到15℃以上后方可开启通风（图3-10）。

图3-9 温室上部通风口

图3-10 温室底部通风口

第二，要根据设施内的温度变化来调节通风口的大小。低温期，一般当设施内中部的温度升到30℃以上后开始放风，高温期在温度升到25℃以上后就要放风。放风初期的通风口应小，不要突然开放太大，导致放风前后设施内的温度变化幅度过大，引起蔬菜萎蔫。适宜的通风口大小是放风前后，设施内温度的下降幅度不超过5℃。之后，随着温度的不断上升，逐步加大通风口，设施内的最高温度一般要求不超过32℃。下午当温度下降到25℃以下时开始关闭通风口，当温度下降到20℃左右时，将通风口全部关闭严实。

二、遮阴降温

遮阴方法主要有覆盖遮阳网、覆盖草苫，以及向棚膜表面喷涂泥水、白灰水等，以遮阳网的综合效果为最好。

【相关知识】 园艺设施的温度特点

一、设施内的温度形成

设施内温度的形成主要是通过设施的温室效应产生的。温室效应是指在没有人工加温的条件下，设施内通过获得或积累太阳辐射能，使设施内的温度高于外界的能力。

设施温室效应产生的原因：一是玻璃或塑料薄膜等透明覆盖物可透过短波辐射（320～470 nm），又能阻止设施内的长波辐射透射出设施外；二是园艺设施大部分是密闭或半密闭的空间，高级设施还有围护结构和透明覆盖物，能阻止长波辐射，并阻断内外的气体交换或气体交换很弱，使设施内的热量不致散布到外界，而保留在设施内。通常，第一个原因对温室效应的贡献率为28％，第二个原因为72％。温室效应与下列因素有关：

（1）太能辐射能的强弱，晴天温室效应高于阴天。

（2）保温比的大小。

（3）覆盖材料：应用玻璃的温室效应高于应用塑料的。

（4）设施方位：东西延长单栋温室比南北延长的温室效应高。

二、设施内的热量平衡

设施白天太阳光主要以波长0.3～3 μm的短波光为主，通过透明覆盖物进入设施内，使地表面的近地表面温度提高，通过分子的传导，逐渐提高土壤的温度，土壤中的热量也会向温室外部温度较低的土壤和向下部土壤传导。另外，温室内的热空气还使前屋面薄膜变热，而薄膜再以长波辐射的形式向外散失热量。温室白天既增温又散热，而夜间只散热不增温。如果温室获得的热量多，散失的热量少，温室就升温，反之获得的热量少，散失的热量多，温室就降温，这就是温室的热量平衡。

Module 3

设施湿度调控技术

任务1　降低空气湿度

【任务目标】

掌握降低园艺设施空气湿度技术要点。

【教学材料】

温室、塑料大棚等降低空气湿度的材料与用具。

【教学方法】

在教师指导下，学生了解并掌握主要园艺设施降低空气湿度技术要点。

一、通风

多是结合通风降温来进行排湿。阴雨(雪)天、浇水后2～3 d内以及叶面追肥和喷药后的1～2 d内，设施里的空气湿度容易偏高，应加强通风。

一日中，以中午前后的空气绝对含水量为最高，也是排湿的关键时期，清晨的空气相对湿度达一日中的最高值，此时的通风降湿效果最明显。

二、减少设施内的水分蒸发量

(一)地面覆盖

覆盖地膜，在地膜下进行滴灌或沟灌(图3-11、图3-12)。

图3-11　番茄种植温室地面覆盖

图3-12　葡萄种植温室地面覆盖

(二)合理使用农药和叶面肥

低温期，设施内尽量采用烟雾法或粉尘法使用农药，不用或少用叶面喷雾法。叶面追肥以及喷洒农药应选在晴暖天的上午10时后、下午15时前进行，保证在日落前留有一定的时间进行通风排湿。

(三)减少薄膜表面的聚水量

主要措施有：

1. 选用无滴膜　选用普通薄膜时，应定期做消雾处理。

2. 保持薄膜表面排水流畅　薄膜松弛或起皱时应及时拉紧、拉平。

任务2　降低土壤湿度

【任务目标】

掌握降低园艺设施土壤湿度技术要点。

【教学材料】

温室、塑料大棚等降低土壤湿度的材料与用具。

【教学方法】

在教师指导下，学生了解并掌握主要园艺设施降低土壤湿度技术要点。

一、控制浇水量

1. 采用高畦或高垄栽培　高畦或高垄易于控制浇水量，通常需水较多时，可采取逐沟浇水法，需水不多时，可采取隔沟浇水法或浇半沟水法，有利于控制地面湿度。另外，高畦或高垄的地面表面积大，有利于增加地面水分的蒸发量，降湿效果好。

2. 适量浇水　低温期应采取隔沟(畦)浇沟(畦)法进行浇水，或用微灌溉系统进行浇水，要浇小水，不大水漫灌。

二、适时浇水

晴暖天设施内的温度高，通风量也大，浇水后地面水分蒸发快，易于降低地面湿度。低温阴雨(雪)天，温度低，地面水分蒸发慢，浇水后地面长时间呈高湿状态，不宜浇水。

【经验与常识】　温室内要设有专用水道

通常，温室内的水道设在温室的后墙边，温室内的通道与水道二合一，以减少占地，提高土地的利用率。为防止水下渗，造成浪费以及打湿墙体、增加土壤湿度等，水道一般用水泥抹面，南面预留有出水口(图3-13)。

图3-13　温室内水道设置

【相关知识】 园艺设施内湿度变化特点

1. 温室内空气的绝对湿度和相对湿度一般大于露地　设施属于准封闭系统，室内外的空气交换受到抑制，特别是寒冷季节的夜晚，为了保温而不通风。白天室内温度高、土壤蒸发和作物蒸腾量大，而水汽又不易逸散出温室，加上作物本身的结露、吐水等，常出现90%～100%的高湿环境，在设施内壁面、屋面、窗帘内面、作物体上形成水滴。

2. 设施内相对湿度的日变化大　尤其是塑料温室，其变幅可达到20%～40%。湿度的昼夜变化，与气温的日变化呈相反的趋势。夜间，室内出现较高的湿度，有时湿空气遇冷后凝结成水滴附着在薄膜或玻璃的内表面上，或出现雾霭。日出后，室内温度升高，温度逐渐下降。设施内空气湿度的日变化受天气、加温和通风换气量的影响，阴天或灌水后的湿度几乎都在90%以上。同时，还与设施的大小、结构、土壤的干湿等有关。

Module 4

设施土壤调控技术

任务 1　土壤酸化及调控技术
任务 2　土壤盐渍化及调控技术
任务 3　土壤消毒技术

任务1　土壤酸化及调控技术

【任务目标】

掌握园艺设施土壤酸化形成原因及防治要点。

【教学材料】

温室、塑料大棚等。

【教学方法】

在教师指导下，学生了解并掌握园艺设施的土壤酸化形成原因及其防治要点。

一、土壤酸化症状

土壤酸化是指土壤的 pH 明显低于 7，土壤呈酸性反应的现象。

土壤酸化的主要原因是大量施用氮肥导致土壤中的硝酸积累过多。此外，过多施用硫酸铵、氯化铵、硫酸钾、氯化钾等生理酸性肥也能导致土壤酸化。

土壤酸化对蔬菜的影响很大，一方面能够直接破坏根的生理机能，导致根系死亡；另一方面还能够降低土壤中磷、钙、镁等元素的有效性，间接降低这些元素的吸收率，诱发缺素症状。

二、主要调控措施

1. 合理施肥　氮素化肥和高含氮有机肥的一次施肥量要适中，应采取“少量多次”的方法施肥。

2. 施肥后要连续浇水　一般施肥后连浇 2 次水，降低酸的浓度。

3. 加强土壤管理　如进行中耕松土，促根系生长，提高根的吸收能力。

4. 补救措施　对已发生酸化的土壤应采取淹水洗酸法或撒施生石灰中和的方法提高土壤的 pH，并且不得再施用生理酸性肥料。

任务2　土壤盐渍化及调控技术

【任务目标】

掌握园艺设施土壤盐渍化形成原因及防治要点。

【教学材料】

温室、塑料大棚等。

【教学方法】

在教师指导下，学生了解并掌握园艺设施的土壤盐渍化形成原因及防治要点。

一、土壤盐渍化症状

土壤盐渍化是指土壤溶液中可溶性盐浓度明显过高的现象。

土壤盐渍化主要是由于施肥不当造成的，其中氮肥用量过大导致土壤中积累的游离态氮素过多是造成土壤盐渍化的最主要原因。此外，大量施用硫酸盐（如硫酸铵、硫酸钾等）和盐酸盐（如氯化铵、氯化钾等）也能增加土壤中游离的硫酸根和盐酸根浓度，发生盐害。

当土壤发生盐渍化时，植株生长缓慢、分枝少；叶面积小、叶色加深，无光泽；容易落花落果。危害严重时，植株生长停止、生长点色暗、失去光泽，最后萎缩干枯；叶片色深、有蜡质，叶缘干枯、卷曲，并从下向上逐渐干枯、脱落；落花落果；根系变褐色坏死。土壤盐渍化往往大规模造成危害，不仅影响当季生产，而且过多的盐分不易清洗，残留在土壤中，对以后蔬菜的生长也会产生影响。

二、主要调控措施

1. *定期检查土壤中可溶性盐的浓度*　土壤含盐量可采取称重法或电阻值法测量。

称重法是取 100 g 干土加 500 g 水，充分搅拌均匀。静置数小时后，把浸取液烘干称重，称出含盐量。一般，蔬菜设施内每 100 g 干土中的适宜含盐量为 15～30 mg。如果含盐量偏高，表明有可能发生盐渍化，要采取预防措施。

电阻值法是用电阻值大小来反映土壤中可溶性盐的浓度。测量方法是：取干土 1 份，加水（蒸馏水）5 份，充分搅拌。静置数小时后，取浸出液，用仪器测量浸出液的电传导度。蔬菜适宜的土壤浸出液的电阻值一般为 0.5～1 mΩ/cm。如果电阻值大于此值范围，说明土壤中的可溶性盐含量较高，有可能发生盐害。

2. *适量追肥*　要根据作物的种类、生育时期、肥料的种类、施肥时期以及土壤中的可溶性盐含量、土壤类型等情况确定施肥量，不可盲目加大施肥量。

3. *淹水洗盐*　土壤中的含盐量偏高时，要利用空闲时间引水淹田，也可每种植 3～4 年夏闲一次，利用降雨洗盐。

4. *覆盖地膜*　地膜能减少地面水分蒸发，可有效地抑制地面盐分积聚。

5. *换土*　如土壤中的含盐量较高，仅靠淹水、施肥等措施难以降低时，就要及时更换耕层熟土，把肥沃的田土搬入设施内。

任务 3　土壤消毒技术

【任务目标】

掌握园艺设施土壤消毒技术要点。

【教学材料】

温室、塑料大棚等。

【教学方法】

在教师指导下,学生了解并掌握园艺设施的土壤消毒技术要点。

一、药剂消毒

所用药剂主要有甲醛、硫黄粉、氯化苦、福美双、五氯硝基苯、多菌灵等。

1. 甲醛消毒　用于床土消毒,使用浓度为50～100倍。先将床土翻松,然后用喷雾器均匀地在地面上喷一遍,再稍翻一翻,使耕层土壤能沾上药液,并覆盖塑料薄膜2 d,使甲醛挥发,起到杀菌作用。2 d后揭开膜,打开门窗,使甲醛蒸气出去,2周后可播种或定植。

2. 硫黄粉消毒　多在播种或定植前2～3 d进行熏蒸,消灭床土或保护设施内的白粉病、红蜘蛛等。具体方法是:每100 m^2 的设施内用硫黄粉20～30 g,敌敌畏50～60 g和锯末500 g,放在几个花盆内分散放置,封闭门窗,然后点燃成烟雾状,熏蒸一昼夜即可。

3. 氯化苦消毒　多用于防治土壤中的菌类和线虫,也能抑制杂草种子发芽。具体做法是:先将土堆成30 cm高的长条,在深10 cm处,每30 cm^2 注入药5 mL,然后用塑料薄膜盖7～10 d。熏蒸结束后,将塑料薄膜打开放风10～30 d,待没有气味时才能使用。

另外,还可以用甲霜灵、福美双、多菌灵等4～5 kg/667 m^2 进行土壤药剂消毒。

二、蒸汽消毒

蒸汽消毒是设施土壤消毒中最有效的方法,它可以杀死土壤中的有害生物,无药剂残留危害,不用移动土壤,消毒时间短。

1. 普通蒸汽消毒法　锅炉发生的蒸汽通过管道输送到消毒场地进行土壤消毒,以蒸汽的高温杀死土壤中的病菌和虫卵。

2. 混合空气消毒法　普通蒸汽消毒法既可杀死有害生物,也可杀死有益生物,同时还会使铵态氮增多,酸性土壤中的锰、铝析出量增加,易使园艺作物产生生理障碍。为此,可在60℃的蒸汽中混入1∶7的空气进行土壤消毒30 min。这样即可杀死病菌虫卵,又能使有益微生物有一定的残存量,还会使土壤中的可溶性锰、铝的析出量减少。

少量的土壤蒸汽消毒,一般使用消毒箱或将蒸汽用管道通入土壤中进行消毒。大面积土壤消毒目前多用土壤蒸汽消毒机进行机械化作业(图3-14,图3-15)。

三、高温闷土消毒

方法一:在7～8月间,前茬作物拉秧后及时清除植株残体,彻底清洁温室后,深翻土壤50～60 cm,灌大水,然后用薄膜全面覆盖,在太阳光下密闭曝晒15～25 d,使10 cm土温高

图 3-14　简易土壤蒸汽消毒

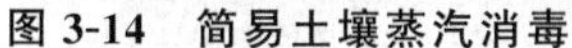

图 3-15　土壤机械蒸汽消毒

达 50～60℃以上，形成高温缺氧的小环境，以杀死低温好气性微生物和部分害虫、卵、蛹、线虫，也可有效预防瓜类枯萎病、茄子黄萎病等土传病害。

方法二：在夏季高温休闲季节，把植株残体彻底清除以后，每 667 m^2 施石灰氮 70～80 kg(降低硝酸盐含量，减轻土壤酸化)或切碎的农作物秸秆等 500～1 000 kg(切成 3～4 cm 长)，再加入腐熟圈肥或腐殖酸肥后立即深翻土壤 50 cm，起高垄，浇透水，然后盖严棚膜，封闭所有的通道，使气温达到 70℃以上、地表 20 cm 土温达到 45℃以上，15 d 后通风并揭去薄膜，晾晒 5～7 d 后即可。秸秆在高温条件下通过发酵分解能够增加土壤有机质，使土壤疏松透气，改善土壤的物理性质，同时还可杀死美洲斑潜蝇等害虫的蛹以及大部分土传病原菌和线虫。

在进行土壤高温消毒时，最好选择厚度为 0.05 mm 的聚乙烯棚膜，不管新旧，只要薄膜不太脏，均可达到保温、消毒的目的。此外，为了提高处理效果，还应保持土壤含水量在 60%左右。

四、臭氧熏蒸消毒

该技术是采用臭氧消毒机械。将土壤松耕、起垄、覆膜密闭后开启自控臭氧消毒机，将臭氧气体持续通入膜下密闭系统，处理 3～5 d 后定植。

五、土壤电消毒

土壤电消毒技术又叫土壤连作障碍电处理技术、土壤电修复技术、菜地过电技术。

土壤电消毒法是指通过在土壤中通入直流电或正或负脉冲电流引起的电化学反应生成物以及电流来杀灭土壤微生物、根结线虫、韭蛆、蛞蝓等土壤病原和分解前茬作物根系分泌的有毒有机酸以及解析难溶矿物质营养的物理植保方法(图 3-16)。

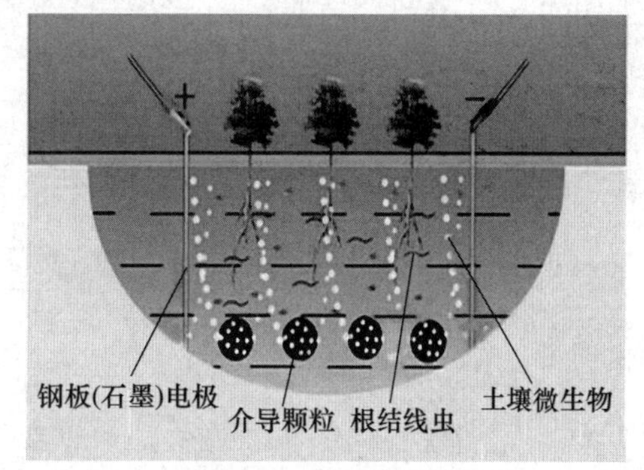

图 3-16　土壤电消毒原理

六、火焰消毒

对一些有机质含量低的沙性土壤，采用火焰消毒技术，可取得很好的效果。该技术以煤油或丁烷为燃料，在一个面罩下，火焰喷射到地面，在短时间内产生 1 000℃的高温，使绝大多数病原菌死亡，对寄生性种子植物，如列当也有很好的效果。该技术的优点是成本较低、不用塑料薄膜、无水污染、不受地域限制、消毒后即可种植下茬作物。

【相关知识】 园艺设施内土壤特点

(1)设施内的土壤温度高并且相对稳定，土壤含水量较高，土壤微生物活动旺盛，加上设施栽培期长，施肥较多等原因，有机质含量高且分解较快，土壤养分含量较露地偏高。因设施内的土壤淋溶作用小，养分残留量高，因此土壤容易发生盐渍化。

(2)大多数设施土壤养分供应不平衡，普遍表现为“氮过剩、磷富积、钾缺乏”。

(3)土壤连作栽培现象普遍，易发生土壤连作障碍。

(4)大量使用氮肥和生理酸性化肥，容易引起土壤酸化。

(5)适宜的环境条件有利于病原菌和害虫的繁殖，不利于作物正常生长。

Module 5

设施气体调控技术

任务1　二氧化碳气体施肥技术

【任务目标】

掌握园艺设施二氧化碳气体施肥技术要点。

【教学材料】

温室、塑料大棚等二氧化碳气体施肥技术的材料与设备。

【教学方法】

在教师指导下，学生了解并掌握主要园艺设施二氧化碳气体施肥技术要点。

一、施肥方法

(一)钢瓶法

把气态二氧化碳经加压后转变为液态二氧化碳，保存在钢瓶内，施肥时打开阀门，用一条带有出气孔的长塑料软管把气化的二氧化碳均匀释放进温室或大棚内。一般钢瓶的出气孔压力保持在98～116 kPa，每天放气6～12 min。

该法的二氧化碳浓度易于掌握，施肥均匀，并且所用的二氧化碳气体主要为一些化工厂和酿酒厂的副产品，价格也比较便宜。但该法受气源限制，推广范围有限，同时所用气体中往往混有对蔬菜有害的气体，一般要求纯度不低于99%。目前大型连栋温室、大棚多采用此法进行二氧化碳气体施肥(图3-17，图3-18)。

图3-17　钢瓶法二氧化碳气体施肥装置(气源部分)

图3-18　钢瓶法二氧化碳气体施肥扩散器

(二)燃烧法

通过燃烧碳氢燃料(如煤油、石油、天然气等)产生二氧化碳气体，再由鼓风机把二氧化碳气体吹入设施内(图3-19)。

该法在产生二氧化碳的同时，还释放出大量的热量可以给设施加温，一举两得，低温期的应用效果最为理想，高温期容易引起设施内的温度偏高。该法需要专门的二氧化碳气体发生器和专用燃料，费用较高，燃料纯度不够时，也还容易产生一些对蔬菜有害的气体。

图 3-19　燃烧法二氧化碳发生器

(三)化学反应法

主要用碳酸盐与硫酸、盐酸、硝酸等进行反应，产生二氧化碳气体，其中应用比较普遍的是硫酸与碳酸氢铵反应组合。

1. *施肥原理*　用硫酸与碳酸氢铵反应，产生二氧化碳气体，反应过程如下：

$$2(NH_4HCO_3)+H_2SO_4(稀)=(NH_4)_2SO_4+2H_2O+2CO_2\uparrow$$

该法是通过控制碳酸氢铵的用量来控制二氧化碳的释放量。碳酸氢铵的参考用量为：栽培面积 667 m^2 的塑料大棚或温室，冬季每次用碳酸氢铵 2 500 g 左右，春季 3 500 g 左右。碳酸氢铵与浓硫酸的用量比例为 1∶0.62。

2. *施肥方法*　分为简易施肥法和成套装置法两种。

简易施肥法是用小塑料桶盛装稀硫酸(稀释 3 倍)，每 40～50 m^2 地面一个桶，均匀吊挂到离地面 1 m 以上高处。按桶数将碳酸氢铵分包，装入塑料袋内，在袋上扎几个孔后，投入桶内，与硫酸进行反应。

成套装置法是硫酸和碳酸氢铵在一个大塑料桶内集中进行反应，产生的气体经过滤后释放进设施内。图 3-20 为成套施肥装置基本结构。

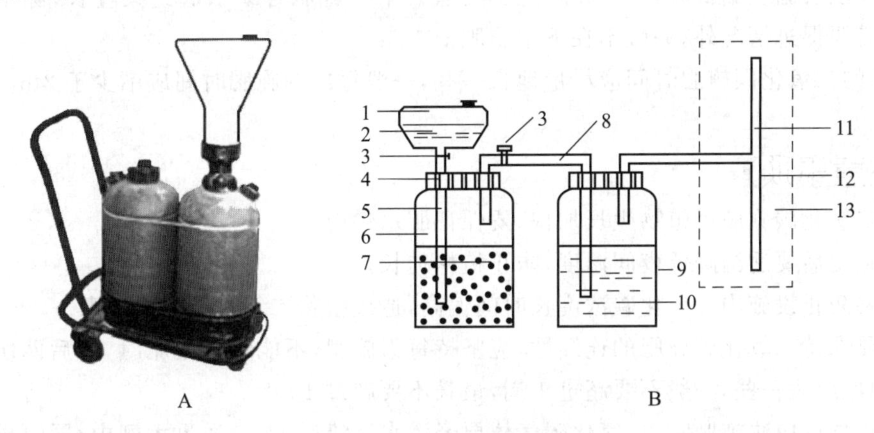

图 3-20　成套施肥装置

1. 盛酸桶　2. 硫酸　3. 开关　4. 密封盖　5. 输酸管　6. 反应桶　7. 碳酸氢铵
8. 输气管　9. 过滤桶　10. 水　11. 散气孔　12. 散气管　13. 温室(大棚)
A. 装置示意图　B. 装置基本结构

(四)生物法

利用生物肥料的生理生化作用，生产二氧化碳气体。一般将肥施入 1～2 cm 深的土层内，在土壤温度和湿度适宜时，可连续释放二氧化碳气体。以山东省农业科学院所研制的固气颗粒肥为例，该肥施于地表后，可连续释放二氧化碳 40 d 左右，供气浓度 500～1 000 mL/m^3。

该法高效安全、省工省力，无残渣危害，所用的生物肥在释放完二氧化碳气体后，还可作为有机肥为蔬菜提供土壤营养，一举两得。其主要缺点是二氧化碳气体的释放速度和释放量无法控制，需要高浓度时，浓度上不去，通风时又无法停止释放二氧化碳气体，造成浪费。

二、施肥技术

1. 施肥时期　以蔬菜为例。蔬菜的苗期和产品器官形成期是二氧化碳施肥的关键时期。

苗期施肥能明显地促进幼苗的发育，果菜苗的花芽分化时间提前，花芽分化的质量也提高，结果期提早，增产效果明显。据试验，黄瓜苗定植前施用二氧化碳，能增产 10%～30%；番茄苗期施用二氧化碳，能增加结果数 20%以上。苗期施用二氧化碳应从真叶展开后开始，以花芽分化前开始施肥的效果为最好。

蔬菜定植后到坐果前的一段时间里，蔬菜生长比较快，此期施肥容易引起徒长。产品器官形成期为蔬菜对碳水化合物需求量最大的时期，也是二氧化碳气体施肥的关键期，此期即使外界的温度已高，通风量加大了，也要进行二氧化碳气体施肥，把上午 8～10 时蔬菜光合效率最高时间内的二氧化碳浓度提高到适宜的浓度范围内。蔬菜生长后期，一般不再进行施肥，以降低生产成本。

2. 施肥时间　晴天，塑料大棚在日出 0.5 h 后或温室卷起草苫 0.5 h 左右后开始施肥为宜，阴天以及温度偏低时，以 1 h 后施肥为宜。下午施肥容易引起蔬菜徒长，除了蔬菜生长过弱，需要促进情况外，一般不在下午施肥。

每日的二氧化碳施肥时间应尽量地长一些，一般每次的施肥时间应不少于 2 h。

【注意事项】

(1)二氧化碳施肥后植物生长加快，要保证肥水供应。

(2)施肥后要适当降低夜间温度，防止植株徒长。

(3)要防止设施内二氧化碳浓度长时间偏高，造成植物二氧化碳气体中毒。

(4)要保持二氧化碳施肥的连续性，应坚持每天施肥，不能每天施肥时，前后两次施肥的间隔时间也应短一些，一般不要超过 1 周，最长不要超过 10 d。

(5)化学反应法施肥时，二氧化碳气体要经清水过滤后，方能送入大棚内，同时碳酸氢铵不要存放在大棚内，防止氨气挥发引起植物氨中毒。

另外，反应液中含有高浓度的硫酸铵，硫酸铵为优质化肥，可用作设施内追肥。做追肥前，要用少量碳酸氢铵做反应检查，不出现气泡时，方可施肥。

【相关知识】　设施内二氧化碳浓度变化特点

二氧化碳是绿色植物制造碳水化合物的重要原料之一，植物光合作用的适宜浓度为 800～1 200 mg/kg。塑料拱棚、温室等设施内的二氧化碳主要来自大气以及植物和土壤微生物的呼吸活动，由于设施的保温需要，通风不足，以致白天设施内大部分时间里的二氧化碳浓度低于适宜浓度，适宜浓度的保持时间只有 0.5 h 左右(图 3-21)，不能满足植物高产栽培的需要，应当进行二氧化碳气体施肥。

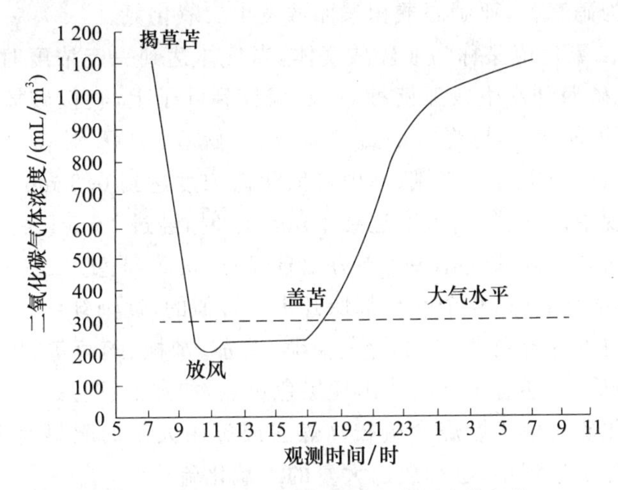

图 3-21 温室内二氧化碳浓度的日变化规律

任务 2 有害气体控制技术

【任务目标】

掌握园艺设施有害气体控制技术要点。

【教学材料】

温室、塑料大棚等。

【教学方法】

在教师指导下，学生了解并掌握主要园艺设施有害气体控制技术要点。

一、主要有害气体危害症状

1. 氨气　氨气是设施内肥料分解的产物，其危害主要是由气孔进入体内而产生的碱性损害。当设施内空气中氨气浓度达到 5 mg/kg 时，就会不同程度地危害作物，一般危害发生在施肥几天后。当氨气浓度达到 40 mg/kg 时，经一天一夜，所有蔬菜都会受害，直至枯死。氨气从叶子的气孔吸进去后，受害叶片像开水烫了似的，颜色变淡，叶子镶黄边，接着变黄白色或变褐色，直至全株死亡。叶片呈水浸状，颜色变淡，逐步变白或褐，继而枯死。

氨气的产生主要是施用未经腐熟的人粪尿、畜禽粪、饼粪等有机肥(特别是未经发酵的鸡粪)，遇高温时分解而生。追施肥不当也能引起氨气危害，如在设施内施用碳铵、氨水等。

2. 二氧化氮　当空气中二氧化氮浓度达到 0.2 mg/kg 时可危害植物。危害发生时，叶面上出现白斑，以后褪绿，浓度高时叶片叶脉也变白枯死。番茄、黄瓜、莴苣等对二氧化氮敏感。

二氧化氮是施用过量的铵态氮而引起的。在土壤酸化条件下，亚硝化细菌活动受抑制，亚硝态氮不能转化为硝态氮，亚硝态酸积累而散发出二氧化氮。

3. 二氧化硫　二氧化硫又称为亚硫酸气体，当气体达到一定浓度时，由于大棚、温室内空气湿度大，二氧化硫遇到水生成亚硫酸，亚硫酸掉到叶子上，直接破坏叶绿体也会使叶子受害。对二氧化硫敏感，最容易受害的蔬菜有豆角、豌豆、蚕豆、甘蓝、白菜、萝卜、南瓜、西瓜、莴苣、芹菜、菠菜、胡萝卜等。当棚、室内二氧化硫浓度达到 0.2 mg/kg 时，经过 3～4 d，有些蔬菜就开始出现中毒症状，当浓度达到 1 mg/kg 时，经过 4～5 h 后，敏感的蔬菜就会出现中毒症状。受害时先在叶片气孔多的地方出现斑点，接着褪色。二氧化硫浓度低时，只在叶片背面出现斑点；浓度高时，整个叶片都像开水烫过似的，逐渐褪绿，斑的颜色各种蔬菜有所不同。出现白色斑点的有白菜、萝卜、葱、菠菜、番茄、辣椒、豌豆等；出现褐色斑点的有茄子、胡萝卜、南瓜、地瓜等；还有个别蔬菜出现黑色斑点，如蚕豆、西瓜。

设施内的二氧化硫是由于燃烧含硫较高煤炭或施用大量的肥料而产生的，如未经腐熟的粪便及饼肥等在分解过程中，也释放出大量的二氧化硫。

4. 二异丁酯　以邻苯二甲酸二异丁酯作为增塑剂而生产出来的塑料棚膜或硬塑料管，在使用过程中遇到高温天气，二异丁酯不断放出来，在大棚、温室里越来越多，当浓度达到 0.1 mg/kg 时，就会对植物产生危害，叶片边缘及叶脉间的叶肉部分变黄，后漂白枯死。苗期发生危害时，秧苗的心叶及叶尖嫩的地方，颜色变淡，逐渐变黄，变白，两周左右全株叶子变白而枯死。对二异丁脂反应非常敏感的蔬菜有油菜、菜花、白菜、水萝卜、芥蓝菜、西葫芦、茄子、辣椒、番茄、茼蒿、莴苣、黄瓜、甘蓝等。

5. 乙烯　当大棚、温室内乙烯气体含量达到 1 mg/kg 时，作物就会出现中毒症状，叶子下垂、弯曲，叶脉之间由绿变黄，逐渐变白，最后全部叶片变白而枯死。对乙烯气体敏感的蔬菜有黄瓜、番茄、豌豆等。

用聚氯乙烯棚膜，如果工艺中配方不合理，在温度超过 30℃以上，可挥发出一定数量的乙烯气体。另外，大气中也会有乙烯气体，主要是煤气厂、聚乙烯厂、石油化工厂附近，都会有乙烯气体危害蔬菜生产。

6. 氯气　氯气往往也是由于聚氯乙烯棚膜配方不合理而产生的有毒气体，当棚室内温度超过 30℃以上时，就会放出氯气；当浓度达到 1 mg/kg 时，叶子褪绿、变黄、变白，严重时枯死。对氯气敏感的有白菜、油菜、菜花、水萝卜、芥蓝等十字花科蔬菜。

二、预防措施

1. 合理施肥　有机肥要充分腐熟后施肥，并且要深施肥；不用或少用挥发性强的氮素化肥；深施肥，不地面追肥；施肥后及时浇水等。

2. 覆盖地膜　用地膜覆盖垄沟或施肥沟，阻止土壤中的有害气体挥发。

3. 正确选用与保管塑料薄膜与塑料制品　应选用无毒的植物专用塑料薄膜和塑料制品，不在设施内堆放塑料薄膜或制品。

4. 正确选择燃料、防止烟害　应选用含硫低的燃料加温，并且加温时，炉膛和排烟道要密封严实，严禁漏烟。有风天加温时，还要预防倒烟。

5. **勤通风** 特别是当发觉设施内有特殊气味时，要立即通风换气。

【典型案例 1】 瓦房店农户使用有毒棚膜造成 10 000 m^2 的大棚蔬菜绝收

2005 年，瓦房店市有 6 个乡镇共有 27 户菜农，购买并使用了由瓦房店市某蔬菜供销服务站从吉林省敦化市某厂进的棚膜。由于该膜含有国家早已明令禁用于农膜生产的磷苯二甲酸二异丁酯，结果造成当地近 1 万 m^2 的大棚蔬菜绝收，经济损失达 33 万余元。有的农户购买了这种棚膜，先后栽种了黄瓜、番茄、芹菜、芸豆等，连栽连种 7 次竟全部死掉。

Module 6

设施环境智能调控系统

任务1　设施环境智能调控系统组成
任务2　设施环境智能调控系统主要功能

任务1 设施环境智能调控系统组成

【任务目标】

了解设施环境智能调控系统的基本组成。

【教学材料】

设施环境智能调控系统教学模具、挂图、视频等。

【教学方法】

在教师指导下，学生了解并掌握主要设施环境智能调控系统组成特点。

设施蔬菜生产智能化管理是将计算机控制技术、信息管理技术、机电一体化技术等在设施内进行综合运用，对设施蔬菜生产进行智能化自动管理。

自动调节系统由起调节作用的全套自动化仪表（器）装置（调节装置）和被调节与控制的设备（或各种参数，即调节对象）构成。如温室内的感温元（器）件、调节器、各种控制件（如阀门）、散热器、温室围护结构等组合在一起就是一个自动调节系统。

任务2 设施环境智能调控系统主要功能

【任务目标】

了解设施环境智能调控系统的基本功能。

【教学材料】

设施环境智能调控系统教学模具、挂图、视频等。

【教学方法】

在教师指导下，学生了解并掌握主要设施环境智能调控系统的功能特点。

一、温度自动控制系统

温度自动控制由变温双位自动调控系统完成，通过一个 24 h 为周期的定时器（Ps）自动转换，分时段向调节器输入给定温度信号。

温度管理一般分为四段变温和五段变温管理。

四段变温管理是将一昼夜分成上午、下午、前半夜、后半夜四个时间带，白天以促进光合作用为目标，晴天设置较高气温；前半夜气温略降，以促进体内物质运转；后半夜气温继续降低，以便抑制呼吸作用，但要保证蔬菜生长发育不受阻。

五段变温管理是在四段的基础上，增加早晨加温带，以促进光合作用。

二、温室通风换气自动调控系统

主要控制通风口的开启部位（天窗或侧窗）、开启大小、开启时间以及强制通风系统（如湿帘排风自动控制系统）的开启时间、排风量等。

三、温室灌溉自动调控系统

温室灌溉系统自动控制范围主要是灌溉用水的加温和精确、定时、定量、高效地自动补充土壤水分。

四、液态肥施自动控制系统

控制施肥系统的开、关，肥液的浓度与施肥量等。

五、二氧化碳气肥施肥自动调控系统

控制温室内二氧化碳气体施肥系统的开、关与运行时间。

六、光照自动控制系统

控制遮阳网的开、放，以及补光灯的开、关时间等。

温室内主要环境自动控制系统设置，如图 3-22、图 3-23 所示。

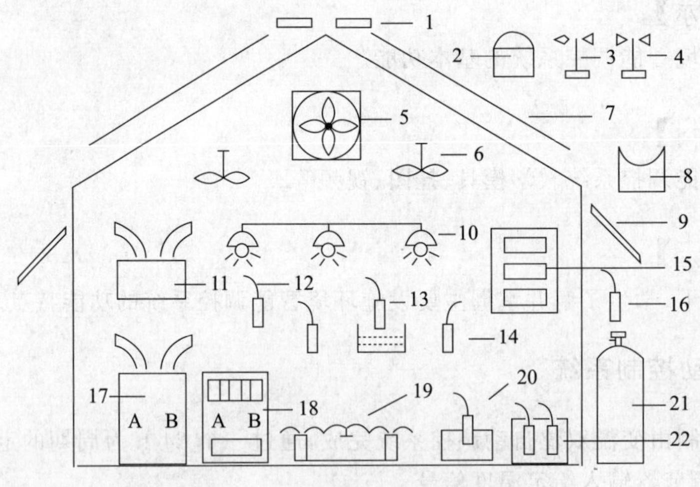

图 3-22　温室智能化控制系统示意图

1. 天窗　2. 光照传感器　3. 风向传感器　4. 风速传感器　5. 排风扇　6. 搅拌器　7. 遮阳网　8. 雨量传感器　9. 侧窗　10. 补光灯　11. 加湿器　12. 二氧化碳传感器　13. 湿度传感器　14. 温度传感器　15. 除湿器　16. 户外温度传感器　17. 加温器（暖气）　18. 制冷器　19. 灌溉装置　20. 土壤湿度传感器　21. 二氧化碳气肥施肥器　22. 土壤 pH、EC 传感器

【单元小结】

设施内环境控制主要是对温度、光照、湿度和气体进行调控,主要内容包括:增温、保温、降温、增光、遮阴、降低空气湿度和土壤湿度、二氧化碳气体施肥和有害气体控制。设施环境智能调控系统是将计算机控制技术、信息管理技术、机电一体化技术等在设施内进行综合运用,对设施蔬菜生产进行智能化自动管理,主要应用于现代智能温室和大棚中。

图 3-23 温室智能化控制系统中心设备

【实践与作业】

在教师的指导下,学生掌握温室或大棚增温、保温技术;温室或大棚增光、遮光技术;温室或大棚通风技术;温室或大棚土壤盐度和酸度检测及调控。并完成以下作业:

(1)总结设施环境综合控制技术要领,写出操作流程和注意事项。

(2)对当地主要设施的环境控制技术进行分析,总结先进经验,对不合理之处提出合理化建议。

【单元自测】

一、填空题(40 分,每空 2 分)

1. 物理措施增加光照主要包括在地面上铺盖______地膜、在设施的内墙面或风障南面等张挂______板、将温室的内墙面及立柱表面涂成________。

2. 增强设施的保温能力主要措施有设施的__________要符合保温的要求、用保温性能优良的材料______、减少______散热、实行________覆盖等。

3. 化学反应法二氧化碳施肥是通过控制______的用量来控制二氧化碳的释放量。

4. 设施蔬菜生产智能化管理是将____________、__________、__________等在设施内进行综合运用,对设施蔬菜生产进行智能化自动管理。

5. 设施温度控制主要指________和________两项工作。

6. 设施二氧化碳气体施肥方法主要有钢瓶法、______、______和生物法。

7. 预防设施有害气体危害的主要措施有合理施肥、________、正确选用与保管塑料薄膜与塑料制品、__________、____________、__________。

8. 土壤酸化是指土壤的 pH 值明显低于______,土壤呈______性反应的现象。

二、判断题(24 分,每题 4 分)

1. 明火加温主要作为临时性应急加温措施,用于日光温室以及普通大棚中。(　　)

2. 以塑料薄膜为覆盖材料的设施,透过的光质与薄膜的成分、颜色等有关。(　　)

3. 甲醛用于床土消毒,使用浓度为 50～100 倍。(　　)

4. 苗期和产品器官形成期是二氧化碳施肥的关键时期。(　　)

5. 增加温室采光量有利于提高温室内的温度。(　　)

6. 氨气的产生主要是施用未经腐熟的人粪尿、畜禽粪、饼粪等有机肥(特别是未经发酵的鸡粪),遇高温时分解而生。(　　)

三、简答题(36 分,每题 6 分)

1. 简述温室增加光照的主要技术措施。
2. 简述温室、大棚的主要增温措施。
3. 简述设施土壤盐渍化的原因及主要预防措施。
4. 简述设施二氧化碳气体施肥的技术要领。
5. 简述设施有害气体的种类及预防措施。
6. 简述设施降低空气湿度的主要措施。

单元自测
部分答案 3

【能力评价】

在教师的指导下,学生以班级或小组为单位进行设施环境控制实践。实践结束后,学生个人和教师对学生的实践情况进行综合能力评价。结果分别填入表 3-1 和表 3-2。

表 3-1 学生自我评价表

姓名			班级		小组	
生产任务		时间		地点		
序号	自评内容			分数	得分	备注
1	在工作过程中表现出的积极性、主动性和发挥的作用			5		
2	资料收集			10		
3	工作计划确定			10		
4	温度控制			10		
5	湿度控制			10		
6	光照控制			10		
7	土壤控制			10		
8	二氧化碳气体施肥			10		
9	有害气体控制			10		
10	指导生产			15		
合计得分						
认为完成好的地方						
认为需要改进的地方						
自我评价						

表 3-2 指导教师评价表

指导教师姓名:________ 评价时间:____年____月____日 课程名称________

生产任务				
学生姓名: 所在班级				
评价内容	评分标准	分数	得分	备注
目标认知程度	工作目标明确,工作计划具体结合实际,具有可操作性	5		
情感态度	工作态度端正,注意力集中,有工作热情	5		

续表 3-2

评价内容	评分标准	分数	得分	备注
团队协作	积极与他人合作,共同完成任务	5		
资料收集	所采集材料、信息对任务的理解、工作计划的制订起重要作用	5		
生产方案的制订	提出方案合理、可操作性、对最终的生产任务起决定作用	10		
方案的实施	操作的规范性、熟练程度	45		
解决生产实际问题	能够解决生产问题	10		
操作安全、保护环境	安全操作,生产过程不污染环境	5		
技术文件的质量	技术报告、生产方案的质量	10		
合计		100		

【信息收集与整理】

收集当地园艺设施环境控制新技术应用情况,并整理成论文在班级中进行交流。

【资料链接】

1. 中国温室网:http://www.chinagreenhouse.com
2. 中国园艺网:http://www.agri-garden.com
3. 中国农资网(农膜网):http://www.ampcn.com/nongmo
4. 中国农地膜网:http://www.nongdimo.cn

【教材二维码(项目三)配套资源目录】

1. 温室大棚通风口系列图片
2. 高压线引发温室火灾图片
3. 硫酸反应法二氧化碳气体施肥动画

(a)

(b)

项目三的二维码

(a)图 (b)动画

项目四

设施园艺机械

知识目标

认识微型耕耘机的种类、认识自行走式喷灌机的种类、认识设施卷帘机的种类以及机械通风装置的主要类型。掌握微型耕耘机、自行走式喷灌机、设施卷帘机以及机械通风装置的使用要求与维护常识。

能力目标

掌握微型耕耘机的应用与维护技术要领；掌握自行走式喷灌机的应用与维护技术要领；掌握设施卷帘机的应用与维护技术要领；掌握卷膜通风系统、齿条开窗系统以及湿帘风机降温系统的应用与维护技术要领。

Module 1

微型耕耘机

任务1　微型耕耘机的种类与特点
任务2　微型耕耘机的使用与维护

任务1 微型耕耘机的种类与特点

【任务目标】

掌握微型耕耘机的主要种类。

【教学材料】

常用微型耕耘机。

【教学方法】

在教师指导下，学生了解并掌握主要微型耕耘机的种类。

一、按地域分类

一般将国内厂家生产的多功能微型耕耘机分为南方型和北方型两种。

1. 南方型　机型结构形式以参照欧洲的机型为主，在旋耕刀具方面又吸取了日本产品的特点，初期以水田作业为主，逐步发展成水旱兼用。代表机型为广西蓝天和重庆合盛等制造的多功能微型耕耘机。

2. 北方型　机型以参照韩国和我国台湾的机型为主，代表机型有山东华兴机械集团生产的TG系列多功能田园耕耘机、北京多利多公司生产的DWG系列微耕机等。

二、按性能和功能分类

一般分为以下两种类型：

1. 简易型　配套动力小于3.7 kW；配套机具少，功能也少。该类耕耘机手把不能调节、无转向离合器、前进和后退挡位少等，操作不够方便，但其价格低（主机售价低于3 000 元/台），销售量呈逐步增加之趋势。

2. 标准型　配套动力大于3.7 kW；可配套机具多，功能也较多；使用可靠性好，操作方便。但售价较高，主机售价为4 000～7 000 元/台。

【相关知识】

微型耕耘机也称为多功能微型管理机、微耕机等。按照JB/T 10266.1—2001《微型耕耘机技术条件》的要求，凡功率不大于7.5 kW、可以直接用驱动轮轴驱动旋转工作部件（如旋耕），主要用于水、旱田整地、田园管理及设施农业等耕耘作业为主的机器，称之为微型管理机。微型耕耘机的主机形似一小型手扶拖拉机。该类机械机型小巧，操作灵活方便，扶手高低位置可调，水平方向可转动360°，实现不同方向12个定位，可以在不同方向操作机具，农具拆装挂接方便，一台主机可配带多种农机具，能够完成小规模的耕地、栽植、开沟、起垄、中耕锄草、施肥培土、打药、根茎收获等多项作业，适合大棚、果园、露地菜种植使用（图4-1）。

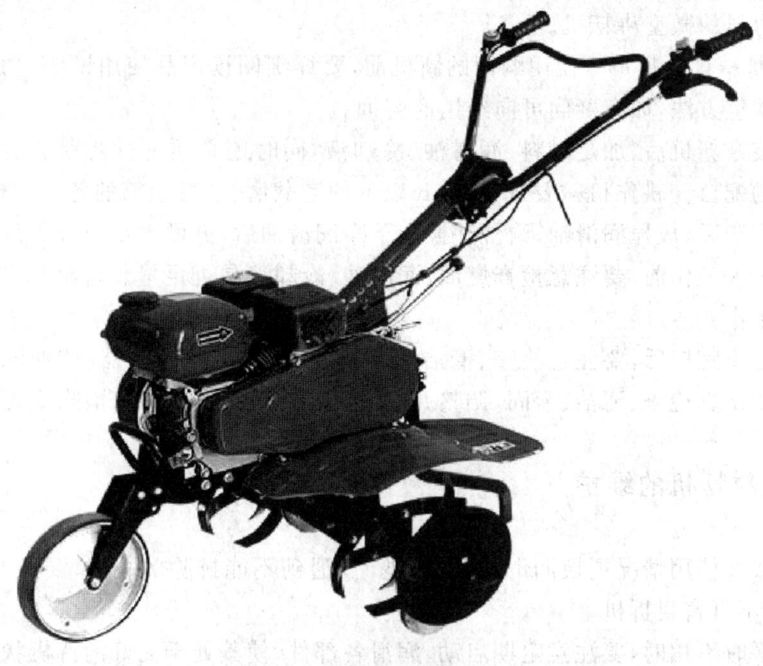

图 4-1　设施园艺微型耕耘机

任务 2　微型耕耘机的使用与维护

【任务目标】

掌握微型耕耘机的使用与维护要点。

【教学材料】

常用微型耕耘机。

【教学方法】

在教师指导下,学生了解并掌握主要微型耕耘机的使用与维护要点。

微型耕耘机是一种被广泛应用于水田、旱地、蔬菜大棚、果园、小块田地等的耕作机械,用户应注意严格按照产品使用说明书提出的条件进行操作使用和保养。

一、微型耕耘机的使用

1. 微型耕耘机的选择　微型耕耘机购买前,用户应对当地的土质、地形、植被等环境条件进行了解,根据不同的环境条件选择相应的微型耕耘机。如果地形较平、沙壤土质、植被较少时,可选择配套汽油机的微型耕耘机;地形较陡、黏结土质、植被较多时,应选择配套柴油机过载能力强的微型耕耘机。

2. 微型耕耘机的使用　使用购回的新机前，要详细阅读产品使用说明、功能介绍、各部分的安装与调整方法，如有疑问可向经销商咨询。

正确安装好新机后，加足燃料、润滑油、冷却液，同时还必须进行初期的磨合，使各零件间达到良好的配合。耕作机械要进行 50 h 以上的空载磨合，变速箱的各挡位也要分别进行磨合。磨合完毕后，放掉润滑油，清洗并换入干净润滑油后，方可逐步加带负荷工作。

耕作机投入工作前，要注意检查燃油、润滑油、冷却液是否足量。若足量，启动机器预热后方可投入工作。

耕作机工作完毕后，要注意检查、清洁或更换“三滤”(空气滤清器、燃油滤清器、机油滤清器)，滤芯要认真检查、清洁、紧固，调整并润滑活动部分，排除故障，消除隐患。

二、微型耕耘机的维护

要定时或按使用情况更换润滑油和“三滤”。遇到不能排除的故障，要及时与专业维修人员联系，切不可盲目拆机。

耕耘机平时不用时，要注意定期启动，润滑各部件，使其处于良好的待机状态。

Module 2

自行走式喷灌机

任务1　自行走式喷灌机的种类与应用
任务2　自行走式喷灌机的使用与保养技术

任务1 自行走式喷灌机的种类与应用

【任务目标】

掌握设施自行走式喷灌机的主要种类和应用要点。

【教学材料】

常用设施自行走式喷灌机。

【教学方法】

在教师指导下，学生了解并掌握主要设施自行走式喷灌机的种类和应用要点。

自行走式喷灌机是将微喷头安装在可移动喷灌机的喷灌管上，并随喷灌机的行走进行微喷灌的一种灌溉设备。

一、自行走式喷灌机的主要种类

1. 日本S&H的单轨悬挂式移动喷灌机　来自日本诚和公司的单轨悬挂式移动喷灌机不需要附加驱动电力，通过水流驱动机械内的螺旋使喷灌机沿开间方向移动，当行驶至端部时，机器会自动返回至起始位置；喷灌时水流似细雨轻柔，均匀度高，能很好地保护作物或幼苗，可广泛应用于温室中的育苗和作物栽培，具有节约能源、造价低、使用方便等特点。该机的最大喷水宽度7.8 m，最大作业长度100 m，多用于电力供应不能保证的区域。

2. 韩国agro-mister轨道式移动喷灌机　该机采用PLC控制器及光感应装置控制，在220 V电源条件下，采用单触式的按钮启动，使喷灌机沿轨道自动来回移动，并能实现不同轨道间的自动跨间转移。该机可根据植物高度，灵活调整喷射角度和喷雾量；采用电子静电陶瓷式喷嘴技术，使喷嘴将喷出的静电超微粒子均匀地附着在农作物的外表面和背表面，有利于作物吸收。

3. 美国ITS喷灌机　该机专为温室喷灌设计，是国内市场上占有率最高的一种喷灌机。ITS双臂自走式喷灌机主机用热浸镀锌钢材制作，电器元件用玻璃钢密封，聚碳酸酯操作键盘，聚亚胺酯滑轮。喷灌机运行在悬挂于温室顶部的轨道上进行灌溉作业，使种植面积最大，减少了对温室其他作业的影响，提高了温室利用率；采用三位转换喷头，喷洒水滴大小可以方便地调节，很大程度地减少人力浪费和水肥流失；同时喷灌机可从一条运行轨道轻松转移到另一条运行轨道，用一台喷灌机可实现多跨温室不同区域的灌溉，可大大降低设备投资。

4. 国产第二代PG-Ⅱ型喷灌机　PG-Ⅱ型采用微电脑编程控制技术，带液晶显示屏(LCD)的控制器，可轻松启动喷灌机进行灌溉，也可预先设定重复灌溉时间自动启动喷灌机进行灌溉。每次启动喷灌机自动往返运行一次后自动停止运行，等待下一次的启动。喷灌机前进和返回速度可分别设定。喷灌管上每个喷头均采用含3个不同流量和雾化程度的喷嘴，可根据灌溉要求轻松选用合适喷嘴。通过转移轨道，用一台喷灌机可实现多跨温室不同区域的灌溉。

二、自行走式喷灌机的主要应用

自行走式喷灌机由于投资较高，目前多用于穴盘育苗、观叶性花卉栽培等有特殊灌水要求的温室生产中。

【相关知识】 自行走式喷灌机的基本结构

自行走式喷灌机主要由行走小车、主控制箱、供水供电系统、轨道装置以及其他配件组成(图4-2)。

1. 行走小车　为喷灌机的主体部分，是带动喷水管在运行轨道上往复喷洒作业的动力机构。行走小车通过安装于上面的减速电机驱动，电机转动带动小车往复运动。

图4-2　钢架结构大棚自行走式喷灌机

2. 主控制箱　为喷灌机的核心部分，喷灌机的工作方式、工作状态完全要靠它来控制。一般情况下，与控制箱连接的还有操作手柄或操作盘，使用人员可以通过它们设定好工作程序，通过手柄或操作盘传输到主控制箱内。在一些高档的喷灌机上还带有遥控手柄，操作人员可直接通过遥控手柄在有效的距离内对喷灌机进行操作。

3. 供水供电系统　主要包括喷水管、供水管及电缆。

喷水管是吊装于行走小车下方的一根输水管，常用铝管或铸铁管。在喷水管上按间距均匀地安装有喷头，每个喷头内含有3种不同流量和雾化程度的喷嘴，轻轻转动该喷头即可选择合适的喷嘴。

供水管是为喷灌机提供水源的橡胶软管。喷灌机有两种供水方式，即端部(垂直)供水方式和中部(平管)供水方式。端部供水方式的供水管通过轨道上的悬挂滑轮垂吊在温室上部，该方式的优点是安装方便，供水管和供电电缆可随喷灌机一起转移到下一跨中进行灌溉，因此设备投资较低。但该方式也限制了供水管的使用长度，即限制了喷灌机的行程，且垂下的供水管有可能影响植物的生长。中部供水方式的供水管通过盘卷小车，平铺在轨道两侧的滑轮上，该方式的优点是美观实用，供水管不影响温室生产，允许喷灌机有较大的行程，喷灌机工作平稳安全。但该方式的供水管和供电电缆无法随喷灌机一起转移到下跨中进行灌溉，因此设备投资较高。

4. 轨道装置　主要包括运行轨道和转移轨道。运行轨道是安装于温室每跨的轨道，喷灌机工作时就运行于每跨的运行轨道上。转移轨道是用于喷灌机进行跨与跨之间转移的轨道，端部供水的转移轨道安装在温室的两端，中部供水的则在温室的中部安装转移轨道。

任务2　自行走式喷灌机的使用与保养技术

【任务目标】

了解设施自行走式喷灌机的使用与保养要点。

【教学材料】

常用设施自行走式喷灌机。

【教学方法】

在教师指导下,学生了解并掌握设施自行走式喷灌机的使用与维护要点。

一、自行走式喷灌机的使用技术要点

(1)电动机启动前应进行检查,确保接线正确,仪表显示正位;转子转动灵活,无摩擦声和其他杂音;电源电压正常。

(2)施肥装置运行前应进行检查,确保各部件连接牢固,承压部位密封;压力表灵敏,阀门启闭灵活,接口位置正确。

(3)管道使用前应进行检查,管和管件应齐全、清洁、完好;防止运行中管道漏水。

(4)喷头安装前应进行检查,确保零件齐全,连接牢固,喷嘴规格无误,流道通畅。

(5)机械运行中若出现不正常现象(如杂音、振动、水量下降等),应立即停机检查。

二、自行走式喷灌机的维护保养技术要点

(1)设备应按产品说明书规定进行日常保养,定期检修。

(2)设备应存放在清洁、干燥、通风良好和远离热源的地方。塑料管道、微灌灌水器及电缆线等应防止鼠、蚁危害。

(3)长期存放的电动机应保持干燥、洁净。对经常运行的电动机,应按照接线盒盖完整、压线螺丝无松动和无烧伤、接地良好等要求,每月进行一次安全检查。

(4)灌溉季节过后,应对电动机进行一次检修。

(5)灌溉季节过后,应对施肥装置各部件进行全面检修,清洗污垢,更换损坏和被腐蚀的零部件,并对易蚀部件和部位进行处理。

(6)每次作业完毕应将喷头清洗干净,及时更换损坏部件。

Module 3

卷帘机

任务1 卷帘机的种类与特点
任务2 卷帘机的使用与维护

任务1　卷帘机的种类与特点

【任务目标】

掌握设施卷帘机的种类和主要特点。

【教学材料】

常用设施卷帘机。

【教学方法】

在教师指导下,学生了解并掌握主要卷帘机的种类和主要特点。

一、手摇卷帘机

手摇卷帘机属于人力卷帘机械,主要用于保温被的卷放。

该卷帘机主要以缠绕式为主,在保温被的下端横向固定一根铁管作为卷帘轴,在轴的两端安装卷帘轮,用以缠绕牵引索。

手摇卷帘机安装在两端侧墙。卷帘时,用手扶卷帘轮缠绕数圈,然后摇转绕线轮,通过钢索牵引卷帘轮转动,即可实现卷帘。铺放时将绕线轮固定端松开,用手牵引缠绕在保温被内的放帘线,即可将保温被铺放好。

二、电动卷帘机

主要分为以下几种:

(一)后墙固定式卷帘机

也叫后卷轴式卷帘机,属于第一代电动卷帘机。该机构由电机、减速机和卷帘轴等组成。卷帘轴安装在棚顶后屋面上的一排"人"字形支架(钢架)上,电机、减速机一般安装在温室的中部,与卷帘轴相联结。在草苫的下端横向固定一根与草苫总覆盖面长度相等的钢管。在草苫下横向(南北向)铺放数根拉绳,绳的上端固定在后屋面上,下端从草苫上绕回到屋顶,固定到卷帘轴上。卷帘时,卷帘轴转动,将拉绳缠绕到卷帘轴上,牵引草苫卷上升,完成卷帘。放苫时电机反转,利用大棚的坡度、草苫的重量并配以人力拉放,往下滚放草苫(图4-3)。

图4-3　后墙固定式卷帘机

后墙固定式卷帘机的主要优点:

(1)卷帘机主体结构简单,固定支架可自己购买三角铁焊接,安装简便,相对于撑杆式大棚卷帘机,造价低。

(2)因其机箱在后墙上,放落草苫或保温被后,棚面无障碍物阻隔,故使用一幅塑料薄膜作“浮膜”即可,并且可连通草苫或保温被一起拉放。

后墙固定式卷帘机的主要缺点:

(1)该种卷帘机是早期模拟人工卷放草苫而设计的,运行条件要求较高,要求温室屋面保持一定的坡度,以利于草苫自动下滚展放,温室的高宽比增大,土地利用率降低。

(2)该类型卷帘机所需拉绳较多,并且均在草苫或保温被之上,在其使用过程中,一旦卷入操作人员的衣服(冬季多穿大衣),或被拉绳缠住手指,往往造成人身事故发生,安全隐患较大。

(3)由于每条绳子受力不均,使用一段时间后,松紧不一,需经常调整绳子松紧,且差不多每年都要更换一次拉绳,费用增加,管理也较为麻烦。

(4)该类型卷帘机的支架有的埋设在了蔬菜大棚的后屋面上,时间一久,对其破坏性大,或雨水浸湿后墙,造成坍塌。

目前,后墙固定式卷帘机正逐步被淘汰。

(二)撑杆式卷帘机

也叫屈伸臂式大棚卷帘机、棚面自走式大棚卷帘机,属于第二代电动卷帘机。该卷帘机采用机械手的原理,利用卷帘机的动力上、下自由卷放草苫。电机与减速机一起沿屋面滚动运行。电机正转时,卷帘轴卷起覆盖物,电机反转时,放下草苫,见图 4-4。由于该卷帘机的主机在棚顶上沿固定轨道(草苫)上、下滚动,故也称为滑轨式卷帘机。

撑杆式卷帘机安装简单,草苫卷放效果不受大棚坡度大小的限制,使用方便、安全,总体成本比较适宜,较受欢迎,应用规模扩大较快。

图 4-4　撑杆式卷帘机

撑杆式卷帘机主要优点:

1. *安全可靠*　可以手持倒顺开关,远距离操作,解决了后墙固定式卷帘机拉绳缠绕手指、衣服等不安全问题。

2. *工作效率高*　如一个 72 m 长的大棚,需要上幅宽 1.4 m 的草苫 57 床,用人工拉、放草苫,每日需 1.5～2 h,而用这种卷帘机,拉、放各需 7 min、4 min。

3. *安装拆卸方便*　卷帘机卷杆由法兰盘连接,一般为 6 m 一段,在不使用时可随时拆卸。

4. *无刹车隐患*　卷帘机采用了电磁刹车,具有刹车缓冲性能,即便遇到雨雪天气或突然断电等特殊情况,也能保证安全。

撑杆式卷帘机主要缺点:

(1)造价稍微高,一般在 38～50 元/m。

(2)操作不当时,容易拉断苫子,磨破棚膜。

(3)电机对棚架的推压力较大,容易造成棚架变形。

(4)卷帘效果受棚面坡度的影响比较大。

(三)轨道式卷帘机

也叫滑轨式卷帘机,属于第三代电动卷帘机。轨道式卷帘机可根据每个大棚的坡度单独设计安装相应的钢架轨道,轨道高出棚面 70 cm 左右。将机头吊装在轨道上,利用卷帘机的动力实现草帘拉放,不受大棚坡度影响(图 4-5)。

轨道式卷帘机安装简单,草苫卷放效果不受大棚坡度大小的限制,并且电机吊挂在轨道上,对棚架的推压力较小,使用方便、安全,总体成本比较适宜,较受欢迎,应用规模扩大较快。

(四)侧悬浮动式卷帘机

由电机和减速机组成,属于专用型卷帘机。卷帘机悬挂在大棚一侧的固定杆上,动力输出端通过万向节、传动轴与卷帘轴相连,随电机转动,动力传动轴随帘卷浮动旋转,完成卷帘工作。铺放时,电机反向转动即可(图 4-6)。侧悬浮动式卷帘机主要用于长度不大的小型温室以及重量较轻的保温被的卷放。

图 4-5 轨道式卷帘机

图 4-6 侧悬浮动式卷帘机

任务 2 卷帘机的使用与维护

【任务目标】

掌握设施卷帘机的使用与维护要点。

【教学材料】

常用设施卷帘机。

【教学方法】

在教师指导下,学生了解并掌握主要设施卷帘机的使用与维护要点。

一、卷帘机的安装

(一)后墙固定式大棚卷帘机的安装

(1)安装前,应认真阅读《产品使用说明书》,按说明书的要求做好机器安装前准备,在距后墙适当距离等间距竖起立柱。

(2)根据棚长确定横杆强度和长度;焊接连接活动结、法兰盘、卷轴轴齿。

(3)将电机固定在主机的电机固定支架上,安装皮带并调好松紧。

(4)以大棚中间位置后墙顶为机械固定点,加固固定架,安装好减速机、电机,并连好电机接地保护,安装轴承架,使各轴承架在同一条直线上且同心。

(5)减速机输出轴与卷轴连接,从中间向两边依次连接卷轴。

(6)将有足够长度的草帘从中央向两边依次放下,预卷几圈后下边对齐,草帘可呈“品”字形,每条帘下铺一条卷帘绳,一端固定在后墙后面竖起的立柱上面,另一端绕过大棚下端预卷几圈后的草帘,从上面连接卷轴轴齿处。

(7)调整卷帘绳长度、松紧,保证卷帘卷放时运动、受力一致。

(8)连接卷放开关及电源。

(二)撑杆式卷帘机安装

(1)安装前,应认真阅读《产品使用说明书》,按说明书的要求做好机器安装前准备。在距大棚前正中适当位置处挖坑埋设地桩,地桩埋设要牢固。

(2)根据棚长确定横杆强度和长度;焊接连接活动结、法兰盘、卷轴轴齿。

(3)将电机固定在主机的电机固定支架上,安装皮带并调好松紧。

(4)将有足够长度的草帘从中央向两边依次放下,下边对齐,每条帘下铺一条卷帘绳,一端固定在棚顶。

(5)以活结和销轴连接支撑杆,立起并连接地桩。

(6)将支撑杆与主机连接,铺好横杆备连。

(7)从中间向两边连接卷轴,将帘下绳子固定到轴齿上,将减速机输出轴与卷轴连接。

(8)调整绳子长度、松紧,保证卷帘卷放时运动、受力一致。

(9)连接卷放开关及电源。

二、卷帘机的调试

(1)安装结束后,要进行一次全面检查,对主机、支撑杆要一一进行检查无误、安全可靠后方可进行运行调试工作。

(2)第一次送电运行,约上卷 1 m,看草苫调直状况,若苫帘不直可视具体情况分析不直原因,采取调直措施。本次运行,无论草苫直与不直都要将机器退到初始位,目的是试运行,一是促其草苫滚实,二是对机器进行轻度磨合。

(3)第二次送电运行,约上卷到 2/3 处,目的仍是促其草苫进一步滚实和对机器进行中度磨合。然后,再次将机器退回到初始位。

(4)第三次送电前,应仔细检查主机部分是否有明显温度升高现象,若主机温度不超环境温度,且未发现机器有异声、异味,可进行第三次送电运行至机器到位。此试验过程主要目的是,看机器部件是否齐全,配套是否合理;看机器运转是否正常;检查安装是否正确到位,有无漏项,有无安全隐患;看草苫卷起是否齐整、平直,是否有跑偏现象;若发现有上述现象则应继续调整,直至达到符合实用要求为止;注意草苫同步卷放,可保证机器性能和延长草苫的使用寿命。

三、卷帘机的维护

(1)使用期间,各连接部位螺丝松动,应及时紧固;焊接处断裂、开焊,应及时更换或修复;立杆倾斜、卷轴弯曲,应及时校正;草帘走偏,应及时进行调整。后墙固定式卷帘机在使用过程中要经常对卷苫绳子进行调整,保持绳子长短、松紧一致,草苫松紧一致。

(2)运行中如发现故障,应先停机再做处理。

(3)电动机及电源部分应注意防水,防止漏电。

(4)在电动机控制开关附近安装闸刀开关,草帘卷到位后应及时关机,拉下闸刀,切断电源。

(5)雪天工作时,应及时清扫草帘上的积雪,避免负荷过重。

(6)如遇停电,要先切断电源,再将手摇把插入摇把孔,人工摇动卷帘。

(7)主机的传动部分(如减速机、传动轴承等)每年要添加一次润滑油。

(8)每年对部件涂一遍防锈漆。

Module 4

机械通风装置

任务 1　卷膜通风系统
任务 2　齿轮齿条开窗通风系统
任务 3　湿帘风机降温系统

任务1　卷膜通风系统

【任务目标】

掌握设施卷膜通风系统种类与主要特点。

【教学材料】

常用设施卷膜通风系统。

【教学方法】

在教师指导下，学生了解并掌握主要卷膜通风系统的种类和主要特点。

一、手动卷膜通风系统

有软轴传动和直接传动两种。一般屋顶卷膜用机械传动或用软轴传动，侧墙卷膜用手动直接传动方式。对卷膜器的基本要求是在通长方向上卷膜轴不能有太大的变形，卷膜器在卷起过程中要能自锁，不致在重力作用下自动将卷起的幕膜打开（图 4-7A）。

二、电动卷膜通风系统

电动卷膜器实质上是一个带有限位开关的直流电机，通过电机启动带动卷膜轴转动，塑料膜被卷膜轴一层一层卷起，从而实现通风窗的启闭。电动卷膜系统可用于温室圆拱通风口和竖直通风口通风两种位置。为保证电动卷膜器运行的平稳，常采用直流小功率电机，在使用中，需要配置整流器等相关配电设备。电动卷膜器造价低，控制灵活，便于维护和维修，是电动卷膜诸设备中最常用的一种（图 4-7B）。

A

B

图 4-7　设施卷膜通风系统

A. 温室手动机械卷膜系统　B. 电动卷膜系统

任务2　齿轮齿条开窗通风系统

【任务目标】

掌握设施齿轮齿条开窗通风系统基本结构。

【教学材料】

常用设施齿轮齿条开窗通风系统。

【教学方法】

在教师指导下，学生了解并掌握齿轮齿条开窗通风系统的基本结构与工作原理。

齿轮齿条开窗通风系统一般都采用电力驱动，在一些电力不能保证的地区，可在电动的基础上增加手动功能，避免停电给温室生产带来不良影响。

一、齿轮齿条开窗通风系统分类

齿轮齿条开窗通风系统是目前最常用的一种开窗机构，其核心部件为齿轮齿条，附属配件随着机构整体的不同而有差异。齿轮齿条机构性能稳定、运行可靠安全、承载力强、传动效率高、运转精确、便于实现精确自动控制，因此是大型连栋温室开窗机构的首选形式。

根据传动原理和齿轮齿条布置的差异，可将齿轮齿条开窗机构分为排齿开窗系统和推杆开窗系统两种类型。

1. 排齿开窗系统　由齿条直接推动窗户启闭，主要设备配件有减速电机、传动轴、齿条、齿轮、轴承座、连接件等。减速电机固定在温室骨架上，输出端与传动轴相连。传动轴穿过轴承座，通过轴承座固定在温室骨架上，但可以转动。齿轮固定在传动轴上，齿条与齿轮咬合。齿轮齿条的一端与通风窗边由连接件相连。当减速电机转动时，带动传动轴转动，传动轴带动齿轮转动，齿轮带动齿条移动，从而实现窗户的启闭(图4-8)。

2. 推杆开窗系统　推杆开窗系统是由齿轮齿条将动力传递至推杆，再由推杆传递至开窗支杆，由开窗支杆推动窗户启闭。主要设备配件有:减速电机、传动轴、齿条、齿轮、推杆、支杆、连接件等。推杆与齿轮齿条顺序相连，支杆一端固定于推杆上，另一端固定于窗边。一般一个窗户由3～4个支杆支撑。减速电机和传动轴的安装与排齿开窗相同。工作时，减速电机通过传动轴及齿轮带动齿条前后移动，齿条推动推杆移动，推杆将推力或拉力传递至支杆，将窗户打开或关闭(图4-9)。

二、齿轮齿条开窗系统主要应用

排齿开窗系统一般适用于塑料温室、PC板温室或有较高通风要求的大跨度单屋脊玻璃

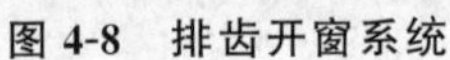

图 4-8　排齿开窗系统

图 4-9　推杆开窗系统

温室，而推杆开窗则主要用于小屋面(Venlo)型玻璃温室。当小屋面玻璃温室需要增大通风量时，也可以采用排齿开窗，但造价较高。另外，对于温室侧墙的开窗，如选用齿轮齿条机构，则只能采用排齿方式。

齿轮齿条开窗系统所用的电机主要有两种形式。一种为普通电机，220 V 或 380 V；另一种为管道电机，220～240 V。管道电机体积小、重量轻、遮光少、变速比小，特别适用于塑料温室的开窗。

任务 3　湿帘风机降温系统

【任务目标】

掌握设施湿帘风机降温系统基本结构。

【教学材料】

设施常用湿帘风机降温系统。

【教学方法】

在教师指导下，学生了解并掌握湿帘风机降温系统的基本结构与工作原理。

一、湿帘风机降温系统的基本结构

湿帘风机降温系统由特种纸质多孔湿帘、水循环系统和低压大流量节能风机组成。湿帘和风机分别装在密闭房舍的两面山墙上。

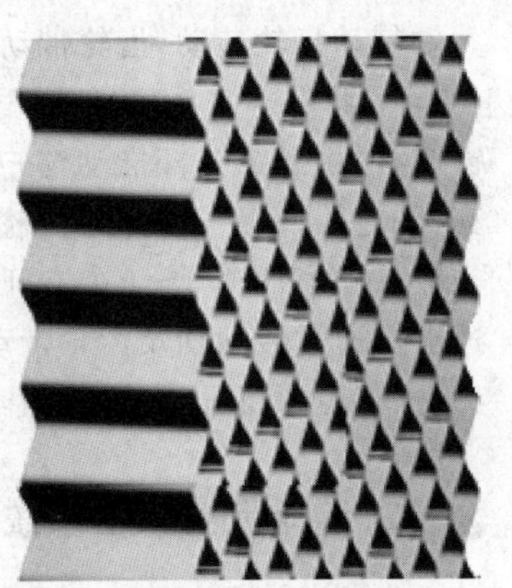

图 4-10　湿帘

1. 湿帘　别名水帘，呈蜂窝结构，由原纸加工生产而成(图 4-10)。在国内，通常有波高 5 mm、7 mm 和 9 mm 三种，波纹为60°×30°交错对置、45°×45°交错对置。优质湿帘具有高吸水、高耐水、抗霉变、使用寿命长等优点。而且蒸发比表面大，降温效率达80%以上，不含表面活性剂，自然吸水，扩散速度快，效能持久。一滴水4～5 s即可扩散完毕。国际同行业标准自然吸水为60～70 mm/5 min或200 mm/1.5 h。

2. 风机　主要应用于负压式通风降温工程，因而也称之为负压风机。负压风机属于轴流风机，具有体积庞大、超大风道、超大风叶直径、超大排风量、超低能耗、低转速、低噪声等特点。负压风机从结构材质上主要分为镀锌板方形负压风机和玻璃钢喇叭形负压风机（图4-11）。

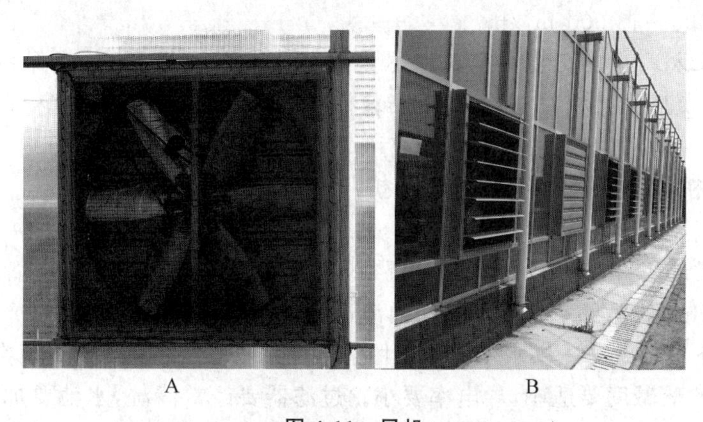

图4-11　风机

A. 内面图　B. 外面图

负压风机是利用空气对流、负压换气的降温原理，由安装地点的对向（大门或窗户）自然吸入新鲜空气，将室内闷热气体迅速强制排出室外，降温换气效果可达90%～97%。

3. 供回水系统　包括供水和回水管路、水池、水泵、过滤装置、控制系统（图4-12）。

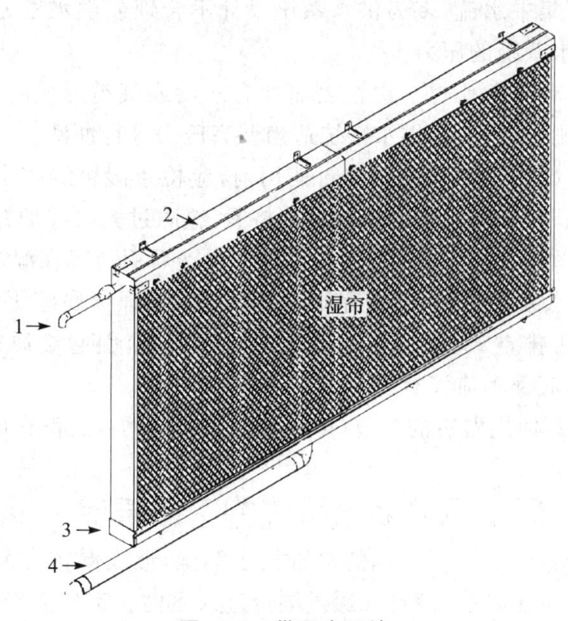

图4-12　供回水系统

1. 进水管　2. 上水槽　3. 下水槽　4. 回水管

二、湿帘风机降温系统的设计与安装

1. 系统设计 根据使用场所的不同情况确定换气次数，来计算湿帘的安装面积以及负压风机的排风量。一般湿帘安装得越多，降温效果越好，通风阻力也越小，但投资越高。适宜的过帘风速为：厚 100 mm 湿帘 1.2～1.5 m/s；厚 150 mm 湿帘 1.5～2 m/s。湿帘一般高度为 1.5～2 m、宽度 60 cm，厚度 10～30 cm。供水水泵功率为 0.55 kW、1.1 kW 等。排风机通风量 31 000～43 000 m^3/h。

2. 系统安装方式 在安装湿帘时应尽量避免或减少通风死角，确保室内通风换气均匀。一般湿帘与负压风机相对布置，湿帘安装在迎着季风方向的墙面上。

三、湿帘风机降温系统的应用与维护

1. 注意温室的整体密闭性 特别是湿帘与湿帘箱体、湿帘箱体与山墙、风机与山墙的设计安装是否有缺陷，避免室外热空气向内渗透，影响系统降温效果。

2. 经常检查供水系统 供水系统要使用清洁的水源，不能使用含有藻类和微生物含量过高的水源；水的酸碱度要适中，导电率要小。过滤器要经常清洗，水池要加盖并定期清洗，只能经过过滤后才能循环使用。为阻止湿帘表面藻类或其他微生物滋生，短时处理可向水中投放 3～5 mg/L 氯或溴，连续处理时浓度为 1 mg/L。

3. 经常观察湿帘的水流及分布情况 水流必须细小而且沿湿帘波纹缓慢下流，整个湿帘必须均匀浸湿，没有干带或部分集中的水流。系统初运行时，如发现湿帘部分区域有水流喷射现象，多是湿帘纸质表面带有毛刺所致，用手掌来回轻拂即可解决。如果在运行过程中发现水流喷射、干带或集中水流，多为供水系统设计不合理或供水压力不当引起，应重新设计供水系统或调整供水系统的压力。

4. 湿帘表面水垢和藻类处理 湿帘表面如有水垢或藻类形成时，应在彻底晾干后，用软毛刷沿波纹上下轻刷，然后可用供水系统适当调高压力进行冲洗。

5. 定期检查湿帘缝隙 每年夏季启封使用前，应检查湿帘缝隙中是否有杂物，出现杂物时要用软毛刷清除。如发现湿帘出现缝隙应挤紧，缝隙过大时应加补。

6. 停用管理 冬季停止使用时，应在确保湿帘干透后用薄膜在湿帘四周用卡槽封住。

7. 日常保养 在水泵停机 30 min 后，再关停风机，保证彻底晾干湿帘。系统停止运行后检查水槽内积水是否排空，避免湿帘底部长期浸在水中，引起纸质霉变，减少使用寿命。系统正确设计安装时，底部不应该有积水。

8. 鼠害控制 在不使用湿帘的季节，可通过加装防鼠网或在湿帘的下部喷洒灭鼠药。

【相关知识】 湿帘风机降温系统的工作原理

系统开启时，干纸帘由安装于上部的水管放水洒湿，形成湿帘。风机抽风时，将室内的热空气抽走，造成室内负压，室外冷空气通过湿帘进入室内。室外空气通过多孔湿润的湿帘时，引起湿帘内孔隙表面的水分蒸发，蒸发的水分带走空气中的大量潜热，从而使流经的空气温度下降，一般可使进入室内空气的干球湿度计降低 8～12℃。降温后的低温空气源源不断地被引入室内进行降温，在降温的同时，也起到增湿的作用。

水分蒸发的多少与空气的饱和蒸汽压差成正比关系。空气越干燥，温度越高，经过湿帘的空气降温幅度越大。多年来的生产实践表明，该系统不但在我国北方地区降温效果极为显著，而且在长江流域以南地区及东南沿海一带的高温季节应用效果也较好，夏季高温天气空气通过湿帘后一般降低温度 4～7℃。

【单元小结】

设施机械化管理是设施农业的发展方向，目前应用较广泛的主要有微型耕耘机械、自行走式喷灌机、卷帘机、机械通风装置和湿帘通风降温系统。卷帘机、微型耕耘机械目前广泛应用于设施栽培中，微型耕耘机械主要进行耕耙、混肥等。自行走式喷灌机运行成本较高，条件要求严格，主要应用于育苗工厂中。机械通风装置和湿帘通风降温系统主要应用于大型温室或连栋大棚中。

【实践与作业】

在教师的指导下，学生进行设施机械操作、维护等实践活动。总结主要设施机械操作与维护技术要领，写出操作流程和注意事项。

【单元自测】

一、填空题(40 分，每空 2 分)

1. 微型耕耘机械水平方向可转动____度，实现不同方向____个定位，农具拆装挂接方便，一台主机可配带______农机具，能够完成小规模的______、______、开沟、起垄、中耕锄草、施肥培土、打药、根茎收获等多项作业。

2. 自行走式喷灌机主要由________、________、________、轨道装置以及其他配件组成。

3. 撑杆式卷帘机采用机械手的原理，利用卷帘机的动力______自由卷放草苫。电机______时，卷帘轴卷起覆盖物，电机____时，放下草苫。

4. 湿帘风机降温系统由特种____________、__________和____________组成。

5. 在安装湿帘时应尽量避免或减少______死角，确保室内通风换气____。一般湿帘与负压风机__________布置，湿帘安装在迎着______方向的墙面上。

6. 电动卷膜器实质上是一个带有限位开关的________电机，通过电机启动带动卷膜轴转动，塑料膜被卷膜轴一层一层________，从而实现通风窗的启闭。

二、判断题(24 分，每题 4 分)

1. 如果地形较平、沙壤土质、植被较少时，可选择配套柴油机的微型耕耘机。(　　)

2. 湿帘水分蒸发的多少与空气的饱和蒸汽压差呈正比关系。(　　)

3. 对卷膜器的基本要求是在通长方向上卷膜轴不能有太大的变形，卷膜器在卷起过程中要能自锁。(　　)

4. 自行走式喷灌机是将微喷头安装在可移动喷灌机的喷灌管上，并随喷灌机的行走进行微喷灌的一种灌溉设备。(　　)

5. 耕作机工作完毕后，要注意检查、清洁或更换“三滤”。(　　)

6. 卷帘机雪天工作时,应及时清扫草帘上的积雪,避免负荷过重。(   )

三、简答题(36 分,每题 6 分)

单元自测
部分答案 4

1. 简述微型耕耘机的主要类型。
2. 简述卷帘机的安装要领。
3. 简述自行走式喷灌机的种类与适用范围。
4. 简述湿帘风机降温系统的应用与维护。
5. 简述自行走式喷灌机的维护要点。
6. 简述湿帘风机降温系统的工作原理。

【能力评价】

在教师的指导下,学生以班级或小组为单位进行设施机械应用及生产指导实践。实践结束后,学生个人和教师对学生的实践情况进行综合能力评价。结果分别填入表 4-1 和表 4-2。

表 4-1 学生自我评价表

姓名			班级		小组	
生产任务		时间		地点		
序号	自评内容			分数	得分	备注
1	在工作过程中表现出的积极性、主动性和发挥的作用			5		
2	资料收集			10		
3	工作计划确定			10		
4	微耕机应用			15		
5	卷帘机应用			15		
6	通风系统操作			15		
7	设施机械维护			15		
8	指导生产			15		
合计得分						
认为完成好的地方						
认为需要改进的地方						
自我评价						

表 4-2 指导教师评价表

指导教师姓名:________ 评价时间:____年____月____日 课程名称________

生产任务				
学生姓名: 所在班级				
评价内容	评分标准	分数	得分	备注
目标认知程度	工作目标明确,工作计划具体结合实际,具有可操作性	5		
情感态度	工作态度端正,注意力集中,有工作热情	5		
团队协作	积极与他人合作,共同完成任务	5		

续表 4-2

评价内容	评分标准	分数	得分	备注
资料收集	所采集材料、信息对任务的理解、工作计划的制订起重要作用	5		
生产方案的制订	提出方案合理、可操作性、对最终的生产任务起决定作用	10		
方案的实施	操作的规范性、熟练程度	45		
解决生产实际问题	能够解决生产问题	10		
操作安全、保护环境	安全操作,生产过程不污染环境	5		
技术文件的质量	技术报告、生产方案的质量	10		
合计		100		

【信息收集与整理】

收集当地园艺设施机械类型及应用情况,并整理成论文在班级中进行交流。

【资料链接】

1. 中国温室网:http://www.chinagreenhouse.com
2. 中国园艺网:http://www.agri-garden.com
3. 中国农资网(农膜网):http://www.ampcn.com/nongmo
4. 中国农地膜网:http://www.nongdimo.cn
5. 中国农机设备总网:http://www.nongjx.com/

【教材二维码(项目四)配套资源目录】

1. 自行走式喷灌装置系列图片
2. 卷帘机系列图片
3. 湿帘通风系统系列图片

项目四的二维码

【拓展知识】 我国设施农业机械的发展现状与方向

设施农业是指利用人工建造的设施为种植业、养殖业等提供良好的环境条件,使其在有限的生长空间内,获得较高的质量、品质和经济效益的一种高效农业,是一项技术含量高、管理精细的系统工程,需要把生物、环境、工程有机结合。这一整体效益必须由技术含量高的相关设备和器械作为载体才能够完成。因此,设施农业离不开农业机械化的同步发展。

一、设施农业机械的现状

1. 耕作机械　针对温室、大棚等特殊的耕作环境,国内陆续引进和研制生产了一些小型耕作机械,可实现犁耕、旋耕、开沟、做畦、起垄、喷药等作业,部分机型还具有覆膜、播种等功能。这些耕整机械具有体积小、质量小、操作灵活的特点,扶手可做 360°旋转,耕深可达 20 cm,工作效率 667～1 334 m^2/h,基本满足了温室耕整地的要求。日本、意大利、荷兰和以色列等国家的产品广泛用于旋耕、犁耕、开沟、做畦、起垄、中耕、培土、铺膜、打孔、播种、灌溉和施肥等作业项目。但进口机型价格高，一般在 7 000 元/台以上，而且配件不全，维修服务跟不上。

2. 种植机械　设施农业作物的种植和栽培方式多种多样，配套机械也各不相同。目前使用的播种机械有条播机、精密播种机等，大多可与多功能田园管理机配套。栽植机械主要是钵苗移栽机，有穴盘育苗及钵盘育苗等配套设备，国内小型移栽机研究尚处于起步阶段。目前大多数穴播机不能满足播种行距和穴距可调的要求，急需开发小型精密或精量播种机，要求行距、穴距及播深可调，且控制准确，能适应设施内的作业要求。

3. 微量灌溉和施肥设备　传统的棚室灌溉采用沟灌、浸灌，这种方式需水量大，土壤养分流失严重，供水量难以控制，并且棚内湿度过大容易引发病害。而采用微量灌溉技术，可达到节水、增产、提温、省工、高效的目的。微灌包括滴灌、喷灌、渗灌等，水量控制准确，水流量小，可以兼施可溶性化肥、农药、除草剂等。微灌设备包括压力水源、过滤装置、干支线输水网、施肥灌溉装置等，价格便宜，多数农民买得起。

4. 环境监控、植保及卷帘机械　大部分棚室环境条件监控是依靠生产者的经验、感觉以及简单的测试仪器进行，很不精确。棚室使用大田用的喷雾器械，效率低，农药残留量大，农产品不利于出口，因此一些地区已开始使用超微量喷雾机和烟雾机，如韩国生产的手提式烟雾杀虫灭菌器、国产的脉冲式烟雾机，植保效果较好。传统日光温室多采用人工卷帘，劳动强度大，效率低，目前国内已经开始生产机械卷帘设备，主要有撑杆式和固定式两种型号，其中撑杆式的电动卷帘机发展较快。

5. 温室取暖设备　目前，温室取暖方式以火炉为主，火炉造价低，农民容易接受，燃煤热水锅炉造价高，运行成本也较高，一般温室难以应用。近年来，燃煤或燃油热风炉、石油液化气燃烧器等加温设备开始应用，但运行成本也较高，目前只限于效益较高的温室或育苗室使用。

二、设施园艺机械发展方向

我国设施农业起步晚，设施农业机械发展较慢，应用较少，配套水平也不高。在借鉴国内外先进经验的基础上，研制出适合我国国情的设施农业机械，提高设施农业整体机械化水平，是 21 世纪我国农业工程的发展重点，主要发展方向如下：

1. 开发专用微型耕作机，合理选择配套动力　要求体积和质量小、动力足，操作舒适，符合人机工程学的设计原理，减轻操作者的劳动强度，尽量减少发动机对设施环境的污染。动力以 2.21～4.41 kW 为宜，最好是汽油机。

2. 增强作业功能，提高配套比　要求配套机具性能稳定，工作可靠，操作方便，更换便捷，能分别进行旋耕、犁耕、开沟、做畦、起垄、筑埂、中耕、培土、铺膜、打孔、播种、植保、灌溉和施肥等多种作业，操作手柄能上下左右调整，以适应设施内的工作条件并方便田间转移。

3. 开发穴盘育苗播种成套设备　在机械化育苗移栽工艺和机具设备研究成果的基础上，着重研究与微型耕耘机配套的小型钵苗移栽机，先以半自动机型为主，逐步向标准化、系列化和规范化方向发展。

4. 研制适合设施内作业的小型精密或精量播种机　要求精播机行距、穴距及播深可调，且控制准确，能适应设施内的作业要求。

5. 综合发展　同步发展环控、卷帘、取暖等基础设备，全面提高设施农业的机械化水平。

项目五

设施园艺相关技术

知识目标

掌握设施滴灌系统和设施微喷灌系统的组成；掌握立体种植的主要模式；掌握无土栽培基质选择与混合的原则，栽培槽的种类与应用，营养液配方与配制、使用和管理要求；掌握再生栽培的形式与选择方法；掌握设施病虫害综合防治方法与要求。

能力目标

掌握设施滴灌和微喷灌技术要领以及系统维护要领；掌握立体种植的配套生产技术；掌握无土栽培基质混合与消毒技术、栽培槽制作技术，以及营养液配制、使用和管理技术要点；掌握再生栽培的配套生产技术；掌握设施病虫害物理防治内容与技术要领、烟雾防治技术要领、生物防治技术要领以及农业防治技术要领。

Module 1

微灌溉技术

任务 1　滴灌技术

【任务目标】

掌握设施滴灌系统基本组成和应用技术要点。

【教学材料】

常用设施滴灌系统。

【教学方法】

在教师指导下，学生了解并掌握主要设施滴灌系统基本组成和应用技术要点。

一、滴灌系统的组成

滴灌系统由水源、首部控制枢纽、输水管道系统和滴头（滴灌带）等几部分组成（图 5-1）。

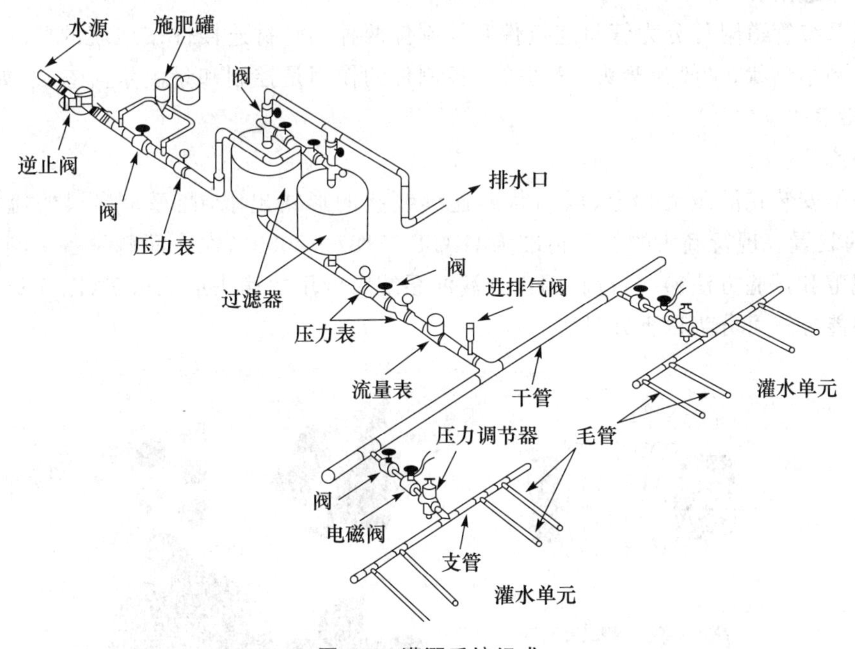

图 5-1　灌溉系统组成

（一）水源

一般选择水质较好，含沙、含碱量低的井水与渠水作为水源，以减少对管道、过滤系统的堵塞和腐蚀，保护滴灌系统的正常使用，延长滴灌系统的使用年限。一般在水源选择时还应注意水中有机物的含量，如有机物较多时应对水进行处理。

（二）首部控制枢纽

首部控制枢纽由水泵、施肥罐、过滤装置及各种控制和测量设备组成，如压力调节阀门、流量控制阀门、水表、压力表、空气阀、逆止阀等。

1. 水泵　水泵的作用是将水流加压到系统所需要压力并将其输送入管网。滴灌系统所需要的水泵型号根据滴灌系统的设计流量和系统总扬程确定。当水源为河流和水库，且水质较差时，需建沉淀池，此时一般选用离心泵。水源为机井时，一般选用潜水泵。

2. 过滤设备　过滤设备是将水过滤，防止各种污物进入滴灌系统堵塞滴头或在系统中形成沉淀。过滤设备有沉淀池、拦污栅、离心过滤器、砂石过滤器、筛网过滤器、叠片过滤器，各种过滤器可以在首部枢纽中单独使用，也可以根据水源水质情况及滴头抗堵塞能力组合使用。一般而言，水源为井水且水质较好时，选用“离心＋网式”过滤器，水源为渠水时一般选用“砂石＋网式”过滤器。

3. 施肥罐　易溶于水并适于根施的肥料、农药、化肥药品等在施肥罐内充分溶解，然后再通过滴灌系统输送到作物根部。施肥罐选择可根据设计流量和灌溉面积的大小，肥料和化学药物的性质而定。

(三)输水管道系统

由干管、支管和毛管三级管道组成。干、支管采用直径 20～100 mm 掺炭黑的高压聚乙烯或聚氯乙烯管，一般埋在地下，覆土层不小于 30 cm。毛管多采用直径 10～15 mm 炭黑高压聚乙烯或聚氯乙烯半软管。

(四)管道附件

滴灌系统管道附件分为管材连接件和控制件两种。管材连接件按地貌的要求将管道连成一定的网络形状，一般为弯头、三通等。控制件的作用是控制和量测水流参数，如阀门、压力表、流量表等。

(五)滴头

滴头是安装在灌溉毛管上，以滴状或连续线状的形式出水，且每个出口的流量不大于 15 L/h 的装置。现行滴头的相关标准为 GB/T 17187—2009(《农业灌溉设备　滴头和滴灌管技术规范和试验方法》)。目前，国内外滴灌系统中应用的滴头形式很多(图 5-2)。按滴头结构和消能方式可分为以下几种：

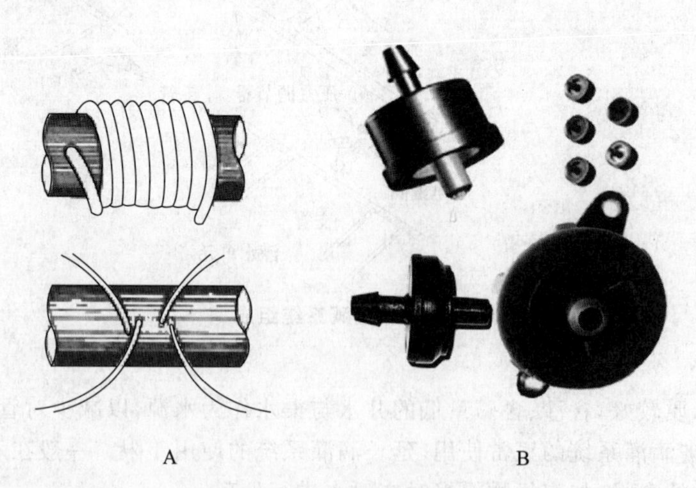

图 5-2　滴头类型

A. 微管滴头　B. 管上式压力补偿滴头

1. 长流道型滴头　长流道型滴头是靠水流与流道壁之间的摩擦阻力消能来调节流量大小。如微管滴头、螺纹滴头和迷宫滴头等。

2. 孔口型滴头　孔口型滴头是靠孔口出流造成的局部水头损失来消能调节流量大小。

3. 涡流型滴头　涡流型滴头是靠水流进入灌水器的涡室内形成的涡流来消能调节流量大小。水流进入涡室内，由于水流旋转产生的离心力迫使水流趋向涡室的边缘，在涡流中心产生一低压区，使中心的出水口处压力较低，从而调节流量。

4. 压力补偿型滴头　压力补偿型滴头是利用水流压力对滴头内的弹性体作用，使流道(或孔口)形状改变或过水断面面积发生变化，即当压力减小时，增大过水断面面积，压力增大时，减小过水断面面积，从而使滴头流量自动保持在一个变化幅度很小的范围内，同时还具有自清洗功能。这种滴头分为全补偿型和部分补偿型两种。

(六)滴灌带

滴头与毛管制造成一个整体，兼具配水和滴水功能的带称为滴灌带(图 5-3)。按滴灌带的结构不同一般分为以下两种类型。

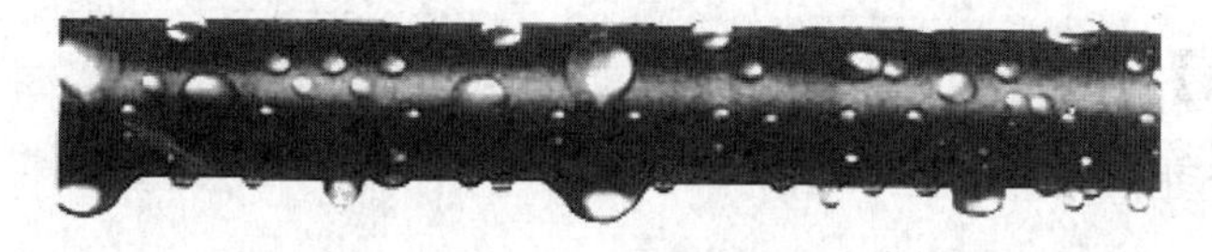

图 5-3　滴灌带

1. 内镶式滴灌带　内镶式滴灌带(管)是在毛管制造过程中，将预先制造好的滴头镶嵌在毛管内的滴灌带(管)。内镶滴头有两种，一种是片式，另一种是管式。

2. 薄壁滴灌带　薄壁滴灌带为在制造薄壁管的同时，在管的一侧热合出各种形状的流道，灌溉水通过流道以滴流的形式湿润土壤。

滴灌带也有压力补偿式与非压力补偿式两种。

二、滴灌系统布设

滴灌系统布设主要是根据作物种类合理布置，尽量使整个系统长度最短，控制面积最大，水头损失最小，投资最低。

1. 选择滴灌系统　果树滴灌采用固定式、移动式均可；蔬菜、花卉采用固定式为好。

2. 滴头及管道布设　滴头流量一般控制在 2～5 L/h，滴头间距 0.5～1 m。黏土地的滴头流量宜大、间距也宜大，反之亦然。干、支、毛三级管最好相互垂直，毛管应与作物种植方向一致。在滴灌系统中，毛管用量最大，关系工程造价和管理运行。一般果园滴灌毛管长度为 50～80 m，大田 30～50 m，并加辅助毛管 5～10 m。

三、滴灌系统的运行与管理

(1)系统第一次运行时，需进行调压。可通过调整球阀的开启度来进行调压，使系统各支管进口的压力大致相等。薄壁毛管压力可维持在 1 kg 左右，调试完后，在球阀相应位置做好标记，以保证在其以后的运行中，其开启度能维持在该水平。

(2)系统每次工作前先进行冲洗，在运行过程中，要检查系统水质情况，视水质情况对系统进行冲洗。

(3)系统运行时，必须严格控制压力表读数，将系统控制在设计压力下运行，以保证系统能安全有效运行。

(4)灌水时每次开启一个轮灌组，当一个轮灌组结束后，先开启下一个轮灌组，再关闭上一个轮灌组，严禁先关后开。

(5)定期对管网进行巡视，检查管网运行情况，如有漏水要立即处理。灌溉季节结束后，应对损坏处进行维修，冲净泥沙，排净积水。

(6)施肥罐中注入的水肥混合物不得超过施肥罐容积的2/3。每次施肥完毕后，应对过滤器进行冲洗。

任务2 微喷灌技术

【任务目标】

掌握微喷灌系统的主要组成和应用技术要点。

【教学材料】

常用微喷灌系统。

【教学方法】

在教师指导下，学生了解并掌握主要微喷灌系统的种类和应用技术要点。

微喷灌系统是通过低压管道将水送到植株附近并用专门的小喷头向植株根部土壤或枝叶喷洒细小水滴的一种灌水方法。

一、微喷灌系统组成

微喷灌系统由水源、供水泵、控制阀门、过滤器、施肥阀、施肥罐、输水管、微喷头等组成，系统组成与滴灌系统基本相似，只是将滴头变为喷头或微喷带。

(一)微喷头

微喷头是将压力水流以细小水滴喷洒在土壤表面的灌水器。单个微喷头的喷水量一般不超过250 L/h，射程一般小于7 m。按照结构和工作原理，微喷头分为旋转式、折射式、离心式和缝隙式四种(图5-4)。

1. *旋转式微喷头* 水流从喷水嘴喷出后，集中成一束向上喷射到一个可以旋转的单向折射臂上，折射臂上的流道形状不仅可以使水流按一定喷射仰角喷出，而且还可以使喷射出的水舌反作用力对旋转轴形成一个力矩，从而使喷射出来的水舌随着折射臂作快速旋转。旋转式微喷头有效湿润半径较大，喷水强度较低，由于有运动部件，加工精度要求较高，并且旋转部件容易磨损，因此使用寿命较短。

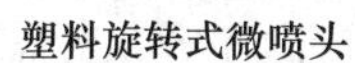

塑料旋转式微喷头　　折射式微喷头　　离心式可调微喷头　　缝隙式微喷头

图 5-4　微喷头类型

2. *折射式微喷头*　折射式微喷头的主要部件有喷嘴、折射锥和支架，水流由喷嘴垂直向上喷出，遇到折射锥即被击散成薄水膜沿四周射出，在空气阻力作用下形成细微水滴散落在四周地面上。折射式微喷头的优点是水滴小，雾化高，结构简单，没有运动部件，工作可靠，价格便宜。

3. *离心式微喷头*　水流从切线方向进入离心室，绕垂直轴旋转后，从离心室中心射出，在空气阻力作用下粉碎成水滴洒灌在微喷头四周。这种微喷头的特点是工作压力低，雾化程度高。

4. *缝隙式微喷头*　水流经缝隙喷出，在空气阻力下粉碎散成水滴。性能与滴水器类似。

(二)微喷带

微喷带又称多孔管、喷水带，是在可压扁的塑料软管上采用机械或激光直接加工出水小孔进行微喷灌的设备，微喷带的工作水头压力 100～200 kPa(图 5-5)。

图 5-5　微喷带

微喷灌的吊管、支管、主管管径宜分别选用 4～5 mm、8～20 mm、32 mm 和壁厚 2 mm 的 PV 管，微喷头间距 2.8～3 m。

二、微喷灌技术要点

1. *微喷灌水*　微喷灌时间一般宜选择在上午或下午，这时进行微喷灌后地温能快速上升。喷水时间及间隔可根据作物的不同生长期和需水量来确定。随着作物长势的增高，微喷灌时间逐步增加，经测定，在高温季节微喷灌 20 min，可降温 6～8℃。因微喷灌的水直接喷洒在作物叶面，便于叶面吸收，既可防止病虫害流行，又有利于作物生长。

2. *微喷灌施肥*　微喷灌能够随水施肥，提高肥效。宜施用易溶解的化肥，每次 3～4 kg，先溶解(液体肥根据作物生长情况而定)，连接好施肥阀及施肥罐，打开阀门，调节主阀，待连接管中有水流即可，一般一次微喷 15～20 min 即可施完。根据需水量，施肥停止后继续微喷 3～5 min 以清洗管道及微喷头。

【典型案例 1】　微灌溉技术助推张湾区农业大发展

湖北省十堰市张湾区农机局立足当地农业“十年九灾，十灾九旱”实际，在区水利、蔬菜、科技等部门的大力支持下，通过政府积极争取农业综合开发项目和节水示范项目国家投资，采取群众自筹与政府补贴相结合措施，在全区大力推广节水灌溉特别是微喷灌基地建设。截至 2012 年 7 月，全区农机化微喷节水灌溉农业面积累计达到 20 000 多 m^2，其中微喷灌滴灌面积 960 m^2，主要集中在西沟乡长坪塘村、柏林镇陈庄村、花果街办蔡家村，均以大棚种植蔬菜为主；指针式喷灌农田 33.3 hm^2，卷盘式喷灌农田 13.3 hm^3。微灌溉技术的应用，一是实现了节水、增效的目的，其中，微喷滴灌相比漫灌可以节水 60%～70%；二是实现了由被动抗旱向主动抗旱的转变，大大缓解了水资源严重短缺的现象；三是增加了收入，与普通的大田灌溉相比，平均增加收入 3 倍以上。

Module 2

立体种植技术

任务1　立体种植模式与特点
任务2　立体种植配套生产技术

任务1　立体种植模式与特点

【任务目标】

掌握设施植物常用立体种植模式以及生产特点。

【教学材料】

常用设施立体种植模式挂图、视频等。

【教学方法】

在教师指导下，学生了解并掌握常用立体种植模式以及生产特点。

一、不同类蔬菜高矮立体种植模式

这种模式依据不同蔬菜植株高矮的“空间差”、根系的“深浅差”、生长的“时间差”和光温的“需求差”来交错种植，合理搭配，以达到高产、高效的目的。典型代表有：

1. *早春大棚丝瓜间套作黄瓜、辣椒、蕹菜模式*　早春利用塑料大棚栽培丝瓜，间套作黄瓜、辣椒和蕹菜。深翻晒土，重施基肥，棚内按长向做4个畦，中间2个宽畦，畦宽为1.8m(包括沟)，两边为窄畦，畦宽1.4 m(包括沟)。黄瓜和丝瓜一般于1月下旬至2月上旬播种，辣椒于12月中下旬播种，蕹菜于2月下旬播种。3月上、中旬定植黄瓜、丝瓜和辣椒。黄瓜定植于2个宽畦内，双行栽植，株距40 cm，每穴2株；2个边畦的内侧定植丝瓜，每穴2株，株距50～60 cm，每畦1行；边畦外侧定植辣椒，单株栽植，株距30 cm，每畦1行。栽植后盖上小拱棚。蕹菜则播于行间空地。蕹菜高25 cm左右时，将丝瓜、辣椒、黄瓜根际8～10 cm范围内的蕹菜连根整株采收，其他蕹菜在采收时，根据疏密程度合理割采，经追肥后可采收多次。黄瓜、丝瓜和辣椒应适时采收，否则将影响高节位果和花蕾的发育。

2. *苦瓜与矮秆蔬菜立体种植模式*　该模式中的苦瓜为主作蔬菜，进行宽行距平架栽培，以甜椒、茄子、番茄或矮生西葫芦等作为副作蔬菜，进行低架栽培。主要技术如下：在大棚内，沿东西方向，按1.2 m间距做南北向垄畦，在垄上按大、小行定植副作蔬菜，每隔6行定植1行苦瓜。当副作蔬菜收获完毕拉秧后，棚内只留下苦瓜，瓜蔓上架，进行平架栽培。

二、同种蔬菜高矮立体种植模式

典型代表有：

1. *茄果类蔬菜种植*　以中晚熟抗病高产品种为主栽行，选用早熟矮秧品种作加行或加株。当加行或加株的果实采收后1次性拔除(辣椒或茄子每株留3个果，在结果处以上保留2片叶摘心或剪下插栽；番茄每株留2穗10个果)，可使总产增加25%以上。

2. *黄瓜种植*　在棚室黄瓜常规栽培的基础上，以原栽培行为主栽行，在主栽行之间加行或加株，当加行或加株栽培的黄瓜长到12片叶，每株留瓜3～4条时，摘除其生长点，使其矮化。待瓜条采摘后，将加行或加株1次性拔除，使棚室黄瓜恢复常规栽培密度，可使产量增加30%左右。

三、菌、蔬菜类立体种养模式

这种模式将食用菌栽培在高茬蔬菜的架下，让蔬菜为食用菌遮光，利用食用菌释放的二氧化碳为蔬菜补充二氧化碳气肥。其栽培模式有黄瓜与平菇套种、番茄—生菜—食用菌（鸡腿菇）立体种植模式，既能节省有限的种植空间，又能使所种植的植物养分互补，形成一个良性循环的过程，使苗壮、高产、农民增收。

四、无土栽培立体种植模式

无土栽培因其基质轻，营养液供系统易实现自动化而最适宜进行立体栽培。近年来，应用无土栽培技术进行立体栽培形式主要有以下三种。

1. *三层槽式*　将三层木槽按一定距离架于空中，营养液顺槽的方向逆水层流动。

2. *立柱式*　固定很多立柱，蔬菜围绕着立柱栽培，营养液从上往下渗透或流动。

3. *墙体栽培*　是利用特定的栽培设备附着在建筑物的墙体表，不仅不会影响墙体的坚固度，而且对墙体还能起到一定的保护作用。墙体栽培的植株采光性较普通平面栽培更好，所以太阳光能利用率更高。适合墙体栽培的蔬菜有：生菜、芹菜、草莓、空心菜、甜菜、木耳菜、香葱、韭菜、油菜、苦菜等。

五、设施种养结合立体生态生产模式

通过温室工程将蔬菜种植、畜禽（鱼）养殖有机地组合在一起而形成的质能互补、良性循环型生态系统。目前，这类温室已在中国辽宁、黑龙江、山东、河北和宁夏等省（直辖市、自治区）得到较大面积的推广。

该模式目前主要有两种形式：

1. *温室“禽畜—植物”共生互补生态农业模式*　该模式通常是利用温室或植物的空间，集中或散养适量的鸡、鸭、兔、猪等。畜禽呼吸释放出的CO_2，可供给植物作为气体肥料，畜禽粪便经过处理后可作为植物栽培的有机肥料来源，同时植株在同化过程中产生的O_2等有益气体供给畜禽来改善养殖生态环境，另外温室内适宜的温度和光照环境也有益于禽畜的生长发育，实现共生互补（图5-6）。

2. *温室“鱼—菜”共生互补生态农业模式*　利用鱼的营养水体作为蔬菜的部分肥源，同时利用蔬菜的根系净化功能为鱼池水体进行清洁净化（图5-7）。

六、温室“果—菜”立体生态栽培模式

利用温室果树的休眠期、未挂果期地面空间的空闲阶段，选择适宜的蔬菜品种进行间作

套种。

图 5-6 温室“禽畜—植物”共生互补生态农业模式

A. 猪—植物共生模式 B. 鸡—植物共生模式

图 5-7 温室“鱼—莲藕”共生互补生态农业模式

任务 2 立体种植配套生产技术

【任务目标】

掌握设施植物立体种植常用配套生产技术。

【教学材料】

常用设施立体种植挂图、视频等。

【教学方法】

在教师指导下，学生了解并掌握设施植物立体种植常用配套生产技术要点。

一、设施生态型土壤栽培技术

通过采用有机肥料（固态肥、腐熟肥、沼液等）全部或部分替代化学肥料，同时采用膜下滴灌技术，使作物整个生长过程中化学肥料和水资源能得到有效控制，实现土壤生态的可恢复性生产。

二、有机生态型无土栽培技术

通过采用有机固态肥(有机营养液)全部或部分替代化学肥料，采用作物秸秆、玉心芯、花生壳、废菇渣以及炉渣、粗砂等作为无土栽培基质取代草炭、蛭石、珍珠岩和岩棉等，同时采用滴灌技术，实现农产品的无害化生产和资源的可持续利用。

三、生态环保型设施病虫害综合防治栽培技术

通过以天敌昆虫为基础的生物防治手段以及一批新型低毒、无毒农药的开发应用，减少农药的残留；通过环境调节、防虫网、银灰膜避虫和黄板诱虫等离子体技术等物理手段的应用，减少农药用量，使蔬菜品种品质明显提高。

四、设施种养结合生态栽培模式配套技术

1. 温室“禽畜—植物”共生互补生态农业模式　主要包括畜禽饲养管理技术、蔬菜栽培技术、温室内(NH_3、H_2S等)有害气体的调节控制技术等。

2. 温室“鱼—菜”共生互补生态农业模式　主要包括：温室水产养殖管理技术、蔬菜栽培技术、水体净化技术等。

【典型案例 2】

一举多得的无花果和蔬菜立体种植模式

在天津北辰区双口镇后丁庄村无花果种植基地，村民们利用无花果的驱虫功效，在大棚内尝试无花果和蔬菜立体套种的模式，不仅实现了一份土地两份受益，而且种植全程不用打一滴农药，确保了蔬菜的高品质。主要做法是：将 667 m^2 的大棚纵向分成 20 个畦，一个畦种蔬菜，一个畦种无花果。蔬菜主要有芹菜、青椒、茄子等 20 多个品种。无花果树间距 1.5 m，蔬菜距离果树 1 m 左右，树体小时多种蔬菜，树体长大后，减少蔬菜的种植数量。该种植模式既保证了无花果树正常的生长空间，又能让无花果树的气味充分弥漫在蔬菜中间。

在肥料使用上，以腐熟的鸡粪为主，尽量不施化肥，在保持土壤良好的疏松透气性的同时，提高了蔬菜的品质。加上蔬菜整个生产过程中不打农药，生产过程绿色环保。

Module 3

无土栽培技术

任务 1　无土栽培方式选择
任务 2　无土栽培准备
任务 3　无土栽培管理主要技术

根据国际无土栽培学会的规定，凡是不用天然土壤而用基质或仅育苗时用基质，在定植以后不用基质而用营养液灌溉的栽培方法，统称为无土栽培。

任务 1　无土栽培方式选择

【教学要求】
掌握园艺植物无土栽培的主要方式及特点。

【教学材料】
视频、栽培现场等。

【教学方法】
在教师的指导下，学生通过视频和现场教学了解无土栽培主要方式及特点。

一、无基质栽培

无基质栽培是指除育苗采用固体基质外，秧苗定植后不用固体基质的栽培方法。主要方法有：

1. *营养液膜水培(NFT)法*　将植物种植于浅薄的流动营养液中，根系呈悬浮状态以提高其氧气的吸收量。生产上一般采用简易装置进行生产。

简易装置的具体施工方法如下：将长而窄的黑色聚乙烯膜沿畦长方向铺在平整的畦面上，把育成的幼苗连同育苗块按定植距离成一行置于薄膜上，然后将膜的两边拉起，用金属丝折成三角形，上口用回形针或小夹子固定，营养液在塑料槽内流动(图 5-8)。该栽培方式主要适宜种植莴苣、草莓、甜椒、番茄、茄子、甜瓜等根系好气性强的作物。

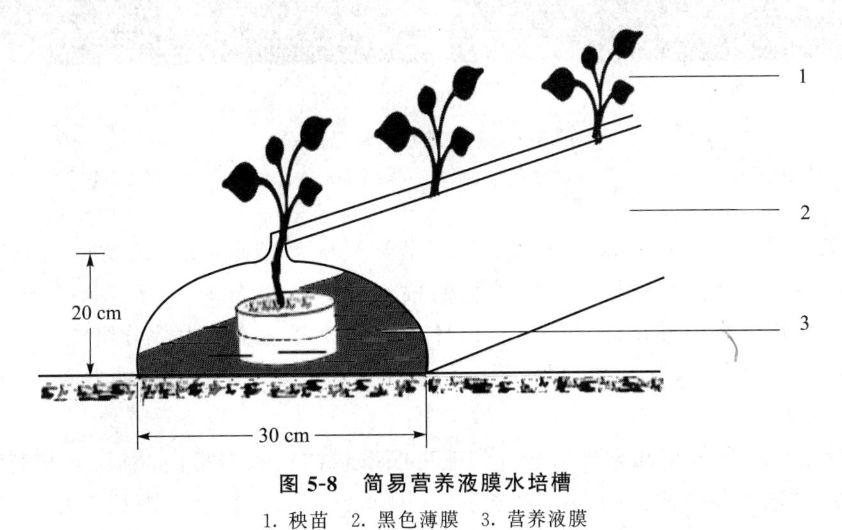

图 5-8　简易营养液膜水培槽

1. 秧苗　2. 黑色薄膜　3. 营养液膜

2. 深液流水培(DFT)法　该法一般采用水泥砖砌成的种植槽或泡沫塑料槽，在槽上覆盖泡沫板，泡沫板上按一定间距固定有定植网筐或悬杯或定植孔，将植物种植在定植网筐或悬杯定植板的定植杯中，植株根系浸入营养液中，营养液一般深度 5～10 cm。利用水泵、定时器、循环管道使营养液在种植槽和地下贮液池之间间歇循环，以满足营养液中养分和氧气的供应。该水培法的营养液供应量大，适宜种植大株型果菜类和小株型叶菜密植栽培。

另外，观赏花卉常用的玻璃缸或塑料瓶水培法也属于深液流水培法，其采取定期更换营养液法来保持营养液新鲜和营养供应，每次注入的营养液量较大(图 5-9)。

A　B　C　D

图 5-9　深液流水培常见形式

A. 矮生蔬菜密集水培　B. 观赏植物玻璃缸水培　C. 矮生蔬菜密集水培　D. 观赏植物密集水培

3. 浮板毛管水培(FCH)法　该法是在深液流法的基础上，在栽培槽内的液面上放置一块泡沫板，板的上面铺一层扎根布，植物的根系扎入扎根布内，营养液滴浇到扎根布上(图 5-10)。栽培系统由栽培床、贮液池、循环系统和控制系统四大部分组成。该法的植物根系不浸入营养液内，氧气供应充足，不容易发生烂根现象，较适合于株型较大、根系好气的植物无土栽培。

4. 雾培法　又称气培或雾气培法。将植物根系悬挂在栽培槽内，根系下方安装自动定时喷雾装置，间断地将营养液喷到蔬菜根系上(图 5-11)。目前，雾培多用于叶菜、矮生花草等的观赏栽培。

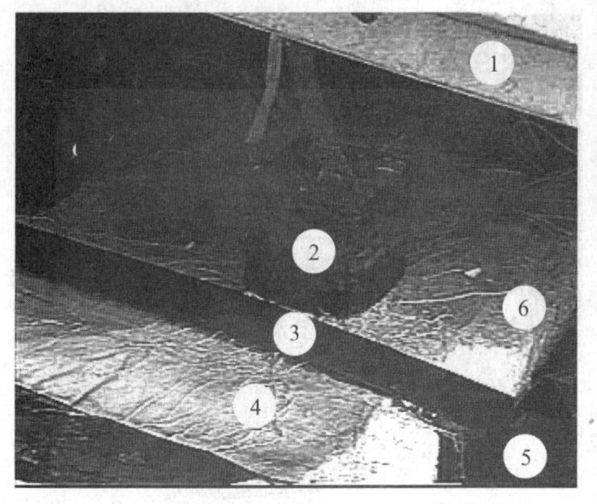

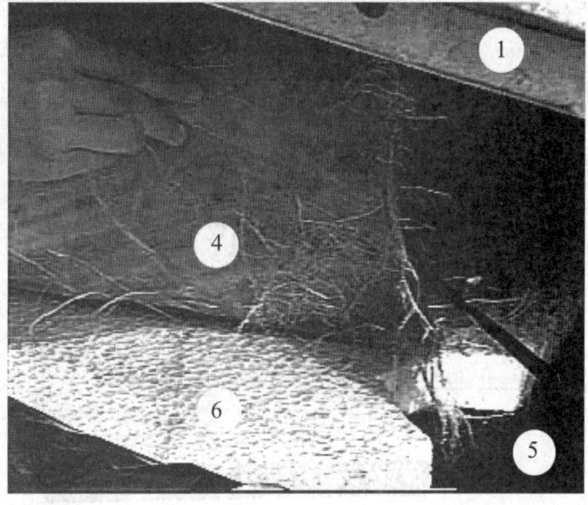

图 5-10　浮板毛管水培法

1. 泡沫盖板　2. 育苗块　3. 滴灌带　4. 扎根布　5. 栽培槽内的营养液　6. 漂浮泡沫板

图 5-11　雾培

1. 栽培板　2. 喷雾管

二、基质栽培

将蔬菜种植在固体基质上，用基质固定蔬菜并供给营养。固体基质栽培方法比较多，按基质的装置形式不同分为袋培法、槽培法和岩棉培法等。

1. *袋培法*　用一定规格的栽培袋盛装基质，蔬菜植株种植在基质袋上，采用滴灌系统供营养液(图 5-12)。袋培法受场地限制较小，并且容易管理，适合于种植大型植株。

图 5-12　袋培法

2. *槽培法*　用一定规格和形状的栽培槽，在槽内种植蔬菜等，用滴灌装置向基质提供营养液和水。槽培法的栽培槽一般宽 20～48 cm，槽深 20 cm 左右。槽培法的栽培槽规格可根据生产需要进行调整，因此适应范围广，各类园艺植物均可选用槽培法栽培。

3. *岩棉培法*　岩棉是一种用多种岩石熔融在一起，喷成丝冷却后黏合成的疏松多孔、可成型的固体基质。一般将岩棉切成一定大小的块状，外部用塑料薄膜包住。种植时，将塑料薄膜切开一种植穴，栽植小苗，并用滴灌系统供给营养液和水(图 5-13)。

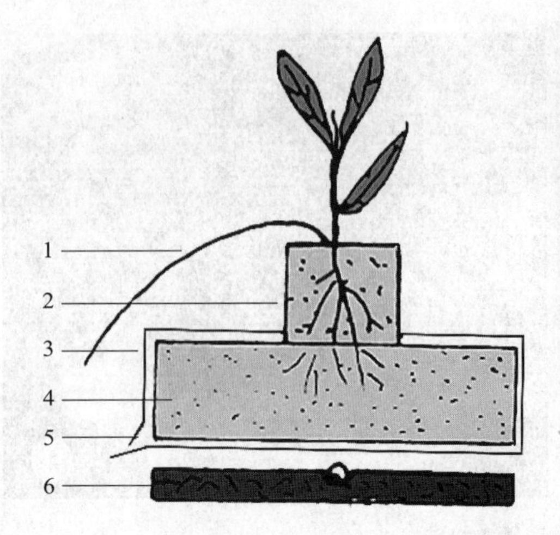

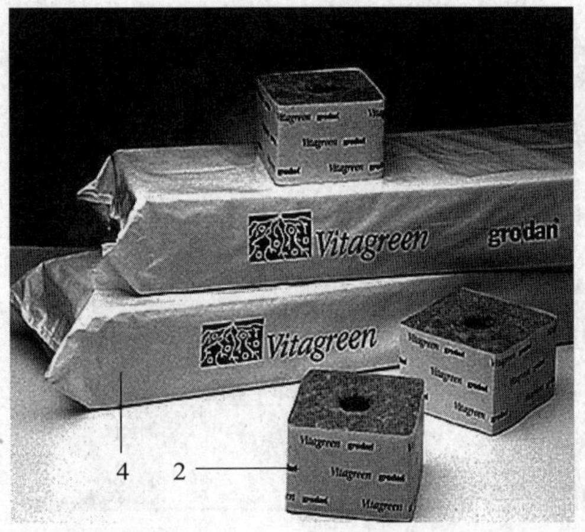

图 5-13 岩棉栽培

1. 滴灌管 2. 岩棉育苗块 3. 黑白薄膜 4. 岩棉栽培垫 5. 出液口 6. 泡沫板

岩棉栽培法以育苗块为栽培单位，适合种植大株型作物。

4. 有机营养栽培　该技术利用河沙、煤渣和作物秸秆作为栽培基质，生产过程全部使用有机肥，以固体肥料施入，灌溉时只浇灌清水。操作管理简单，系统排出液无污染，产品品质好，能达到中国绿色食品中心颁布的“AA 级绿色食品”的标准。

任务 2　无土栽培准备

【教学要求】

掌握栽培基质混合与消毒、营养液配制等相关技术。

【教学材料】

蛭石、珍珠岩、秸秆等常用基质；基质消毒用农药与用具；营养液配制所用无机盐、工具等。

【教学方法】

在教师的指导下，学生以班级或分组进行基质混合与消毒、发酵处理，以及营养液配制操作。

一、基质选择与混合

(一)基质的种类与选择

1. 基质的种类　栽培基质主要分为有机基质、无机基质两种类型。

(1)有机基质　主要包括草炭、锯末、树皮、炭化稻壳、食用菌生产的废料、甘蔗渣和椰子壳纤维等，有机基质必须经过发酵后才可安全使用。

①草炭　富含有机质，保水力强，但透气性差，偏酸性，一般不单独使用，常与木屑、蛭石

等混合使用。

②棉籽壳(菇渣)　种菇后的废料,消毒后可用。

③炭化稻壳　稻壳炭化后,用水或酸调节 pH 至中性,体积比例不超过 25%。

(2)无机基质　主要包括岩棉、炉渣、珍珠岩、蛭石、陶粒等。

①岩棉　由 60%的辉绿岩、20%石灰石和 20%的焦炭混合后,在 1 600℃的高温下煅烧熔化,再喷成直径为 0.005 mm 的纤维,而后冷却压成板块或各种形状。岩棉在栽培的初期呈微碱性反应,可在使用前经渍水或少量酸处理。

②珍珠岩　容重小且无缓冲作用,孔隙度可达 97%。珍珠岩较易破碎,使用中粉尘污染较大,应先用水喷湿。

③蛭石　透气性、保水性、缓冲性均好。

④沙　来源广,易排水,通气性好,但保持水分和养分能力较差。一般选用 0.5～3 mm 粒径的沙粒,不能选用石灰质的沙粒。

⑤炉渣　炉渣颗粒大小差异较大,且偏碱性,使用前要过筛,水洗,用直径 0.5～3 mm 的炉渣进行栽培。

2. 基质选择　不同基质的生产特性和应用范围有所不同,应根据生产要求结合基质特性进行选择。选择的基本原则是:一是适用性,要求选用的基质适合所种植植物的生长发育;二是经济性,要求选用基质除需注意适用性外,还需要考虑基质的资源及其价格,即来源容易、价格便宜。

(二)基质混合

混合基质可以充分发挥不同基质的优点,改善栽培环境,并降低生产成本。基质混合以 2～3 种基质混合为宜,常用的基质混合配方和比例见表 5-1。

表 5-1　常用基质混合配方

序号	配方及比例	序号	配方及比例
1	蛭石:珍珠岩=2:1	6	蛭石:锯末:炉渣=1:1:1
2	蛭石:沙=1:1	7	蛭石:草炭:炉渣=1:1:1
3	草炭:沙=3:1	8	草炭:蛭石:珍珠岩=2:1:1
4	刨花:炉渣=1:1	9	草炭:珍珠岩:树皮=1:1:1
5	草炭:树皮=1:1	10	草炭:珍珠岩=7:3

干草炭一般不易弄湿,可加入非离子湿润剂,每 40 L 水中加 50 g 次氯酸钠,能湿润 1 m^3 的混合基质。栽培基质量少时可人工混合,量大时一般采用机械混合。

二、基质处理

有机基质在使用前要进行发酵处理,无机基质在重复使用前,要对基质做消毒处理。

(一)发酵处理

对有机基质作发酵处理,除了对基质灭菌外,还能够防止有机物在地里发酵导致烧根。下面以作物秸秆、稻壳发酵为例,介绍有机基质发酵的技术要点。

1. 作物秸秆发酵

配方:作物秸秆、炉渣、菇渣、纯粪。一座长 50 m 的温室一般需要准备玉米秆 40 m^3,鸡粪和牛粪各 2 m^3、菇渣 2 m^3。

技术要点：一般于 5～7 月份温暖季节里进行发酵。选向阳、地势较高的地方，最好是水泥地面，在地面上发酵时，最低层要覆上薄膜与土壤隔离；将鸡粪和牛粪粉碎均匀掺入粉碎的玉米秆(长 2 cm 的小段，发酵前用水浸湿)中，稀鸡粪可直接泼浇其中，将料堆成高 1.5 m 的垛，上盖棚膜；发酵期间每 7～10 d 翻料 1 次，并根据干湿程度补足水分，待秸秆散发出清香味时将其与菇渣混合；7 d 后将发酵好的有机发酵料与炉渣按比例(一般为 7∶3)进行混合，并加入磷酸二铵 11.50 kg/m^3、硫酸钾复合肥 0.50 kg/m^3、90%敌百虫晶体原粉 20 g/m^3、20%多菌灵可湿性粉剂 20 g/m^3，掺和均匀后再堆闷 3 d，即制成栽培基质。

2. 稻壳发酵

配方：稻壳约 1 t，尿素 4 kg，米糠 10 kg。

技术要点：将稻壳加湿，按 1 t 物料加水 500 kg，浸泡后使物料水分含量达到 60%～65%，然后堆积成高度不超过 2 m，占地面积不超过 50 m^2 的堆，盖上棚膜，保温、保湿；24 h 后，把 4 kg 尿素兑 50 kg 水，制成尿素水，均匀地泼洒在稻壳堆中；12 h 后，将 2 kg 金宝贝微生物发酵助剂混拌在 10 kg 米糠中，予以充分"稀释"后均匀地撒在稻壳堆内；当发酵温度达到 65～70℃，并持续 36 h 后，进行第一次翻堆，之后再翻倒几次，直到发酵全部完成。

【经验与常识】 有机基质发酵不彻底容易引发的问题分析与对策

基质发酵不良引起的问题主要有以下三个：

1. *基质生虫* 多因基质中纯粪发酵不彻底而产生的。通常作物定植后 15 d 左右开始表现出症状，表现为：地上部突然失水萎蔫，挖开栽培基质，在作物根部有大量白色小虫，小虫体长 0.50～1 mm，似针尖状，主要采食根部表皮组织，导致作物突然失水死亡。

对策：基质重新发酵或用农药浸泡基质。

2. *基质重新发酵发热* 混合基质装入栽培槽后基质重新发酵发热，使定植作物无法扎根生长。主要表现为：当作物定植 7 d 左右仍不发旺，观察作物根系时没有白色新根生长，手感基质很热，温度很高。

对策：采用大水浇灌(用水管按栽培槽浇水)使栽培槽降温，并根据作物长势长相判断营养丰缺适当追肥，弥补灌水后引起的养分流失。

3. *基质极度缺氮* 主要表现为：当作物定植 7 d 左右仍不发旺，观察作物根系有大量新根产生，但苗木长势弱，叶色黄，植株矮小，可判断为极度缺氮所致。在温室一般有伴随着缺钾病症出现，原因是基质发酵不透造成作物秸秆与定植作物争氮所致。

对策：采用少量多餐追施含钾速效氮肥(包括叶面和根部)解决。

(二)消毒处理

无机基质消毒处理的方法主要有蒸汽法、化学药剂法和太阳能消毒法三种。

蒸汽法：基质的含水量 35%～45%。将基质堆成高 20 cm，长度依地形而定，全部用防水耐高温的布盖住，通入蒸汽，在 70～90℃下灭菌 1 h。

化学药剂法：常用的化学药剂有甲醛、高锰酸钾、氯化苦、威百亩和漂白剂等，对基质进行熏蒸。因对环境污染较大，现已较少使用。

太阳能消毒法：在温室、塑料大棚内地面或室外铺有塑料膜的水泥平地上将基质堆成高 25 cm、宽 2 m 左右、长度不限的基质堆。在堆放的同时喷湿基质，使其含水量超过 80%，然后覆膜密闭温室或大棚，曝晒 10～15 d，中间翻堆摊晒 1 次。

三、栽培槽加工与设置

栽培槽是盛装栽培基质或营养液，在其内种植蔬菜的容器。

(一)栽培槽种类

1. 按栽培槽底部形状分类　分为平底槽、“V”形底槽、“W”形底槽和“︵”形底槽等四种类型(图 5-14)。

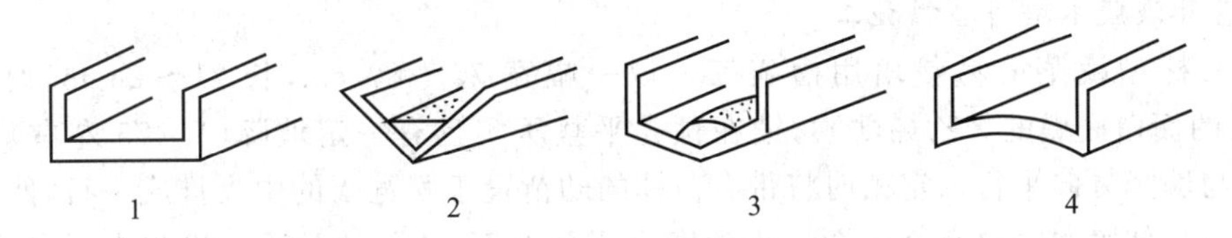

图 5-14　无土栽培槽的类型

1. 平底槽　2.“V”形底槽　3.“W”形底槽　4.“︵”形底槽

(1)平底槽　槽的底部平整，营养液分布均匀，多用于水培。

(2)“V”形底槽　槽底通常盖一片带有许多细孔的铁片、竹片或木板等，上铺一层编织袋，将栽培槽一分为二，上面盛装基质，下面为排水和通气沟，根系生长环境较好。

(3)“W”形底槽　槽底中央扣盖一多孔半圆形瓦，槽中多余营养液或水集中于其内便于排出槽外。

(4)“︵”形底槽　槽底中部较高，多余的营养液或水集中在底部的两侧排出。

2. 根据使用时间分类　分为永久性栽培槽和临时性栽培槽。

(1)永久性栽培槽　多用水泥预制，或用砖石作框，水泥抹面防渗漏，也有用铁片加工成形的。

(2)临时性栽培槽　多以砖石作框，内铺一层塑料薄膜防漏，也有用木板、竹片、塑料泡沫板等作框的，或在地面用土培成槽或挖成槽，内铺一层塑料薄膜防渗漏。

(二)栽培槽的选择

1. 栽培槽种类选择　水培一般选择平底槽，使营养液均匀分布，确保均匀供应，提高利用率。

基质栽培可选择“V”形底槽、“W”形底槽或“︵”形底槽，以利于多余的水或营养液能够及时排出栽培槽外，防止积水或积液伤根。

2. 栽培槽规格选择　栽培槽的规格取决于蔬菜的栽培形式、栽培槽的类型、蔬菜的种类以及栽培设施的大小等。

根据种植蔬菜的行数不同，栽培槽的内宽为 20～80 cm。一般“V”形槽宽 20～30 cm；平底槽宽 48～80 cm；“︵”形底槽和“W”形底槽比平底槽窄些，否则底部高度差小，排水效果不良；立体栽培用的栽培槽宽度一般不超过 20 cm。有机营养无土栽培法是靠施入的有机肥提供营养，为保证肥量，一般要求用内宽 40～50 cm 及以上的栽培槽。

栽培槽的有效深度为 15～20 cm。水培槽一般深 15 cm 左右，固体基质槽深 20 cm 左右。“V”形底槽的隔板以上高度 15 cm，下方深 5 cm。“︵”形底槽和“W”形底槽的最浅部分应不小于 15 cm。

(三)栽培槽设置

栽培槽设置应掌握以下要点：

(1)为避免栽培过程中受土壤污染，栽培槽应与地面进行隔离。

(2)为保持栽培槽底部积液有一定的流动速度，设置栽培槽时，进液端要稍高一些，两端保持 1/60～1/80 的坡降。

(3)立体栽培槽上、下层槽间的距离应根据栽培的蔬菜高度确定，一般为 50～100 cm。

(四)栽培槽施工

1. 营养液膜水培种植槽施工

(1)大株型蔬菜简易栽培用槽施工　取一幅宽 75～80 cm，长 21～26 m，厚 0.1～0.2 mm 的面白底黑的聚乙烯薄膜，铺在预先平整压实且有一定坡降(1∶75 左右)的地面上，长边与坡降方向平行。定植时将带有苗钵的幼苗置于膜宽幅的中央排成一行，然后将膜的两边拉起，使膜幅中央有 20～30 cm 的宽度紧贴地面，拉起的两边合拢起来用夹子夹住，成为一条高 20 cm 的等腰三角形槽(图 5-15)。植株的茎叶从槽顶的夹缝中伸出槽外，根部置于不透光的槽内底部。

为改善作物的吸水和通气状况，可在槽内底部铺垫一层无纺布，将植株定植于无纺布上。

(2)小株型蔬菜栽培用槽施工　这种槽是用玻璃钢或水泥制成的波纹瓦作槽底。波纹瓦的谷深 2.5～5.0 cm，峰距视株型的大小而伸缩。全槽长 20 m 左右，坡降 1∶75。波纹瓦接连时，叠口要有足够深度相吻合，以防营养液漏掉。一般种植槽架设在木架或金属架上，高度以方便操作为度。波纹瓦上面要加一块板盖将它遮住，使其不透光。板盖用硬泡沫塑料板制作，上面钻有定植孔，孔距按种植的株行距来定，板盖的长宽与波纹瓦槽底相匹配，厚度 2 cm 左右(图 5-16)。

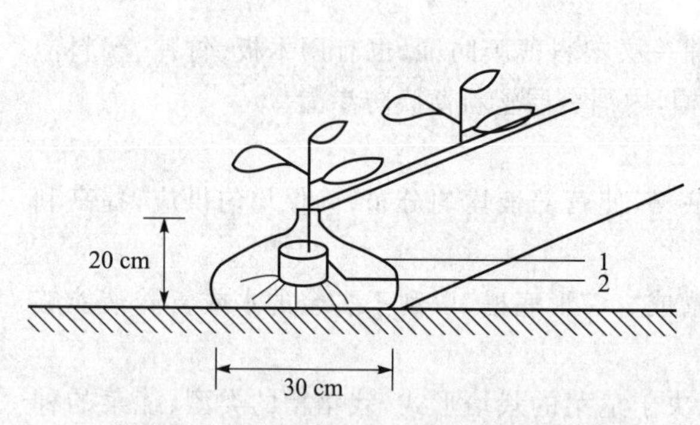

图 5-15　大株型蔬菜营养液膜水培种植槽

1. 薄膜　2. 蔬菜

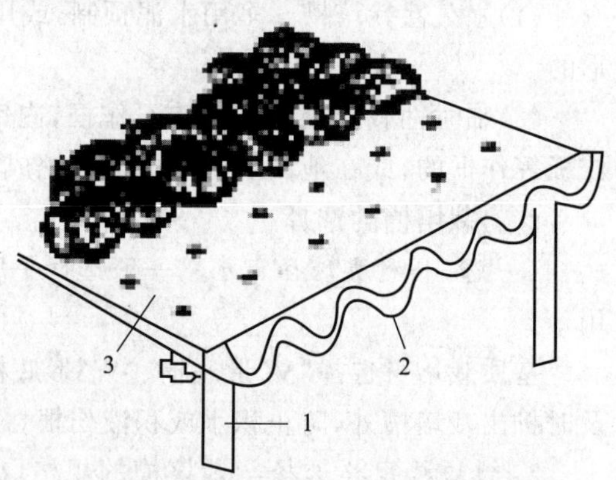

图 5-16　小株型蔬菜营养液膜水培种植槽

1. 支架　2. 波纹瓦　3. 硬泡沫塑料板

2. 基质栽培槽施工　以番茄栽培用槽为例示范基质栽培槽施工过程。

(1)地上或半地下式栽培槽施工　于温室内北边留 80 cm 作走道，南边余 30 cm，用砖垒成内径宽 48 cm 的南北向栽培槽，槽边框高 24 cm(平放 4 层砖)，槽距 72 cm。或按宽 48 cm 在地上挖深 12 cm 的槽，边上垒 2 层砖成半地下式栽培槽。

为防止渗漏并使基质与土壤隔离，槽基部铺一层 0.1 mm 厚塑料薄膜，膜边用最上层的砖压紧。为防止积水，槽一端底部要留有排水孔，平日扎住。

(2)地下式栽培槽施工　温室内浇水后待土壤地皮较干再平整土地，在地面上根据温室宽度开沟，地下槽制作标准：上、下口内径 60 cm，槽深 25 cm，槽与槽之间距离 60 cm，槽长与温室宽度一致。槽底中间再开一条宽 20 cm，深 10 cm 的“U”形槽，使其一头低另一头高，高差 5 cm。槽底及四壁铺 0.1 mm 厚的双层薄膜与土壤隔离(尤其在盐碱地最实用)，两边压一层普通砖。统一在“U”形槽低处每两槽之间挖一个长、宽、深均为 30 cm 的渗水井，在“U”形槽的低端处安装一根直径为 2 cm 的细管与渗水井相连(溢流管)，用于排除槽内过多的积水(图 5-17)。

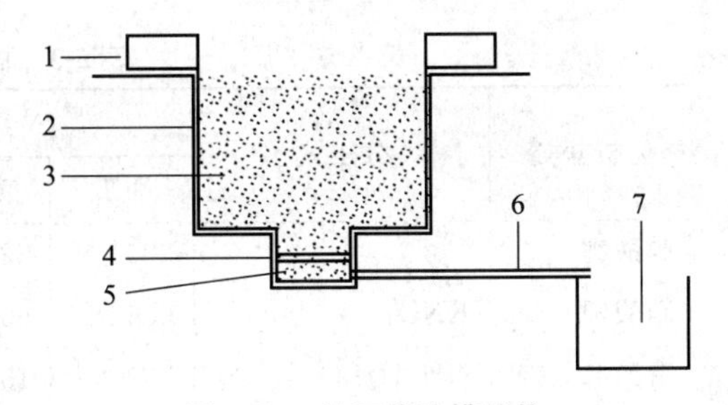

图 5-17　地下栽培槽结构

1. 砖　2. 薄膜　3. 基质　4. 编织袋
5. 炉渣　6. 排水管　7. 渗水井

填装基质前，先在“U”形槽内铺粗炉渣，厚度为 3～5 cm，在其上再铺编织袋两层(用于隔离基质和粗炉渣)，然后将栽培基质装满栽培槽，压实并用水浇透。

四、配制营养液

营养液是指根据植物生长对养分的需求，将肥料按一定的数量和适宜的比例溶解于水中配制而成的水溶液。

(一)营养液配方选择

营养液配方是指在规定体积的营养液中，规定含有各种必需营养元素的盐类数量。按配方规定用量配成的营养液称为原液、标准液，其浓度定义为一个剂量。

根据营养液配方的使用范围不同，通常将营养液分为通用性(如霍格兰配方、园试配方)和专用性营养液配方两种。目前蔬菜生产上常用的是日本园试通用营养液配方、日本山崎营养液配方。

1. 日本园试通用营养液配方　由日本兴津园艺试验场开发提出，适用于多种蔬菜作物，故称之为通用配方，见表 5-2。

表 5-2　日本园试通用营养液配方

化合物名称		分子式	用量/(mg/L)	元素含量/(mg/L)	
大量元素	硝酸钙	$Ca(NO_3)_2 \cdot 4H_2O$	945	N—112	Ca—160
	硝酸钾	KNO_3	809	N—112	K—312
	磷酸二氢铵	$NH_4H_2PO_3$	153	N—18.7	P—41
	硫酸镁	$MgSO_4 \cdot 7H_2O$	493	Mg—48	S—64
微量元素	螯合铁	Na_2Fe-EDTA	20	Fe—2.8	
	硫酸锰	$MnSO_3 \cdot 4H_2O$	2.13	Mn—0.5	
	硼酸	H_3BO_3	2.86	B—0.5	
	硫酸锌	$ZnSO_4 \cdot 7H_2O$	0.22	Zn—0.05	
	硫酸铜	$CuSO_4 \cdot 5H_2O$	0.05	Cu—0.02	
	钼酸铵	$(NH_4)_6Mo_7O_{12}$	0.02	Mo—0.01	

2. 日本山崎营养液配方　主要适用于无基质的水培，见表5-3。

表5-3　山崎营养液配方*　mg/L

无机盐类	分子式	果蔬名称						
		甜瓜	黄瓜	番茄	甜椒	茄子	草莓	莴苣
硝酸钙	$Ca(NO_3)_2 \cdot 4H_2O$	826	826	354	354	354	236	236
硝酸钾	KNO_3	606	606	404	606	707	303	404
磷酸二氢铵	$NH_4H_2PO_4$	152	152	76	95	114	57	57
硫酸镁	$MgSO_4 \cdot 7H_2O$	369	492	246	185	246	123	123
螯合铁	Na_2Fe-EDTA	16	16	16	16	16	16	16
硼酸	H_3BO_3	1.2	1.2	1.2	1.2	1.2	1.2	1.2
氯化锰	$MnCl_2 \cdot 4H_2O$	0.72	0.72	0.72	0.72	0.72	0.72	0.72
硫酸锌	$ZnSO_4 \cdot 4H_2O$	0.09	0.09	0.09	0.09	0.09	0.09	0.09
硫酸铜	$CuSO_4 \cdot 5H_2O$	0.04	0.04	0.04	0.04	0.04	0.04	0.04
钼酸铵	$(NH_4)_6Mo_7O_{12}$	0.01	0.01	0.01	0.01	0.01	0.01	0.01

*用井水可不用锌、铜、钼等微量元素。

(二)营养液配制技术

营养液一般分为原液、母液（也叫浓缩贮备液）和工作营养液（栽培营养液）三种。原液是指按配方配成的一个剂量的标准溶液。母液是为了贮存和方便使用而把原液浓缩一定倍数的营养液。其浓缩倍数是根据营养液配方规定的用量、盐类化合物在水中的溶解度及贮存需要选定的，以不致过饱和而沉淀析出为准。一般浓缩倍数以配成整数值为好，方便操作。母液配制一次，多次使用。工作液是指直接为作物提供营养的栽培液。一般根据栽培作物的种类和生育期的不同，由母液稀释而成一定倍数的稀释液，但是稀释成的工作液不一定就是原液。

1. 母液配制技术

(1)A/B母液配制步骤

①按照要配制的母液体积和浓缩倍数计算出配方中各种化合物的用量。

②依次正确称取A母液或B母液中的各种化合物，分别放在不同容器中。

③量取所需配制母液体积80%的清水，然后将称量好的肥料逐一加入，并充分搅拌。要求前一种肥料充分溶解后再加入第二种肥料。

④待肥料全部溶解后加水至要求的体积，搅拌均匀即可。

(2)C母液配制步骤

①先量取所需配制体积2/3的清水，分为两份，分别放入两个塑料容器中；

②称取 $FeSO_4 \cdot 7H_2O$ 和 EDTA-2Na 分别加入这两个容器中，搅拌溶解后，将溶有 $FeSO_4 \cdot 7H_2O$ 的溶液缓慢倒入 EDTA-2Na 溶液中，边加边搅拌；

③称取C母液所需的微量元素化合物，分别放在小的容器中溶解，再分别缓慢地倒入已溶解了 $FeSO_4 \cdot 7H_2O$ 和 EDTA-2Na 的溶液中，边加边搅拌，最后加清水至所需体积，搅拌均匀即可。

【相关知识】 母液的种类

为防止母液在配制以及储运中产生沉淀，通常要求将配方中相互之间不会产生沉淀的化合物放在一起溶解，配制成的浓缩液分别称为A母液、B母液和C母液。

A母液：以钙盐为中心，凡不与钙作用而产生沉淀的化合物均可放置在一起溶解。一般包括$Ca(NO_3)_2$、KNO_3，浓缩200倍。

B母液：以磷酸盐为中心，凡不与磷酸根产生沉淀的化合物都可溶在一起，一般包括$NH_4H_2PO_4$、$MgSO_4$，浓缩200倍。

C母液：由铁和微量元素混合在一起配制而成，可配制成1 000倍浓缩液。

2. 工作营养液配制技术

(1)利用母液稀释为工作营养液的步骤

①在储液池中放入需要配制体积的1/2～2/3的清水；

②量取所需A母液的用量倒入，开启水泵循环流动或搅拌器使其扩散均匀；

③量取B母液的用量，缓慢地将其倒入贮液池中的清水入口处，让水源冲稀B母液后带入贮液池中，开启水泵将其循环或搅拌均匀，此过程所加的水量以达到总液量的80%为度；

④量取C母液，按照B母液的加入方法加入贮液池中，经水泵循环流动或搅拌均匀即完成工作营养液的配制。

(2)直接称量配制工作营养液法

微量营养元素可采用先配制成C母液再稀释为工作营养液的方法，A、B母液采用直接称量法配制。

配制步骤：

①在种植系统的储液池中放入所要配制营养液总体积1/2～2/3的清水；

②称取A母液的各种化合物，放在容器中溶解后倒入储液池中，开启水泵循环流动；

③称取B母液的各种化合物，放入容器中分别溶解后，用大量清水稀释后缓慢地加入贮液池的水源入口处，开动水泵循环流动；

④量取C母液，用大量清水稀释，在贮液池的水源入口处缓慢倒入，开启水泵循环流动至营养液均匀为止。

任务3 无土栽培管理主要技术

【教学要求】

掌握无土栽培施肥、灌溉、防倒伏等关键技术操作要点。

【教学材料】

视频、无土栽培田等。

【教学方法】

在教师的指导下，学生以班级或分组参加无土栽培管理实践。

一、营养液施肥

1. 营养液浓度控制　刚定植蔬菜的营养液浓度宜低，以控制蔬菜的长势，使株型小一些。盛果期的供液浓度要高，防止营养不足，引起早衰。以番茄为例，高温期，从定植到第三花序开放前的供液浓度为标准配方浓度的0.5倍(也即半个剂量)，其后到摘心前为0.7倍浓度，再后为0.8倍浓度。低温期根系的吸收能力弱，应提高浓度，一般为高温期的1～2倍。

2. 营养液供应量控制　营养液供应量包括供液次数和供液时间两方面。

确定营养液用量应当遵循的原则是：既能使植物根系得到足够的水分、养分，又能协调水分、养分和氧气之间的关系，达到经济用肥和节约能源的目的。不同无土栽培形式，其供液方法与供液量也不同。

基质栽培一般需定时、定量，间断供液。原则上是既要使基质始终保持在湿润状态，又要避免基质内积水影响透气。在高温天气，基质内水分蒸发严重时，要适当补充一些水分，即水分与营养液交替灌溉。

循环供应系统采用间歇供液，NFT栽培夏季每小时供液15 min，停止供液45 min；冬季每两小时供液15 min，停止供液105 min。

二、有机营养施肥

1. 施肥标准　有机营养无土栽培的施肥指标是：每立方米基质中，肥料内的全氮(N)含量1.5～2.0 kg、全磷(P_2O_5)含量0.5～0.8 kg、全钾(K_2O)含量0.8～2.4 kg。这一施肥水平可为一茬中上产量水平的番茄、黄瓜提供足够的营养。不同有机肥或混合肥，可根据其内的养分含量多少来具体计算出相应的施肥量。

2. 施肥方法　基肥的施肥量一般占总施肥量的25%左右。黄瓜、番茄的参考基肥用量为：每立方米基质中，混入10 kg消毒鸡粪、1 kg优质复合肥(或1 kg磷酸二铵、1 kg硫酸钾代替)。此基肥施肥水平一般可保证黄瓜、番茄定植后20 d内的生长需肥供应。

追肥的用肥量应占总用肥量的75%左右。一般每隔10～15 d追一次肥为宜。适宜的追肥量为：肥料中含全氮量80～150 g、含全磷(五氧化二磷)30～50 g、含全钾(氧化钾)50～180 g。追肥时，从一边揭开地膜，将肥均匀地撒到植株的根系附近，离开根茎5～10 cm远，然后重新盖好地膜。下次追肥时，从另一边揭开地膜，将肥施到蔬菜的另一边。施肥后应浅松一次表层基质，将肥混入基质中，减少有机肥中的氨气挥发，并增加肥料与蔬菜根系的接触面积，有利于根系对养分的吸收。

三、浇水

普通基质栽培按照前面的营养液与水间歇供应即可。

固体有机营养无土栽培一般只浇清水。定植前要浇透水，使栽培基质和有机肥充分吸水湿透。以后每次的浇水量以达到基质最大持水量的90%左右为宜，尽量不要浇透水，以减少基质中的养分随水流失量。栽培期间要视天气情况和蔬菜的生长情况进行浇水，始终保持栽培基质的含水量70%以上,也即基质表面见湿不见干。为减少水分蒸发,并防止基质内滋生绿藻等,定植蔬菜后,应用黑色塑料薄膜将整个栽培槽面覆盖严实。

四、防倒伏

无土栽培植物根系浅,地上茎叶发达,容易发生倒伏。因此,对种植像黄瓜、番茄等高架植物,要及早用支架、吊绳等固定茎蔓,防止倒伏。

【相关知识】 营养液管理

1. 营养液浓度的调整和管理　营养液在使用过程中,应随着浓度的升高或降低,及时补充水分或无机盐,方法如下:

(1)根据硝态氮的浓度变化进行调整。测定营养液中硝态氮的含量,并根据其减少量,按配方比例推算出其他元素的减少量,然后计算出肥料用量并加以补充,保持营养液应有的浓度和营养水平。

(2)根据营养液的水分消耗量进行调整。根据作物水分消耗量和养分吸收量之间的关系,以水分消耗量推算出养分补充量,对营养液进行调整。

(3)根据营养液的电导率变化进行调整。

生产上也可采用较简单的方法来管理营养液。具体做法是:第一周使用新配制的营养液,第一周末添加原始配方营养液的一半,第二周末把营养液罐中所剩余的营养液全部倒入,从第三周开始重新配制营养液,并重复以上过程。

2. 营养液的pH调整　营养液pH的适宜范围为5.5~6.5。每吨营养液从pH 7.0调到6.0所需酸量为:98%硫酸(H_2SO_4)100 mL,63%硝酸(HNO_3)250 mL,85%磷酸(H_3PO_4)300 mL,63%硝酸(HNO_3):85%磷酸(H_3PO_4)体积比为1:1的混合酸245 mL。

3. 营养液温度管理　夏季液温不超过28℃,冬季不低于15℃。冬季温度偏低时,可在贮液池中安装电热器或电热线,配上控温仪进行自动加温。

4. 营养液含氧量调整　夏季营养液往往供氧不足,可通过搅拌、营养液循环流动、化学试剂制氧、降低营养液浓度等措施提高含氧量。

【扩展知识】 蔬菜有机营养无土栽培技术要点

1. 栽培基质准备　蔬菜有机营养无土栽培属于基质栽培,栽培基质来源广泛,可就地取材,如棉籽壳、玉米秸、玉米蕊、农产品加工后的废弃物(如酒糟)、木材加工的副产品(如锯末、刨花等),并可按一定配比混合后使用。

为了调整基质的物理性能,可加入一定量的无机物质,如蛭石、珍珠岩、炉渣、沙等,加入量依调整需要而定。混配后的基质容重在0.30~0.65 g/m^3之间,每立方米基质可供净栽培面积6~9 m^2(栽培基质的厚度为11~16 cm)。常用的混合基质配方有:

(1)草炭:炉渣=4:6

(2)沙:棉籽壳=5:5

(3)玉米秆:炉渣:锯末=5:2:3

(4)草炭∶珍珠岩=7∶3等。

使用前有机基质(如玉米秆、锯末、棉籽壳等)要先发酵,具体做法参考前面基质处理部分。大的无机基质要按前面要求粉碎成一定直径的小颗粒。

栽培基质的更新年限因栽培作物不同为3～5年。含有锯末、玉米秆的混合基质,由于在作物栽培过程中基质本身分解速度较快,所以每种植一茬作物,均应补充一些新的混合基质,以弥补基质量的不足。

2. 有机营养　所用肥料分为全有机型和有机无机型两种。

(1)全有机型　主要是消毒膨化鸡粪,可以与豆饼、芝麻饼等混合使用,用量比例为2∶1。使用全有机型肥料能达到高档有机食品的要求。

(2)有机无机型　通常用专用化肥与消毒膨化鸡粪混合使用,两者比例一般为3∶7。使用有机无机结合型,能达到绿色食品A级要求以及无公害食品要求。

将基质按比例调好后,通常全有机型肥每立方米基质中混入10 kg消毒鸡粪、5 kg豆饼。有机无机型肥,每立方米基质中加7 kg消毒鸡粪、3 kg专用肥。

混肥结束后,准备装槽。

3. 栽培槽　槽边框高15～20 cm,槽宽依不同栽培作物而定。黄瓜、甜瓜等蔓生蔬菜或植株高大需支架的番茄、辣椒等蔬菜,其栽培槽标准宽度为48 cm,可供栽培两行蔬菜,栽培槽间距0.8～1.0 m;生菜、草莓等株型较为矮小的蔬菜,栽培槽宽度可定为72 cm或96 cm,供栽培多行蔬菜,栽培槽间距0.6～0.8 m。

4. 施肥　基质中施足基肥后,20 d内一般不再施肥,以后每隔10～15 d追肥1次,均匀地撒在离根5 cm以外的周围。一般每次每立方米基质追肥量:全氮(N)80～150 g、全磷(P_2O_5)30～50 g,全钾(K_2O)50～180 g,追肥次数以所种作物生长期的长短而定。

5. 灌溉　根据栽培作物种类确定灌水定额,依据生长期中基质含水状况调整每次灌溉量,定植的前一天,灌水量以达到基质饱和水量为度,即应把基质浇透。作物定植以后,灌溉次数不定,保持基质含水量达60%～85%(按占干基质计)即可。一般在成株期,黄瓜每天每株浇水1～2 L,番茄0.8～1.2 L,甜椒0.7～0.9 L。灌溉水量必须根据气候变化和植株大小进行调整,阴雨天停止灌溉。

【典型案例3】　基质槽培草莓营养液配制技术

1. 配制母液　母液是把相互之间不会产生沉淀的化合物,放在一起溶解而成的浓缩液。一般将配方中的各种化合物,根据其化学性质不同,分为三类,分别配制成浓缩液,三种浓缩液分别称为A母液、B母液和C母液。

(1)配制A母液:先称取23.6 g硝酸钙,放入200 mL烧杯中,加水充分溶解后,倒入1 000 mL的大烧杯中。再称取30.3 g硝酸钾,充分溶解于200 mL水中后,倒入1 000 mL的大烧杯中。向大烧杯中加水至1 000 mL,并搅拌均匀后,倒入塑料瓶中,并贴好标签。

(2)配制B母液:先称取5.7 g磷酸二铵充分溶解于200 mL水中后,倒入1 000 mL的大烧杯中。再称取12.3 g硫酸镁,充分溶解于200 mL水中后,倒入1 000 mL的大烧杯中。向大烧杯中加水至1 000 mL,并搅拌均匀后,倒入塑料瓶中,并贴好标签。

(3)配制C母液:先称取2 g EDTA铁钠盐充分溶解于100 mL水中后,倒入1 000 mL的大烧杯中。之后依次称取2.86 g硼酸,放入100 mL烧杯中,加水充分溶解后,倒入1 000 mL

的大烧杯中；称取 2.13 g 硫酸锰，充分溶解于 100 mL 水中后，倒入 1 000 mL 的大烧杯中；称取 0.22 g 硫酸锌，充分溶解于 100 mL 水中后，倒入 1 000 mL 的大烧杯中；称取 0.08 g 硫酸铜，充分溶解于 100 mL 水中后，倒入 1 000 mL 的大烧杯中；称取 0.02 g 钼酸铵，充分溶解于 100 mL 水中后，倒入 1 000 mL 的大烧杯中。

向大烧杯中加水至 1 000 mL，并搅拌均匀后，倒入塑料瓶中，并贴好标签。

2. 配制工作营养液

草莓工作营养液中水与各母液的用量分别为：水 97.9%；A 母液 1%；B 母液 1%；C 母液：0.1%。

配制 10 L 工作营养液的具体做法是：先将容器中放入 5～6 L 水，然后量取 A 母液 100 mL，倒入容器中，并与水搅拌均匀；再量取 B 母液 100 mL，倒入容器中，与水搅拌均匀；最后量取 C 母液 10 mL，倒入容器中，与水搅拌均匀。向容器中加水到 10 L，并搅拌均匀。

至此，草莓的营养液全部配制完毕。

Module 4

再生栽培技术

任务1 再生栽培的形式与选择

【教学要求】

通过学习,了解再生栽培的主要形式,掌握再生栽培方式选择要点。

【教学材料】

再生栽培视频、挂图、现场等。

【教学方法】

在教师的指导下,学生以班级为单位或分组对再生栽培方式进行认识并掌握其主要生产特点。

再生栽培主要用于蔬菜,是在头茬蔬菜生产结束前或结束后,利用植株茎干上新生的侧枝再次进行开花结果,延长栽培生产期。蔬菜再生栽培法省略了育苗期,再生植株结果早,见效快,比较适合温室、大棚高效栽培的要求,是充分利用温室、大棚,提高温室、大棚蔬菜的产量和效益所不可缺少的一项重要技术。

一、再生栽培的形式

蔬菜再生栽培依据再生枝所在植株茎干上的部位不同,分为上部再生、中部再生和下部再生三种形式。各再生形式的主要特点如下:

1. 上部再生　该再生形式的再生结果枝留于植株茎干的上部。根据再生植株所在温室内的部位不同,再生枝一般距离地面高度1~1.5 m。

上部再生形式的再生枝所处的环境条件比较好,光照充足、通风良好,同时由于受植株顶端优势的影响,再生枝的发育也比较充分,结果早、果实的品质优良。该再生形式的主要缺点是结果时间比较短,往往栽培短时间后就要进行再次换头再生。

2. 中部再生　该再生形式是利用植株茎干中部的侧枝进行再生栽培,再生枝距离地面的高度为0.3~1 m。

中部再生形式的主要优点是:再生枝的位置较低,结果枝的生长空间比较大,结果时间长,有利于获得高产;再生枝距离根系比较近,肥水营养供应充足,植株的生长势比较强,不容易早衰。该再生形式的主要缺点是:再生枝的位置仍然靠上,在温室的南部实施中部再生时,仍然存在着结果枝的生长空间比较小、结果期比较短的问题。

3. 下部再生　该再生形式是选用植株茎干基部的侧枝进行再生栽培,再生枝距离地面的高度一般为10~30 cm。

下部再生形式的主要优点是:再生枝靠近地面,土壤肥水供应充足,侧枝的生长势比较强,不容易发生早衰,同时再生枝的生长空间也比较大,结果时间比较长,也容易获得高产。该栽培形式的主要缺点是:再生枝容易发生徒长,枝叶繁茂,造成田间通风透光不良。另外,下部再生的时间一般比较晚，需要在植株茎干生产结束后才能开始，再生栽培的开始时间比较晚，再生枝结果也晚。如果为提早结果，在植株茎干生产尚未结束时就放开再生枝进行生长，则会因植株茎干的遮阴遮光以及透风不良等原因，而形成弱枝，出现结果晚、长势弱、容易早衰等一系列问题。

二、再生栽培形式选择

1. *根据蔬菜的种类确定再生形式* 一般来讲，蔓生性的瓜类、豆类蔬菜的茎蔓生长速度比较快，往往很快就会爬满架干，为确保再生枝有足够大的生长空间，应采取下部再生形式进行再生。干生性的番茄、茄子、辣椒等蔬菜的茎干生长速度比较慢，并且茎干的分枝能力也比较强，植株相对比较低矮，为缩短前后茬的结果间隔时间，一般应优先选择结果时间比较早的中部再生和上部再生两种形式。

2. *根据蔬菜的生长情况确定再生形式* 一般来讲，蔬菜生长比较旺盛，生长速度比较快的情况下，为控制植株的高度，以下部再生和中部再生较为适宜。对于生长势比较弱的蔬菜，则应选择上部再生形式，借助植株主干上部的顶端优势，使再生枝芽早萌发，早发枝，早结果。

3. *根据蔬菜所在温室内的位置确定再生形式* 温室南部的空间低矮，应选择下部再生形式；温室北部的空间比较宽阔，应选择上部或中部再生栽培形式，使再生枝保持一定的高度，更好地接受光照；位于温室中部的蔬菜，可根据具体情况，选择下部再生形式或中部再生形式等，一般认为以中部再生形式为适宜。如此再生后，从南到北，整个田间的蔬菜顶面，呈现为南低北高状，互不遮光。

4. *根据再生栽培的目的确定再生形式* 以再生栽培形式为主要茬口的栽培应选择下部再生形式；以加茬为主要栽培目的时应选择下部再生或中部再生形式；以延长结果时间为主要目的时，应选择上部再生形式，以保持结果的连续性。

任务2 再生栽培技术要点

【教学要求】

通过学习，了解再生栽培的时机、留枝方法、肥水管理等技术要点。

【教学材料】

再生栽培植株、用具等。

【教学方法】

在教师的指导下，学生以班级为单位或分组对再生栽培植株进行栽培管理。

一、再生栽培的时机

蔬菜再生栽培的适宜时机因再生栽培的目的不同而有所差异。不同再生目的下的参考再生时机分述如下：

1. *以再生栽培为主要目的* 该种情况再生前一段时间的栽培目的不是结果，而是培养根系，使再生植株在冬季有一比较发达的根系和旺盛的生长势。要求再生枝入冬前植株不过大，不过早地引起田间郁闭、通风透光不良，以及结果期过早，在价格低廉时就开始大量上市，降低效益。

2. *以加茬为主要目的* 该类再生栽培不宜过晚，以原茬蔬菜的结果盛期结束前为宜。

3. *以延长结果期为主要目的* 此类目的的适宜再生时机是结果盛期后，不要让再生栽培妨碍主要栽培时间内的生产。

二、再生枝的选留方法

选留再生枝主要有预留侧枝和再生侧枝两种方法。

1. *预留侧枝法* 该法主要用于原茬蔬菜的结果时间比较短或栽培时间比较短，预留侧枝的控制时间不太长情况下的再生栽培。具体做法是：当再生部位的侧枝萌发后，留下1～2片叶打顶，控制侧枝的长度，预留侧枝上再发出新枝后，仍然留1～2片叶摘心。当原茎干上的果实收获基本结束后，放开侧枝，不再控制其生长。

2. *再生侧枝法* 该留枝法是在主茎上的果实收获结束后，将主茎截断，待重新发芽，长出侧枝后，从中选择1～2条长势比较强的侧枝进行再生栽培，将其余的侧枝抹掉。

三、再生枝的管理要点

再生枝发出并确定要保留后，要及时将多余的侧枝去掉，有时为增加再生枝的保险系数，也可多留下1条侧枝作为预备枝，在确信再生枝无风险后，再打掉预备枝。下部的预备枝容易被主茎上的叶片遮光，对主茎过密处的叶片，要及早摘掉，保持再生枝充足的光照。再生枝伸长后，要及时上架固定好，并按栽培要求进行整枝抹杈和摘心。对位置不当的再生枝，要结合枝干上架，使再生枝均匀分布，避免相互缠绕和遮光挡风。采取预留侧枝法留枝时，要及早将再生枝以上的主茎部分剪掉，避免主茎妨碍再生枝的生长。

四、肥水管理要点

通常，当主茎结果结束后或截断后，要抓紧时间浇一水，并追施一次肥，促发侧枝。侧枝发出后至结果前，要适当控制浇水量和追肥量，防止再生枝发生徒长，特别是下部再生枝，位置靠近根系，肥水供应比较足，容易发生旺长，更应该注意控制肥水。

以再生栽培为主要茬口或以再生栽培为加茬栽培时，在再生枝结果前，还要进行大追肥，根据结果期的长短不同，每667 m^2 追施有机肥2～3 m^3、复合肥25～30 kg。在行间开沟施肥，施肥时适量切断一部分老根，促发新根，施肥后将地膜重新覆盖好。

再生枝结果初期，结合浇水追施一次速效肥，以后按常规栽培法进行浇水、追肥即可。

Module 5

病虫害综合防治技术

任务 1　物理防治技术
任务 2　烟雾防治技术
任务 3　生物防治技术
任务 4　农业防治技术

设施园艺由于栽培空间的密闭性特点，有利于充分利用物理、生物等多种绿色环保措施进行病虫害防治，因此，设施园艺倡导对植物病虫害进行综合防治，应尽量不用或少用单纯的化学药剂喷洒防治。

任务 1　物理防治技术

【教学要求】

通过学习，掌握防虫网、色板、杀虫灯以及温室电除雾防病促生系统防治病虫害技术要点。

【教学材料】

防虫网、色板、杀虫灯以及温室电除雾防病促生系统以及相关材料等。

【教学方法】

在教师的指导下，学生以班级为单位或分组进行防虫网、色板、杀虫灯以及温室电除雾防病促生系统操作实践。

物理防治技术主要是利用物理隔离、色、电、高温等防治病虫技术，该类技术主要应用于设施栽培中。

一、防虫网隔离技术

防虫网是采用添加防老化、抗紫外线等化学助剂的聚乙烯为主要原料，经拉丝制造而成的网状织物，具有拉力强度大、抗热、耐水、耐腐蚀、耐老化、无毒无味、废弃物易处理等优点。使用收藏轻便，正确保管寿命可达 3～5 年。

防虫网覆盖栽培是一项增产实用的环保型农业新技术，通过覆盖在棚架上构建人工隔离屏障，将害虫拒之网外，切断害虫（成虫）繁殖途径，有效控制各类害虫，如菜青虫、菜螟、小菜蛾、蚜虫、跳甲、甜菜夜蛾、美洲斑潜蝇、斜纹夜蛾等的传播以及预防病毒病传播的危害，且具有透光、适度遮光等作用，创造适宜作物生长的有利条件，确保大幅度减少菜田化学农药的施用，使产出农作物优质、卫生，为发展生产无污染的绿色农产品提供了强有力的技术保证。

防虫网选择与应用具体见项目一。

二、色板诱杀技术

色板诱杀技术是利用某些害虫成虫对黄/蓝色敏感，具有强烈趋性的特性，将专用胶剂制成的黄色、蓝色胶黏害虫诱捕器（简称黄板、蓝板）悬挂在田间，进行物理诱杀害虫的技术。该技术遵循绿色、环保、无公害防治理念，可广泛应用于蔬菜、果树、花卉等作物生产中有关害虫的无公害防治。技术要点如下：

1. 色板选择　防治蚜虫、粉虱、叶蝉、斑潜蝇选用黄色诱虫板；防治种蝇、蓟马用蓝色诱虫板。

2. 挂板时间　从苗期和定植期起使用，保持不间断使用可有效控制害虫发展。

3. 悬挂方法　用铁丝或绳子穿过诱虫板的两个悬挂孔，将其固定好，将诱虫板两端拉紧垂直悬挂在温室上部；露地环境下，应使用木棍或竹片固定在诱虫板两侧，然后插入地下，固定好(图 5-18)。

图 5-18　色板

4. 悬挂位置　对低矮生蔬菜，应将黏虫板悬挂于距离作物上部 15～20 cm 即可，并随作物生长高度不断调整黏虫板的高度，但其悬挂高度应距离作物上部 15～20 cm 为宜。对搭架蔬菜应顺行，使诱虫板垂直挂在两行中间植株中部。

5. 悬挂密度

防治蚜虫、粉虱、叶蝉、斑潜蝇：在温室开始可以悬挂 3～5 片诱虫板，以监测虫口密度，当诱虫板上诱虫量增加时，每 667 m^2 地悬挂规格为 25 cm×30 cm 的黄色诱虫板 30 片，或 25 cm×20 cm 黄色诱虫板 40 片即可，或视情况增加诱虫板数量。

防治种蝇和蓟马：在温室开始可以悬挂 3～5 片诱虫板，以监测虫口密度，当诱虫板上诱虫量增加时，每 667 m^2 地悬挂规格为 25 cm×40 cm 的蓝色诱虫板 20 片，或 25 cm×20 cm 蓝色诱虫板 40 片即可，或视情况增加诱虫板数量。

6. 后期处理　当诱虫板上粘的害虫数量较多时，用木棍或钢锯条及时将虫体刮掉，可重复使用。

三、杀虫灯诱杀技术

该技术利用害虫的趋光、趋波、趋色、趋性等特性，将杀虫灯光波设定在特定范围内，近距离用光，远距离用波，加以害虫本身产生的性信息引诱成虫扑灯，再配以特制的高压电网触杀，使害虫落入专用虫袋内，达到杀灭害虫的目的(图 5-19)。频振式杀虫灯诱杀的害虫主要有鳞翅目、鞘翅目等 7 个目 20 多科 40 多种害虫。技术要点如下：

图 5-19　杀虫灯

(1)农业生产中一般在 4 月中旬装灯，10 月撤灯。

(2)将杀虫灯吊挂在牢固的物体上，然后放在田中。挂灯高度以接虫口对地距离 1.3～1.5 m 为宜。为防止刮风时灯架来回摆动，灯罩也要用铁丝拉于桩上，然后接线。

(3)灯在田中成棋盘状布局。根据实际情况，以单灯辐射半径 100 m 为宜，单灯控制面积为 33 333 m^2(50 亩)。

(4)接通电源后，按下开关，指示灯亮即进入工作状态。在害虫高发期前开始安装使用，每日开灯时间为 20 时至次日凌晨 6 时。每天上午收集诱杀的害虫，并进行分类鉴定，记载种类和数量。

【注意事项】

(1)不同的害虫对光色和光度要求不同。根据不同害虫种类,调整光波长,针对性地防治某种害虫,才能达到满意的防效。

(2)加强对灯的管理和维修。在挂灯时应当注意垂直悬挂,上下固定,防止随风摇摆。

(3)要及时清理接虫袋和高压电网上的污垢,清理时一定要关闭开关。

(4)当高压网不击虫时,要及时关灯,否则杀虫灯将变成引虫灯,增加为害。雷雨天气不宜开灯,否则极易引起灯内电器短路,造成灯的故障。

四、电除雾防病促生技术

1. 系统组成　温室电除雾防病促生系统通过绝缘子挂在温室棚顶的电极线(正极),植株和地面以及墙壁、棚梁等接地设施(负极)组成。当电极线带有高电压时,在正负极之间的空间中产生空间电场(图 5-20)。

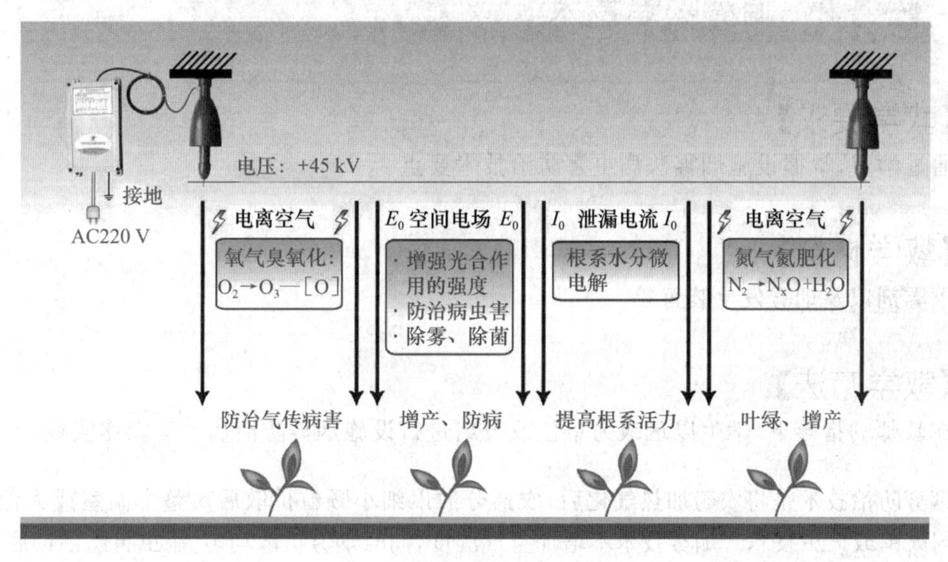

图 5-20　电除雾防病系统组成

2. 工作效能　空间电场产生后,利用这个空间电场能够极其有效地消除温室的雾气、空气微生物等微颗粒;通过电极的尖端放电产生臭氧、氮氧化物、高能带电粒子,用于空气微生物的杀灭、异味气体的消解;在空间电场作用下,植物对 CO_2 的吸收加速并使光补偿点降低,显著提高植物的光合强度,提高果实甜度;使空气中的大量氮气转化为氮氧化物,氮氧化物与水汽结合形成空气氮肥,即植物叶面氮肥;由于空间电场作用,土壤-植株生活体系中有微弱电流,该电流与空间直流电晕电场、臭氧、高能带电粒子一同作用,防治土传病害。

目前,空间电场系列装备在温室整体空间的雾气消除与抑制,温室与大田植物气传病害的预防,部分温室植物土传病害的抑制,连阴天带来的弱光和低根温以及 CO_2 短缺引起的生理障碍的预防,植物产品果实的增甜、增产的示范试验方面取得了很好的效果,是无毒优质蔬菜温室或蔬菜标准园的关键技术装备。

五、高温闷棚技术

高温闷棚技术是利用温室、大棚的温室效应，使温室大棚内温度升高到病菌的致死温度以上，并保持一定的时间，使病菌大部被灭杀。

1. 空闲大棚消毒　夏季7～8月间，对空闲大棚，每平方米施入碎稻草1.5～3 kg、生石灰50～100 g(如pH 6.5以上用同量的硫铵)，深翻30 cm以上，整平浇透水，畦面覆盖薄膜(最好是黑色膜)，周围用土密闭，封闭棚室20～30 d，地表土壤温度≥70℃，15～20 cm土层温度≥50℃，能杀死了多种病原菌、线虫及其他虫卵。

2. 栽培期间高温闷棚　在病虫害发生初期，于晴天中午密闭大棚，使棚内温度上升至45℃，维持恒温2 h左右，隔7～10 d再处理1次，闷棚前须浇透水，闷棚后须大放风。该法对防治蔬菜霜霉病效果较好。

任务2　烟雾防治技术

【教学要求】

通过学习，掌握设施烟雾法病虫害防治技术要点。

【教学材料】

烟雾剂以及烟雾发生装置等。

【教学方法】

在教师的指导下，学生以班级为单位或分组进行设施烟雾防治病虫害操作实践。

烟雾防治技术是将农药加热气化后，农药分散以细小颗粒扩散后对整个温室或大棚内进行均匀灭菌或灭虫技术。烟雾技术不增加空气湿度，同时烟雾扩散均匀，病虫害防治彻底。

一、烟雾防治方法选择

1. 烟雾剂法　烟雾剂的主要成分为农药、燃烧剂和助燃剂。烟雾剂中的农药为一些耐高温、在高温下不易分解失效的杀菌杀虫剂。在高温下，农药发生气化，分散为直径1 μm左右的小颗粒，小颗粒均匀扩散后对整个温室或大棚内进行均匀灭菌或灭虫(图5-21)。

2. 烟雾机法　烟雾机也称烟雾打药机、喷药机，属于便携式农业机械(图5-22)。烟雾机分触发式烟雾机、热力烟雾机、脉冲式烟雾机、燃气烟雾机，燃油烟雾机等。目前最先进的烟雾机是利用脉冲喷气原理设计制造的新型施药、施肥、杀虫灭菌烟雾机。全机无一转动部件，不存在任何情况下的机械磨损、经久耐用。该机可以把药物和肥料制成烟雾状，有极好的穿透性和弥漫性，附着性好，抗雨水冲刷强，具有操作方便，大幅度减少药物用量，工作效率高，杀虫灭菌好等优点。其防治高度＞15 m，施药能力1.3～3.3 hm^2/h。

图 5-21　袋装烟雾剂使用

图 5-22　烟雾机

3. 直接加热农药气化法　将农药直接加热气化，产生烟雾。具体做法如下：

按每 666.7 m^2 面积用农药 200～250 g 或毫升的用药量准备好农药。将农药盛于玻璃烧杯内、瓷盘内或易拉罐桶内，放到电炉、煤炉或液化气炉等上面直接加热，使农药升温后发生气化。

二、烟雾的种类

烟雾分为杀菌类和杀虫类两种。常用的杀菌农药主要有百菌清、速克灵、甲霜灵、甲基硫菌灵、代森锰锌等。常用的杀虫剂主要为敌敌畏等。

三、烟雾防治法技术要点

1. 防治时期　在保护地蔬菜的整个栽培过程中，都适合使用烟雾剂，而以阴雨天以及低温的冬季使用效果为最好。阴雨天以及低温期是植物发病的高峰期，也是病害预防的关键期，而此期由于温室、大棚不通风或很少通风之故，温室、大棚内的空气湿度一般较平日高很多，不适合叶面喷雾防治，因此阴雨天以及冬季是烟雾剂使用的最佳时期。

2. 防治时间　由于烟雾剂中的农药气化后，分布在空气中的农药颗粒只有沉落到作物的茎叶表面上后，才能够发挥其应有的作用，所以一日内最适宜的烟雾剂使用时间为傍晚。傍晚温室、大棚内的温度开始下降，茎叶表面的温度也比较低，空气中的农药颗粒易于沉落到作物的茎叶表面，同时经过一个晚上的长时间沉落，茎叶表面上沉落的农药颗粒也比较多。另外，夜间温室、大棚内的空气湿度也比较高，农药颗粒也能够比较牢固地黏附到茎叶的表面上，得以长时间发挥作用。白天温室、大棚内的温度呈上升之势，作物茎叶表面的温度也由低变高，空气中的农药颗粒不易沉落到茎叶的表面上，药效低，因此白天不适合用烟雾剂防治病虫害。

3. 操作方法　以烟雾剂为例。温室使用烟雾剂一般于下午放下草苫后开始，大棚一般于下午日落前进行。燃烧前，先将温室、大棚的通风口全部关闭严实，而后把烟雾剂均匀排放于温室或大棚的中央，离开作物至少 30 cm 远。由内向外，逐个点燃火药引信，全部点燃后，退出温室、大棚，并将门关闭严实。

【注意事项】

1. 烟雾的用量要适宜　从市场上购买的标准烟雾剂，按使用说明书上的使用量用药即可。自制烟雾剂的使用量应按农药的用量进行计算，一般每 666.7 m^2 的室内土地面积用药 200～250 g 即可。烟雾的用量过大，容易产生烟害。

2. 用药的时间要适宜　一日内最适宜的烟雾剂使用时间为傍晚，也即当温室、大棚内的温度开始明显下降时用烟雾剂防治病虫害的效果为最好。

3. 要保持温室、大棚密闭　温室、大棚密闭较差时，一方面容易造成其内的烟雾外散，产生浪费；另一方面外界的风吹入温室、大棚内后，也还会搅动空气，影响空气中的农药颗粒向茎叶沉落。由于烟雾颗粒的沉落速度比较缓慢，故一般要求点燃烟雾剂后，至少 4～5 h 内不准开放温室、大棚的通风口。

4. 要注意人身安全　烟雾剂中的农药对人体均有不同程度的危害，要注意人身安全。点燃烟雾剂后，应尽量减少在温室、大棚内的停留时间。另外，人进入温室、大棚内进行田间管理前，要先打开通风口，放风 2 h 左右，待温室、大棚内的烟雾量减少后，才能够进入温室、大棚内。

5. 燃烧点要远离作物　烟雾剂点燃点距离作物比较近时，产生的烟雾容易造成周围作物的叶片青枯死亡，通常轻者仅是叶片边缘发生青枯，重者造成大部叶片或整个叶片青枯死亡。要求烟雾剂燃放点与作物的距离不少于 30 cm。

任务 3　生物防治技术

【教学要求】

通过学习，掌握设施生物法防治病虫害技术的要点。

【教学材料】

病虫害防治生物及制剂、相关视频等。

【教学方法】

在教师的指导下，学生以班级为单位或分组进行设施生物法防治病虫害操作实践。

病虫害生物防治是指利用各种有益生物或生物的代谢产物来控制病虫害。生物防治和化学防治相比具有经济、有效、安全、污染小和产生抗药性慢等优点。成功的生物防治方法主要包括以虫治虫、以菌治虫、以病毒治虫、生物制剂防治病虫害等，是目前发展无公害生产的先进措施，特别适合绿色无公害蔬菜生产基地推广应用。

一、以虫治虫

1. 利用广赤眼蜂防治棉铃虫、烟青虫、菜青虫　赤眼蜂寄生害虫卵，在害虫产卵盛期放蜂，每 667 m^2 每次放蜂 1 万头，每隔 5～7 d 放一次，连续放蜂 3～4 次。寄生率 80%左右。

2. 用丽蚜小蜂防治温室白粉虱　如当番茄每株有白粉虱 0.5～1 头时释放丽蚜小蜂“黑蛹”5 头/株，每隔 10 d 放 1 次，连续放蜂 3 次，若虫寄生率达 75%以上。

3. 用烟蚜茧蜂防治桃蚜、棉蚜　每平方米棚室甜椒或黄瓜，放烟蚜茧蜂寄生的僵蚜 12 头，初见蚜虫时开始放僵蚜，每 4 d 一次，共放 7 次，放蜂 45 d 内甜椒有蚜率控制在 3%～15%之间，有效控制期 52 d，黄瓜有蚜率在 0～4%之间，有效控制期 42 d。

此外，生产中还可利用捕食性蜘蛛防治螨类。

二、以菌治虫

1. 苏云金杆菌　苏云金杆菌是一种细菌杀虫剂，它是目前世界上用途最广，产量最大，应用最成功的生物农药，具有使用安全、不伤害天敌、不易产生抗药性、防效高、不污染环境、无残毒的特点。可防治菜青虫、小菜蛾、菜螟、甘蓝夜蛾等。

2. 白僵菌　白僵菌是一种真菌性微生物杀虫剂，其孢子接触害虫后产生芽管，通过皮肤侵入其体内长成菌丝，并不断繁殖，使害虫新陈代谢紊乱而死亡。死虫体表布满白色菌丝，通常称为白僵虫。目前大面积用于果树、粮食、蔬菜等鳞翅目害虫的防治。

3. 座壳孢菌　座壳孢菌可用来剂防治温室白粉虱，对白粉虱若虫的寄生率可达 80%以上。

三、利用生物源农药防治害虫

(一)防治害虫

(1)蛔蒿素植物毒素类杀虫剂，可防治菜蚜、菜青虫、棉铃虫等。

(2)浏阳霉素是灰色链霉菌浏阳变种提炼成的一种抗生素杀螨剂，对螨卵有一定的抑制作用。

(3)苦参碱为天然植物农药，可防治菜青虫、菜蚜、韭菜蛆等。

(4)阿维菌素是一种全新的抗生素类生物杀虫杀螨剂，可防治菜青虫、小菜蛾、螨类等。

(二)防治真菌、细菌病害

1. 武夷菌素　可防治瓜类白粉病、番茄叶霉病、黄瓜黑星病、韭菜灰霉病。

2. 井冈霉素　是由吸水链霉菌井冈变种所产生的抗生素，可防治黄瓜立枯病等。

3. 春雷霉素　又名春日霉素，是一种放线菌代谢物中提取的抗生素，可防治黄瓜枯萎病、角斑病和番茄叶霉病等。

4. 多抗霉素　又名多氧霉素，对黄瓜霜霉病、白粉病、瓜类枯萎病、番茄晚疫病和早疫病、菜苗猝倒病、洋葱霜霉病防治效果较好。

5. 中生菌素　可防治白菜软腐病、黑腐病、角斑病。

6. 农抗120　灌根防治黄瓜、西瓜枯萎病，喷雾防治瓜类白粉病、炭疽病，番茄早疫病、晚疫病，叶菜类灰霉病。

7. 农用链霉素、新植霉素　防治黄瓜、甜椒、辣椒、番茄、十字花科蔬菜细菌性病害，效果很好。

(三)防治病毒

1. 10%混合脂肪酸水乳剂(83增抗剂)　是由菜籽油中提炼出的制剂，用100倍液，在番茄、甜(辣)椒定植前、缓苗后喷雾，可防治病毒病。

2. 抗毒剂1号　是由菇类下脚料中提炼制出的，用150倍液可防治茄果类蔬菜病毒病。

任务4　农业防治技术

【教学要求】

通过学习，掌握设施农业法防治病虫害技术要点。

【教学材料】

设施生产田、相关视频等。

【教学方法】

在教师的指导下，学生以班级为单位或分组进行设施农业法防治病虫害的操作实践。

农业防治是在有利于农业生产的前提下，通过选用抗性品种，加强栽培管理以及改造自然环境等手段来抑制或减轻病虫害的发生。农业防治采用的各种措施，主要是通过恶化生物的营养条件和生态环境，以达到抑制其繁殖率或使其生存率下降的目的。

一、加强植物检疫

根据国家的植物检疫法规、规章，严格执行检疫措施，防止危险性病虫杂草如黄瓜黑星病、番茄溃疡病、美洲斑潜蝇、南美斑潜蝇、肠草等有害生物随蔬菜种子、秧苗、植株等的调运而传播蔓延。

二、选用抗(耐)病虫品种，培育无病壮苗

1. 选用抗(耐)病虫品种　是防治作物病虫害最根本的既经济又有效的措施。各地可以结合当地种植的作物种类和病虫发生情况，因地制宜选用抗病品种，减轻病虫为害。

2. 用无病种子或进行种子消毒　应从无病留种田采种，并进行种子消毒。常有的方法有温汤浸种，或采用药剂拌种和种衣剂包衣等方法进行种子处理。

3. 培育无病壮苗，防止苗期病虫害　育苗场地应与生产地隔离，防止生产地病虫传入。育苗前苗床(或苗房)彻底清除枯枝残叶和杂草。可采用培育钵育苗，营养土要用无病土，同时施用腐熟的有机肥。加强育苗管理，及时处理病虫害，最后汰除病苗，选用无病虫壮苗移植。

三、保持设施内适宜的环境

(1)保持设施内适宜的光照，保持适宜的昼夜温差，增强植株的抗性。

(2)加强通风，进行地膜覆盖栽培，降低设施内的空气湿度。

(3)进行二氧化碳施肥，提高设施内二氧化碳的浓度。

四、合理轮作、间作、套种

连作是引发和加重作物病虫为害的一个重要原因。在生产中按不同的作物种类、品种实行有计划的轮作倒茬、间作套种，既可改变土壤的理化性质，提高肥力，又可减少病源虫源积累，减轻危害。如与葱、蒜茬轮作，能够减轻果菜类蔬菜的真菌、细菌和线虫病害。

合理选择适宜的播种期，可以避开某些病虫害的发生、传播和危害盛期，从而减轻病虫危害。如大白菜播种过早，往往导致霜霉病、软腐病、病毒病、白斑病发生较重，而适时播种既能减轻病虫危害，又能避免迟播造成的包心不实。

五、科学施肥

合理施肥能改善植物的营养条件，提高植物的抗病虫能力。应以有机肥为主，适施化肥，增施磷钾化肥及各种微肥。施足底肥，勤施追肥，结合喷施叶面肥，杜绝使用未腐熟的肥料。氮肥过多会加重病虫的发生，如茄果类蔬菜绵疫病、烟青虫等为害加重。施用未腐熟有机肥，可招致蛴螬、种蝇等地下害虫为害加重，并引发根、茎基部病害发生。

六、嫁接防病

嫁接技术的广泛应用有效地减轻了许多蔬菜、果树病虫害的为害。瓜类、茄果类蔬菜嫁接可有效地防治瓜类枯萎病、茄子黄萎病、番茄青枯病等多种病害。

七、清洁田园

病虫多数在田园的残株、落叶、杂草或土壤中越冬、越夏或栖息。在播种和定植前，结合整地收拾病株残体，铲除田间及四周杂草，拆除病虫中间寄主。在作物生长过程中及时摘除病虫危害的叶片、果实或全株拔除，带出田外深埋或烧毁。

【单元小结】

设施园艺配套技术主要包括微灌溉技术、无土栽培技术、立体种植技术和病虫害综合防治技术。微灌溉技术包括滴灌和微喷灌两种,应用关键是正确配置、布局以及按使用说明正确运行。无土栽培技术是设施园艺的发展发向,关键技术是选择适宜的基质、营养液配方以及正确的营养液使用与管理。立体种植技术主要有不同类蔬菜高矮立体种植模式、同种蔬菜高矮立体种植模式、菌-蔬菜类立体种养模式、无土栽培立体种植模式、温室"果-莱"立体生态栽培模式、设施种养结合生态栽培模式等模式,各模式均需要配套的技术。再生技术主要应用于蔬菜中的果菜类,关键技术是选择适宜的品种、再生方式等。病虫害综合防治技术主要有物理防治技术、生物防治技术、农业防治技术、烟雾防治技术,物理防治技术中应用较普遍的是防虫网技术、色板技术、杀虫灯诱杀技术,电除雾防病技术是近年来新兴起的物理防治技术;生物防治技术主要是通过以虫治虫、以菌治虫、以病毒治虫、生物制剂防治病害等措施控制病虫害,是目前发展无公害生产的先进措施;农业防治技术主要是通过加强植物检疫、选用抗(耐)病虫品种、培育无病壮苗、保持设施内适宜的环境,合理轮作、间作、套种,适时播种、科学施肥、嫁接防病、清洁田园等手段来抑制或减轻病虫害的发生;烟雾防治技术属于改良的化学防治技术,用药少,药效高。

【实践与作业】

1. 在教师的指导下,学生进行设施滴灌、微喷灌操作实践。总结操作与维护技术要领,写出操作流程和注意事项。

2. 在教师的指导下,学生进行无土栽培生产实践。总结无土栽培技术要领,写出营养液配制流程和注意事项。

3. 在教师的指导下,学生进行设施蔬菜再生栽培生产实践,总结技术要领和注意事项。

4. 在教师的指导下,学生进行设施蔬菜、果树和花卉立体种植模式设计,写出设计提案和实施方案。

5. 在教师的指导下,学生进行设施蔬菜、果树和花卉病虫害综合防治实践,总结各技术的操作要领和注意事项。

【单元自测】

一、填空题(40分,每空2分)

1. 滴灌系统由______、______、______和______等几部分组成。

2. 立体种植模式是依据不同蔬菜植株______的"空间差"、______的"深浅差"、______的"时间差"和______的"需求差"来交错种植,合理搭配。

3. 按底部形状通常将栽培槽分为______槽、______形底槽、______形底槽和______形底槽等四种类型。

4. 蔬菜再生栽培依据再生枝所在植株茎干上的部位不同,分为____再生、____再生和____再生三种形式。

5. 物理防治技术主要是利用物理______、______、______、高温等防治病虫害。

6. 色板诱杀技术是利用某些害虫成虫对黄/蓝色敏感,具有强烈______的特性,将专用______制成的黄色、蓝色胶黏害虫诱捕器(简称黄板、蓝板)悬挂在田间,进行物理诱杀害虫的技术。

二、判断题(24 分,每题 4 分)

1. 滴灌系统布设主要是根据作物种类合理布置,尽量使整个系统长度最短,控制面积最大,水头损失最小,投资最低。

2. 微喷灌时间一般宜选择在上午或下午,这时进行微喷灌后地温能快速上升。

3. 为防止在配制母液时产生沉淀,一般将配方中的各种化合物进行分类,把相互之间不会产生沉淀的化合物放在一起溶解。

4. 再生枝发出并确定要保留后,要及时将多余的侧枝去掉,有时为增加再生枝的保险系数,也可多留下 1 条侧枝作为预备枝。

5. 杀虫灯在害虫高发期前开始安装使用,每日开灯时间为上午 5 时至 8 时。

6. 一日内最适宜的烟雾剂使用时间为清晨。

三、简答题(36 分,每题 6 分)

1. 简述滴灌系统使用与维护要领。

2. 简述无土栽培营养液配制流程与注意事项。

3. 简述设施立体种植模式以及配套技术。

4. 简述蔬菜再生栽培配套技术措施。

5. 简述物理防治病虫害各方法的技术要领。

6. 简述农业防治病虫害的主要措施。

单元自测部分答案 5

【能力评价】

在教师的指导下,学生以班级或小组为单位进行设施微灌溉、无土栽培、立体种植、再生栽培以及病虫害综合防治实践与生产指导。实践结束后,学生个人和教师对学生的实践情况进行综合能力评价。结果分别填入表 5-4 和表 5-5。

表 5-4　学生自我评价表

姓名			班级		小组	
生产任务		时间		地点		
序号	自评内容			分数	得分	备注
1	在工作过程中表现出的积极性、主动性和发挥的作用			5		
2	资料收集			10		
3	工作计划确定			10		
4	微灌溉技术应用			15		
5	无土栽培技术应用			15		
6	立体种植技术应用			10		
7	蔬菜再生栽培技术应用			10		
8	病虫害综合防治技术应用			15		
9	指导生产			10		
合计得分						
认为完成好的地方						
认为需要改进的地方						
自我评价						

表 5-5　指导教师评价表

指导教师姓名：________　评价时间：____年____月____日　课程名称________

生产任务

学生姓名：　　所在班级

评价内容	评分标准	分数	得分	备注
目标认知程度	工作目标明确，工作计划具体结合实际，具有可操作性	5		
情感态度	工作态度端正，注意力集中，有工作热情	5		
团队协作	积极与他人合作，共同完成任务	5		
资料收集	所采集材料、信息对任务的理解、工作计划的制订起重要作用	5		
生产方案的制订	提出方案合理、可操作性、对最终的生产任务起决定作用	10		
方案的实施	操作的规范性、熟练程度	45		
解决生产实际问题	能够解决生产问题	10		
操作安全、保护环境	安全操作，生产过程不污染环境	5		
技术文件的质量	技术报告、生产方案的质量	10		
合计		100		

【信息收集与整理】

收集当地园艺设施机械类型及应用情况，并整理成论文在班级中进行交流。

【资料链接】

1. 中国园艺网：http://www.agri-garden.com
2. 中国节水灌溉网：http://jsgg.sdlwlf.com/
3. 中国灌溉网：http://www.iachina.org.cn/
4. 中国农资网：http://www.ampcn.com/nongmo
5. 中国无土栽培网：http://www.chinasoilless.com

项目五的二维码

【教材二维码(项目五)配套资源目录】

1. 槽式水培系列图片
2. 管道式水培系列图片

项目六

设施育苗技术

知识目标

学习掌握设施蔬菜的育苗容器选择要领、育苗土配制技术、播种技术、苗期管理技术；掌握主要蔬菜的无土育苗技术与嫁接育苗技术；学习掌握设施花卉的常规育苗技术、嫁接育苗技术和扦插育苗技术；学习掌握设施果树的嫁接育苗技术和扦插育苗技术。

能力目标

通过教学实践，使学生熟练掌握设施蔬菜、果树和花卉的常用育苗方法、种子处理与各育苗方法的相应管理技术等，具备独立从事设施蔬菜、果树和花卉育苗的能力。

Module 1

设施蔬菜育苗技术

任务1　育苗容器种类与选择

任务2　种子处理

任务3　育苗土育苗技术

任务4　无土育苗技术

任务5　嫁接育苗技术

任务1　育苗容器种类与选择

【教学要求】

通过学习,掌握设施蔬菜育苗容器的种类及选择方法。

【教学材料】

育苗容器。

【教学方法】

在教师的指导下,学生比较不同育苗容器的特征及生产应用情况。

一、认识育苗容器种类

目前常用的育苗容器主要是塑料钵、纸钵、穴盘等(图6-1)。

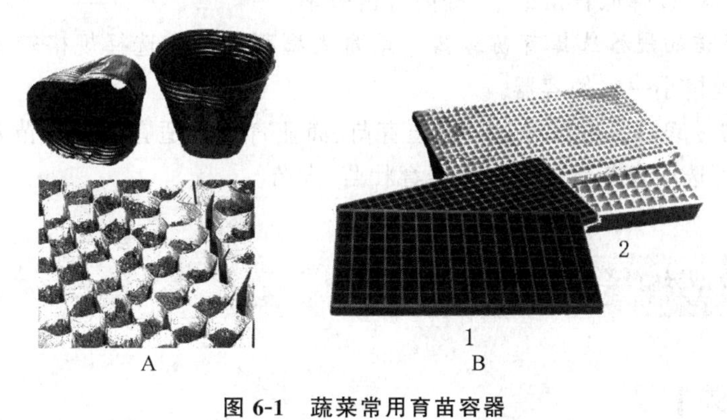

图6-1　蔬菜常用育苗容器

1. 聚氯乙烯穴盘　2. 聚苯泡膜穴盘

A. 塑料钵和纸钵　B. 育苗穴盘

1. 塑料钵　塑料钵是一种有底、形似水杯的育苗钵,主要用来培育较大型蔬菜苗。其型号有5×5、8×8、8×10、10×10、12×12、15×15(第一个数代表育苗钵的口径,第二个数代表育苗钵的高度,单位为cm)等几种,可根据蔬菜育苗期的长短及苗子的大小来确定所需要的型号。

2. 纸钵　是用纸手工粘制、叠制或机制的育苗钵。

手工制作的纸钵分为纸筒钵和纸杯钵两种,前者多为人工粘制,后者主要是人工叠制而成。机制纸钵多为叠拉式的连体纸钵,平日叠放起来易于保存和携带,使用时拉开成多孔的纸盘。

纸钵的成本极低,取材也很广,并且纸钵可与苗一起定植于地里,腐烂后成为土壤有机质,不污染环境。一些用特殊纸制作的育苗钵还能够对土壤进行灭菌、对幼苗提供营养等，应用前景广阔。但纸钵也存在着易破裂，特别是被水润湿后更容易发生破裂，不耐搬运，护根效果不理想以及保水能力比较差，容易失水使钵土变干燥，需要经常浇水等不足。

3. *穴盘* 是用聚苯乙烯、聚苯泡膜、聚氯乙烯和聚丙烯等为原料，经过吹塑或注塑而制成的带有许多个规则排列穴孔的育苗盘。

穴孔的规格从1.5×1.5×2.5(cm)到5×5×5.5(cm)不等，前两个数表示穴孔的长和宽，后一个数表示穴孔的深度。按穴孔的大小和数量不同，穴盘一般分为72穴、128穴、288穴、392穴等多种。

穴盘的自身承重能力差，易断裂，并且单穴的容积比较小，用育苗土育苗时，容易干旱，主要用于蔬菜无土育苗中。

二、育苗容器选择

根据蔬菜的种类、育苗方式、苗木规格等的不同要求进行选择。

1. *根据蔬菜的种类选择育苗容器* 一般苗期体型较大的蔬菜育苗，要选择规格较大一些的育苗容器，以确保蔬菜的营养供应和空间需要。苗期体型偏小的蔬菜育苗，应选择规格小一些的育苗容器，以降低育苗成本，提高育苗效率。

2. *根据蔬菜苗的规格选择育苗容器* 培育大型蔬菜苗应选择规格较大一些的育苗容器，反之则选择规格小一些的容器。

3. *根据育苗方式选择育苗容器* 无土育苗、商业育苗等适宜选择育苗穴盘；常规育苗、培育自用苗等，可选用育苗钵、纸钵，以培育壮苗、大苗。

任务2 种子处理

【教学要求】

通过学习，掌握设施蔬菜种子常用处理技术。

【教学材料】

蔬菜种子以及种子处理用具等。

【教学方法】

在教师的指导下，学生以班级或分组进行蔬菜种子浸种、催芽和消毒处理。

一、浸种

1. *一般浸种* 用20～30℃的水浸泡种子。适用于种皮薄、吸水快、易发芽的种子。

2. *温汤浸种* 用55～60℃的温水浸种，要不断搅拌，并随时补充热水，使水温保持恒温

10～15 min,随后水温逐渐下降至室温,继续进行一般浸种。适用于种皮薄、吸水快、易带病菌的种子。

3. 热水烫种　将种子投入75～85℃的水中,快速用两个容器反复倾倒使水温降至55℃左右,再转入温汤浸种。适用于种皮坚硬、吸水困难的种子。

二、催芽

浸种结束后,把种子捞出冲洗干净,沥去多余水分,用干净湿纱布或湿毛巾包好,置于适宜的温度、水分和通气条件下,促其萌发。催芽期间,每天翻动种子2～3次,用清水淘洗种子1～2次,除去种皮上的黏液,并补充水分。当大部分种子露白时,停止催芽,准备播种。

几种主要蔬菜浸种时间、催芽温度与时间见表6-1。

表6-1　几种主要蔬菜浸种时间、催芽适宜温度与时间

蔬菜种类	浸种时间/h	催芽温度/℃	催芽天数/d	蔬菜种类	浸种时间/h	催芽温度/℃	催芽天数/d
黄瓜	4～6	25～30	1～1.5	番茄	6～8	25～28	2～3
西葫芦	4～6	25～30	2～3	茄子	8～12	28～30	5～7
冬瓜	12～18	28～30	4～6	辣椒	8～10	25～30	4～6

三、药剂处理

1. 药液浸种　用清水浸泡种子2～3 h,再将种子放入配制好的药液中一定时间,取出用清水冲洗干净。药液用量一般为种子的2倍,应将种子全部浸没在药液中。常用药剂有多菌灵、高锰酸钾、磷酸三钠、硫酸铜、福尔马林等。

2. 药粉拌种　将药剂与种子混合均匀,使药剂黏附在种子表面,然后再播种。药剂的用量一般为种子重量的0.2%～0.5%,药剂与种子都必须是干燥的。常用的药剂有多菌灵、敌克松、福美双、克菌丹等。

【注意事项】

(1)浸种前要把种子充分淘洗干净。

(2)一般浸种水量为种子量的5～6倍,浸种过程中要勤换水。

(3)浸种时间要适宜。

(4)催芽过程中要勤翻动和淘洗种子。

(5)药剂处理种子的浓度和时间要适宜。

(6)经过催芽的种子,若遇恶劣天气不能及时播种时,应将种子放在5～10℃低温环境下,保湿待播。

任务3　育苗土育苗技术

【教学要求】

了解蔬菜育苗土育苗技术流程与关键技术要点。

【教学材料】

蔬菜育苗土、种子以及育苗常用用具与设施等。

【教学方法】

在教师的指导下，学生以班级或分组进行育苗土配制、播种以及苗期管理等。

一、配制育苗土

(一)营养土配方

常用育苗营养土配方推荐如下：

1. 播种床土配方

配方一，园土或大田土5～6份、有机肥4～5份。

配方二，40%园土、20%河泥、30%腐熟圈肥、10%草木灰。

2. 分苗床土配方　园土或大田土7份、有机肥3份。

(二)材料准备

1. 田土　用前充分捣碎、捣细，过筛。

2. 有机肥　选用牲畜圈肥，或大田作物秸秆堆肥，充分腐熟并捣碎过筛后使用。

3. 化肥　选用优质复合肥、磷肥和钾肥，一般每立方米营养土施入化肥总量为1～2 kg。

4. 农药　主要有多菌灵、福美双、辛硫磷等。一般每立方米营养土施入杀菌、杀虫剂100～200 g。

(三)混配技术

将田土、有机肥、化肥、农药、炉渣等按要求比例充分混拌均匀。农药为可湿性粉剂时，一般先与少量细土混拌均匀，再混入育苗土堆里。乳剂型农药一般先加少量的水稀释，然后结合混拌土，用喷雾器均匀喷入育苗土内。育苗土混拌均匀后培成堆，上用薄膜封盖严实，让农药在土内充分扩散，进行灭菌、杀虫，7～10 d后再用来育苗。

(四)填床或装育苗钵

将配制好的育苗土填入苗床。播种床铺土厚度为10 cm，分苗床铺土厚度12～15 cm。

二、播种

1. 播种量　每667 m^2 实际播种量计算如下：

$$播种量(g)=\frac{定植所需苗数}{每克种子粒数\times种子纯度\times种子发芽率}\times安全系数(1.5\sim2)。$$

主要蔬菜育苗的参考播种量见表6-2。

表6-2 几种主要蔬菜育苗的参考播种量

蔬菜种类	种子千粒重/g	用种量/g/667m²	蔬菜种类	种子千粒重/g	用种量/g/667m²
黄瓜	25～32	125～150	番茄	2.8～3.5	20～25
西葫芦	140～200	250～450	茄子	4～5	20～35
冬瓜	40～60	100～150	辣椒	5～6	60～150
西瓜	60～140	100～160	结球甘蓝	3.3～4.5	30～50

2. 育苗方法

(1)撒播　将种子均匀地撒到浇透底水的苗床上,催芽的种子表面潮湿,不易撒开,可用细沙或草木灰拌匀后再播,播后覆土。小粒种子多用撒播。

(2)点播　苗床浇透水,等水渗下后,按一定的行、株距把种子播入苗床中,播后覆土。大粒种子多用点播。

覆土厚度一般为种子厚的3～5倍,小粒种子覆土1～1.5 cm,中粒种子1.5～2 cm,大粒种子3 cm左右。

三、苗期管理

1. 温度管理　出苗前温度要高,果菜类保持25～30℃,叶菜类20℃左右。低温季节采用电热温床、多层覆盖等加温、保温措施;夏季采用遮阳网等进行遮光降温。

第1片真叶展出前,采取小放风、减少覆盖等措施,适当降低温度,特别是夜间温度。白天和夜间的温度均降低3～5℃,防止“高脚苗”。第1片真叶展出后,果菜类白天保持温度25℃,夜间15℃,叶菜类白天温度20～25℃,夜间10～12℃,保持昼夜温差10℃左右。

分苗前一周适当降低温度3～5℃。分苗后的缓苗期,保持高温,白天25～30℃,夜间20℃,缓苗后降低温度,果菜类白天25～28℃,夜间15～18℃;叶菜类白天20～22℃,夜间12～15℃。

定植前7～10 d,逐渐降低温度进行炼苗,果菜类白天温度下降到15～20℃,夜间温度5～10℃;叶菜类白天温度10～15℃,夜间1～5℃。

2. 水分管理　苗床底水浇足,播种后覆盖地膜保湿,低温期一般至分苗前不再浇水。高温季节,如苗床过于干燥,可适当洒水或撒湿润细土。

分苗前一天适量浇水,以利起苗。栽苗时要浇足稳苗水,缓苗后再浇1次透水,促进新根生长。

缓苗后至定植以保持地面见干见湿为宜,对于秧苗生长迅速、根系比较发达、吸水能力强的蔬菜,应严格控制浇水;对于秧苗生长比较缓慢、育苗期间需要保持较高温度和湿度的蔬菜,水分控制不宜过严。

3. 覆土　大部分幼苗出土后,撤去地膜,及时撒盖湿润细土,填补缝隙,并防止种子“带帽”出土。

4. 光照管理　幼苗生长期间应有充足的光照，常用改善光照条件的措施有：经常保持采光面的清洁；做好草苫的揭盖工作；及时间苗或分苗；低温季节连阴天气也要揭苫见光，并进行人工补光。

5. 施肥管理　营养土育苗苗期一般不追肥。当幼苗出现缺肥现象时，应适当追肥，以叶面肥为主，主要有0.1%～0.2%尿素、0.1%～0.2%磷酸二氢钾、0.2%～0.3%过磷酸钙、0.5%左右的复合肥等。

6. 分苗　一般分苗1次，果菜类蔬菜宜在2～3叶期进行。

选晴天分苗。起苗时尽量多带土，并将幼苗分级栽植。低温期适宜采用暗水分苗法，即按行距开沟、浇水，按株距摆苗，水渗下后覆土封沟，栽完一沟后，再按同样方法栽植下一沟。高温期适宜采用明水分苗法，即按行株距栽苗，全床栽完后统一浇水。

7. 炼苗　一般在定植前7～10 d进行，逐渐降温，最后使育苗场所的温度接近定植场地的温度。用容器育苗的秧苗，定植前2～3 d挪动容器，重新摆放，以切断伸入土中的根系，同时增加钵与钵之间的空隙，防止徒长。

8. 切块、囤苗　床畦育苗在定植前需要按苗切块、囤苗。切块前一天将苗床浇透水，第二天用刀在秧苗的株行间把床土切成方土块，切深10 cm左右。把苗坨拉开一点距离，重新摆放，以湿润细土弥缝保墒进行囤苗。

任务4　无土育苗技术

【教学要求】

掌握蔬菜无土育苗基质选择与配制技术、营养液配制技术、播种技术、苗期温度调控技术、施肥与灌溉技术。

【教学材料】

常用育苗基质、肥料、种子、育苗容器、温度计以及相应生产设备与工具等。

【教学方法】

在教师的指导下，学生以班级或分组参加蔬菜无土育苗实践。

一、育苗基质准备

1. 基质选择　应选用通气性良好、保水能力强、不含有毒物质、酸碱度适中、质地紧密不易散坨、护根效果好的材料作基质。可作为育苗基质的材料有很多，有机基质有草炭、花生壳（糠）、炭化稻壳、玉米芯、锯木屑、醋糟、蔗渣、椰糠、食用菌类废料、河塘泥等；无机基质有珍珠岩、蛭石、炉灰渣、沙等。

2. 基质混合与消毒　一般将2～3种有机基质与无机基质按照一定比例混合后使用。例如，冬春季育苗基质配方可选用草炭：蛭石=2：1，或草炭：蛭石：平菇渣=1：1：1；夏季育苗可选用草炭∶蛭石∶珍珠岩＝2∶1∶1。每立方米加入三元复合肥1～2 kg。

育苗前对基质进行消毒。方法参见项目五。

3. 装盘　多采用穴盘育苗，穴盘孔数的选用与所育蔬菜种类、幼苗大小有关，叶片大的蔬菜和培育大苗时用穴数少的穴盘，反之用穴数多的穴盘。如黄瓜、西瓜可选用50孔或72孔穴盘；番茄、茄子可选用72孔穴盘，青椒、甘蓝可选用128孔穴盘，芹菜、生菜可选用288孔或392孔穴盘。

不同穴盘所用基质参考用量为：72穴，4.1 L；128穴，3.2 L；288穴，2.4 L；392穴，1.6 L。

二、营养液配制技术

育苗用营养液配方有简单配方和精细配方两种。

1. 简单配方　主要是为蔬菜苗提供必需的大量元素和铁，微量元素则依靠浇水和育苗基质来提供，参考配方见表6-3。

表6-3　无土育苗营养液简单配方　　mg/L

营养元素	用量	营养元素	用量
四水硝酸钙	472.5	磷酸二铵	76.5
硝酸钾	404.5	螯合铁	10
七水硫酸镁	241.5		

2. 精细配方　是在简单配方的基础上，加进适量的微量元素，见表6-4。

表6-4　无土育苗营养液精细配方　　mg/L

营养元素		用量	营养元素	用量
大量元素	四水硝酸钙	472.5	磷酸二铵	76.5
	硝酸钾	404.5	螯合铁	10
	七水硫酸镁	241.5		
微量元素	硼酸	1.43	五水硫酸铜	0.04
	四水硫酸锰	1.07	四水钼酸铵	0.01
	七水硫酸锌	0.11		

3. 其他配方　除上述两种配方外，目前生产上还有一种更为简单的营养液配方。该配方是用氮磷钾复合肥（N-P-K含量为15-15-15）为原料，子叶期用0.1%浓度的溶液浇灌，真叶期用0.2%～0.3%浓度的溶液浇灌，该配方主要用于营养含量较高的草炭、蛭石混合基质育苗。

三、播种技术

1. 撒播　对于较小粒种子可采用撒播的方式，播于铺好基质的苗床中，待长出2～3片真叶时分苗于穴盘中。具体操作方法同常规育苗。

2. 点播　对于较大粒种子，或采用贵重种子育苗，以及夏季育苗，一般采取点播，每穴1

粒，一次成苗。

播种时，先将育苗盘中的基质浇透，用同样孔数的穴盘放在上面，对准后，用力向下压一定深度，然后按孔穴播入，播好后用蛭石或育苗基质覆盖。

3. 机械化播种　集约化无土育苗一般利用精量播种系统进行基质的混合、装盘、浇水、播种、覆土等流水作业。

四、苗床管理

1. 温度管理　无土育苗应严格控制温度，特别是夜间温度不能过高，要保持较大的昼夜温差，否则高温再加上高湿，易引起幼苗徒长。

温度管理具体指标参考育苗土育苗部分。

2. 施肥与灌溉　出苗后，如缺水，可浇清水，保持基质湿润。当第 1 片真叶长出以后或分苗缓苗后，开始喷灌营养液，初期浓度宜低，次数宜少，随着幼苗的生长，浓度可适当提高，并增加次数。高温季节，每天喷 1～3 次水，每 3～5 d 喷 1 次营养液；低温季节，每 2～3 d 喷 1 次水，每 7 d 左右喷 1 次营养液。

任务 5　嫁接育苗技术

【教学要求】

掌握靠接、插接和贴接的技术环节以及嫁接苗管理要点。

【教学材料】

蔬菜苗、双面刀片、竹签、嫁接夹、装好土的苗钵等。

【教学方法】

在教师的指导下，学生以班级或分组参加蔬菜嫁接育苗实践。

一、砧木与接穗的选择

1. 砧木选择　砧木首先必须具备与接穗有较好的嫁接亲和力；其次是根据不同的嫁接目的选用具有特殊性状的砧木。一般黄瓜、西葫芦的砧木为黑籽南瓜和白籽南瓜。适于作西瓜的砧木有新士佐南瓜和葫芦。

2. 接穗选择　培育健壮的接穗苗，使其具有较强的生活力。壮苗生活力强，嫁接成活率就高；反之，弱苗、徒长苗则不易成活。

二、砧木和接穗的培育

播种期比自根苗的播种期提前 5～7 d。根据嫁接方式调整砧木和接穗的播种期，如黄瓜接穗苗的播种期，采用靠接法比砧木提前 5 d；采用插接法则延后 4 d。

砧木用穴盘或营养钵育苗，将来在穴盘或育苗钵内直接进行嫁接。钵体直径不小于 10 cm，高 10 cm，装好营养土后紧密排放在苗床内。接穗苗用育苗盘育苗，培养基质可用炭化稻壳或粮田土和清洁河沙各半混合，1 m^3 中加入 1 kg 氮、磷、钾复合肥，配好后装入盘中，厚度 5 cm。

砧木和接穗种子，在播种前按一般种子处理要求进行消毒、浸种、催芽。砧木苗每钵播种 1 粒种子，接穗苗按 2 cm×2 cm 距离点播。播后苗床管理同一般育苗。

三、嫁接

蔬菜嫁接主要有靠接法、插接法和贴接法三种，各嫁接法的操作要点如下：

(一)靠接法

以黄瓜为例。嫁接时幼苗的形态指标：砧木苗 2 片子叶展开；黄瓜苗 2 片子叶展平，第一片真叶出现。一般黄瓜较南瓜提早播种 5～7 d。

1. *起苗*　黄瓜苗和黑籽南瓜苗均应在叶面上无露水后开始起苗。瓜苗上露水未干时起苗，叶面和苗茎容易被泥土污染，并携带病菌。

起苗时要尽量多带宿土（尤其是南瓜苗要多带宿土），保护根系，减少根系的受损伤程度。如果床土偏干旱不利于起苗，要于起苗前一天把苗床浇透水。起苗时要把大、小苗分开来放，使黄瓜与南瓜的大苗与大苗相配对、小苗与小苗相配对，以提高嫁接速度和嫁接质量，也有利于嫁接后的栽苗，并可减少瓜苗损耗，提高瓜苗的利用率。起出的苗最好放入盆或纸箱内，上用湿布覆盖保湿。

每次的起苗数量不宜太多，以免来不及嫁接时发生萎蔫。一般每次的起苗数以 30～40 株为宜。

2. *砧木苗茎削切*　用刀尖切除瓜苗的生长点（也可以用竹签挑除生长点），然后用左手大拇指和中指轻轻把两片子叶合起并捏住，使瓜苗的根部朝前、茎部靠在食指上。右手捏住刀片，在南瓜苗茎的窄一侧（与子叶生长方向垂直的一侧），紧靠子叶（要求刀片的入口处距子叶不超过 0.5 cm），与苗茎呈 30°～40°的夹角向前削一长 0.8～1.0 cm 的切口，切口深达苗茎粗的 2/3 左右。切好后把苗放在洁净的纸或塑料薄膜上备用。

3. *黄瓜苗茎削切*　取黄瓜苗，用左手的大拇指和中指轻轻捏住根部，子叶朝前，使苗茎部靠在食指上。右手持刀片，在黄瓜苗茎的宽一侧（子叶着生的一侧），距子叶约 2 cm 处与苗茎呈 30°左右的夹角向前（上）削切一刀，刀口长与黑籽南瓜苗的一致，刀口深达苗茎粗的 3/4 左右。

4. *切口嵌合*　瓜苗切好后，随即把黄瓜苗和黑籽南瓜苗的苗茎切口对正、对齐，嵌合插好。黄瓜苗茎的切面要插到南瓜苗茎切口的最底部，使切口内不留空隙。

5. *固定接口*　两瓜苗的切口嵌合好后，用塑料夹从黄瓜苗一侧入夹，把两瓜苗的接合部位夹牢。

6. *栽苗*　嫁接结束后，要随即把嫁接苗栽到育苗钵或育苗畦内。栽苗时，黑籽南瓜苗要浅栽，适宜的栽苗深度是与原土印平或稍浅一些。黄瓜苗距南瓜苗 0.5～1.0 cm 远栽于南瓜苗旁。黄瓜靠接过程示意图见图 6-2。

(二)插接法

以西瓜为例。嫁接时的瓜苗形态:西瓜苗的两片子叶展开,心叶未露出或初露,苗茎高3～4 cm。砧木苗的两片子叶充分展开,第一片真叶露大尖或展开至5分硬币大小,苗茎稍粗于西瓜苗,地上茎高4～5 cm。一般,砧木较西瓜提早播种3～5 d。

1. *起苗* 砧木苗通常带育苗钵,或在育苗盘中直接嫁接。起苗的具体要求参照黄瓜靠接部分。

2. *砧木苗茎去心、插孔* 挑去砧木苗的真叶和生长点,然后用竹签在苗茎的顶面紧贴一子叶,沿子叶连线的方向,与水平面呈45°左右夹角,向另一子叶的下方斜插一孔,插孔长0.8～1 cm,深度以竹签刚好刺顶到苗茎的表皮为适宜。插好孔后,竹签留在苗茎内不要拔出,保湿。

3. *削切西瓜苗* 取西瓜苗,用刀片在子叶的正下方一侧、距子叶0.5 cm以内处,斜削一刀,把苗茎削成单斜面形。翻过苗茎,再从背面斜削一刀,把苗茎削成双斜面型。

4. *插接* 西瓜苗穗削好后,随即从砧木苗茎上拔出竹签,把西瓜苗茎切面朝下插入砧木苗茎的插孔内。西瓜苗茎要插到砧木苗茎插孔的尽底部,使插孔底部不留空隙。插接好后随即把嫁接苗放入苗床内,并对苗钵进行点浇水,同时还要将苗床用小拱棚扣盖严实保湿。

西瓜插接法嫁接的具体过程如图6-3所示。

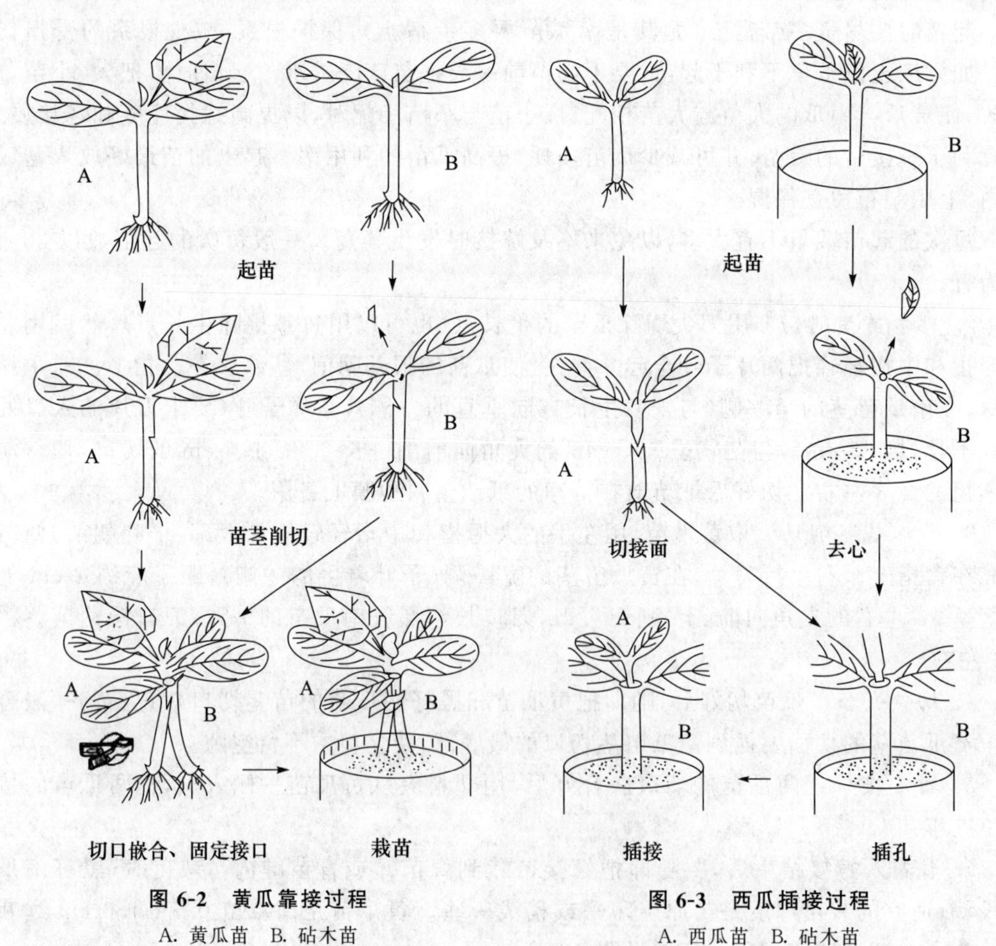

图6-2 黄瓜靠接过程

A. 黄瓜苗 B. 砧木苗

图6-3 西瓜插接过程

A. 西瓜苗 B. 砧木苗

(三)贴接法

以茄子为例。砧木一般长到3～4叶,接穗长到2～3叶时进行嫁接。

砧木苗带根嫁接。嫁接时用刀片在砧木苗茎离地面10～12 cm高处斜削,去掉顶端,并形成30°左右的斜面,斜面长1.0～1.5 cm。从苗床中切取接穗地上苗茎部分,保留2片真叶,用刀片将苗茎下端削成与砧木相反的斜面(去掉下端),斜面大小与砧木的斜面一致。然后将砧木的斜面与接穗的斜面贴合在一起,用夹子固定(图6-4)。

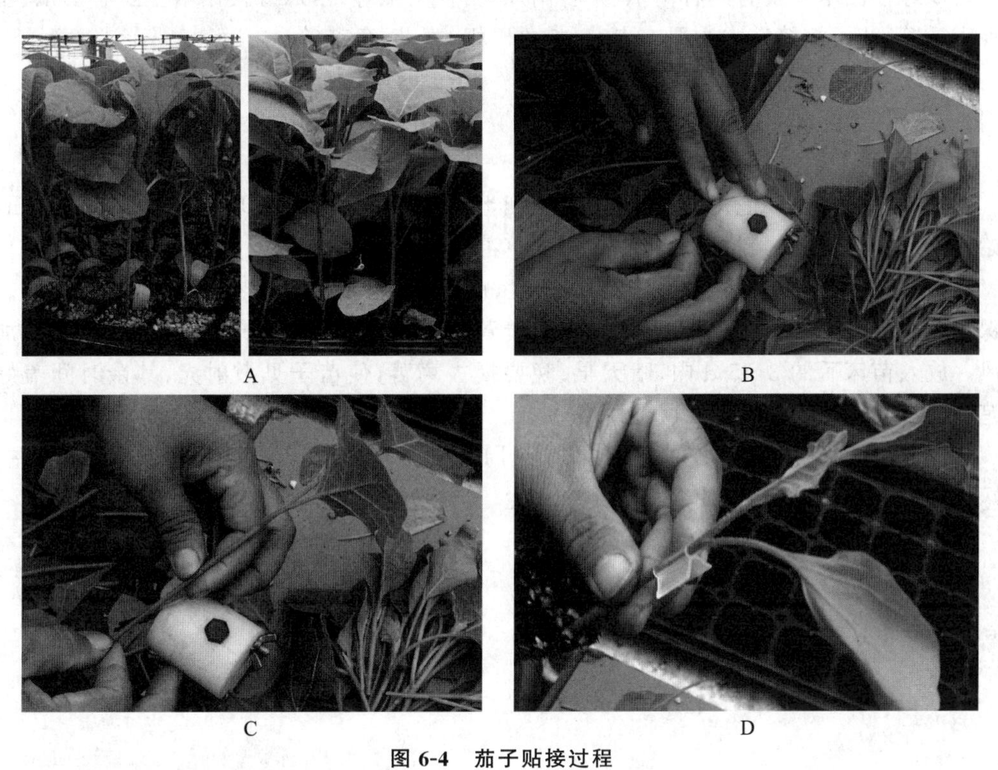

图6-4　茄子贴接过程

A. 适合嫁接的茄子苗(左)和砧木苗(右)　B. 削切接穗苗　C. 削切砧木苗　D. 固定好的嫁接苗

【相关知识】　嫁接用具

蔬菜嫁接主要用具包括刀片、塑料夹、竹签等(图6-5)。

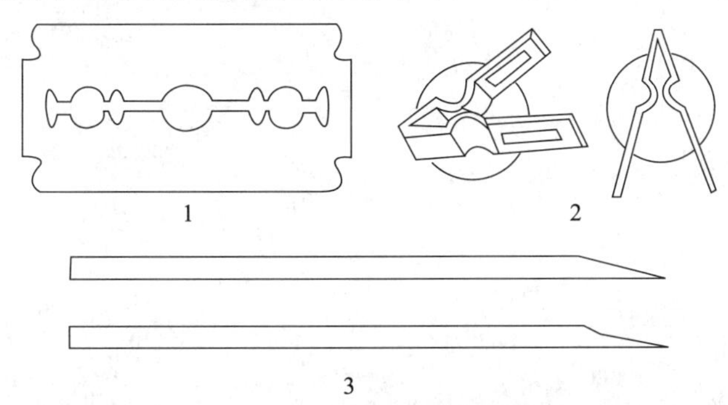

图6-5　蔬菜嫁接用具

1. 双面刀片　2. 塑料夹　3. 竹签

刀片常用双面刀片、美工刀等，以前者应用较多。塑料夹为专用嫁接夹。竹签主要用于插接，多自制，一般长度以方便操作为度，粗细比嫁接蔬菜茎稍细一些，插头长 1 cm 左右，分为尖头和圆头两种。

【拓展知识】 蔬菜嫁接常用砧木

黄瓜嫁接砧木主要有黑籽南瓜、杂种南瓜、白籽南瓜等；西瓜嫁接砧木主要有瓠瓜、土佐系列南瓜等；茄子嫁接砧木主要有赤茄、托鲁巴姆、青茄、角茄等。

四、嫁接苗管理

把嫁接好的苗整齐地排入苗床中，边用细土填好钵间缝隙，立即扣棚膜，每排满 1 m，即开始灌水，全畦排满后，封好棚膜，白天覆盖草苫遮阴。

嫁接后 3 d 内苗床一般不通风，棚内温度，白天保持 26～28℃；夜间保持 18～20℃。湿度保持在 90%～95%。3 d 后视苗情，以不萎蔫为度，进行短时间少量通风，以后逐渐加大通风。放入苗床后的 3～5 d 内，晴天早、晚要揭去草苫，使苗子见散射光，其余时间盖好草苫遮阴。

嫁接苗以接穗长出新叶为成活的标志，1 周后接口即可愈合。靠接法嫁接后 10 d 左右，从嫁接部位下将茎部切断，使接穗与砧木共生。断茎后，将断茎从土里拔出。

嫁接苗成活后的管理同常规蔬菜育苗法。

Module 2

设施花卉育苗技术

任务 1　播种育苗
任务 2　嫁接育苗
任务 3　扦插育苗

任务1　播种育苗

【教学要求】

掌握花卉播种育苗的技术环节以及苗期管理要点。

【教学材料】

花卉种子、育苗基质、苗期管理用具等。

【教学方法】

在教师的指导下，学生以班级或分组参加设施花卉播种育苗实践。

花卉播种育苗即通过播种种子来繁殖花卉苗木，是设施花卉育苗的主要方法之一。

一、基质准备

育苗基质一般选用草炭、蛭石、珍珠岩等，按草炭：蛭石：珍珠岩＝1：1：1或草炭：蛭石：珍珠岩＝2：1：1比例混合，基质中按比例混入一定量的烘干鸡粪。基质配置好后，装入育苗钵或育苗盘中备播种。

二、种子处理

主要包括种子消毒、浸种、催芽等处理，可参照蔬菜部分进行。

对一些不易发芽的种子，在浸种催芽前应做以下处理：

(1)种皮坚硬，不易吸水萌发的种子，可采用刻伤种皮和强酸腐蚀等方法处理。

(2)休眠期比较长的种子，可用低温或变温的方法，也可用激素(如赤霉素)处理打破休眠。

(3)多数木本花卉的种子需要做沙藏处理。部分草本花卉的种子也需要经过沙藏处理。

三、播种

温室中的花卉，一般长年都可以播种，可以根据用花时间调节播种期。如早花瓜叶菊，其生育期为120～150 d，若元旦至春节期间用花，则可在8月下旬播种；若“五一”用花，则可以在12月初播种。

一般育苗钵和育苗盘采用点播，育苗畦播种小粒种子时，多采用撒播或条播法播种。把营养土浇透后播种。播种后用细土或基质覆盖种子，覆土厚度0.2～1.5 cm。矮牵牛、蒲包花、柳穿鱼、大岩桐、洋地黄等一般覆土0.2 cm左右；鸡冠花、石竹、麦秆菊、瓜叶菊等覆土

0.5 cm左右；凤仙花、蜀葵、大丽花、百日草、观赏南瓜、仙客来、金盏菊等大、中粒种子覆土1.2～1.5 cm。

覆土后用地膜盖在育苗盘或播种床上，保温保湿。

四、苗期管理

播种后到出苗前，土壤要保持湿润，浇水要均匀，不可使苗床忽干忽湿，或过干过湿。种子发芽出土后，除去覆盖物，进行通风和光照管理。待真叶出现后，宜施淡肥一次，之后定期浇水和施肥管理。基质育苗后期，要结合浇水施入适量的三元复合肥补充营养。

幼苗长出1～2片真叶时，要进行间苗。间苗后浇水。待幼苗长出4～5片真叶时，进行分苗或移栽。

任务2 嫁接育苗

【教学要求】

掌握设施花卉主要嫁接方法与技术。

【教学材料】

嫁接用砧木、接穗、嫁接用具等。

【教学方法】

在教师的指导下，学生以班级或分组进行花卉嫁接育苗实践。

一、砧木和接穗的选择

砧木要求生命力强，能很好地适应当地的环境条件，与接穗有较强的亲和力，能保持接穗的优良性状，种源丰富，能够容易地获得大量幼苗。接穗选择品种纯正，发育正常的营养枝。

二、嫁接技术

花卉嫁接常用方法有枝接法、芽接法两种。

1. *枝接法*　以带芽的嫩枝作为接穗进行嫁接。多在春季或秋季休眠期进行，而早春接穗的芽开始萌动时为最适期。枝接的主要方法有靠接、切接和劈接三种。

靠接：选双方粗细相近的枝干平滑的侧面，各削去枝粗的1/3～1/2，削面长5～7 cm。将双方切口的形成层密接，用塑料条捆好。待二者接口愈合后，剪断接口下端的接穗母株枝条，剪去砧木的上部，即成为一新的独立苗木(图6-6)。

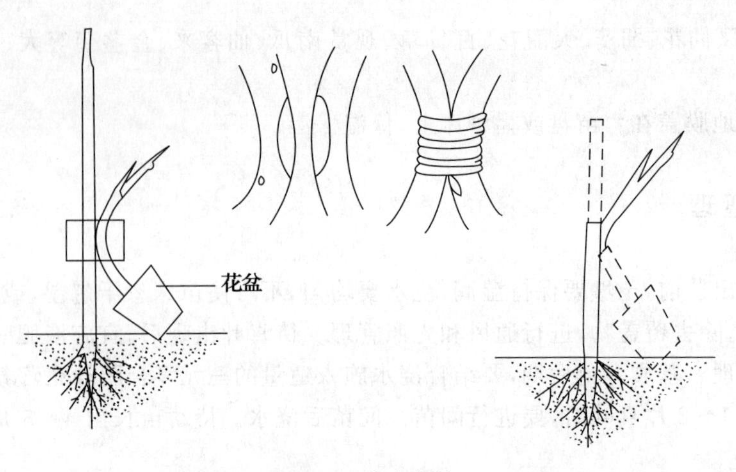

图 6-6　花卉靠接

切接：选粗 1 cm 左右的砧木，在距土面 3～5 cm 处剪断，选光滑的一侧，略带木质部垂直下切，深度为 2～3 cm；接穗长 5～10 cm，带 2～3 芽，在接穗下部自上向下削一长度与砧木切口相当的切口，深度达木质部，再在切口对侧基部削一斜面；将接穗插入砧木切口内，捆缚，并埋土或套塑料袋(图 6-7)。

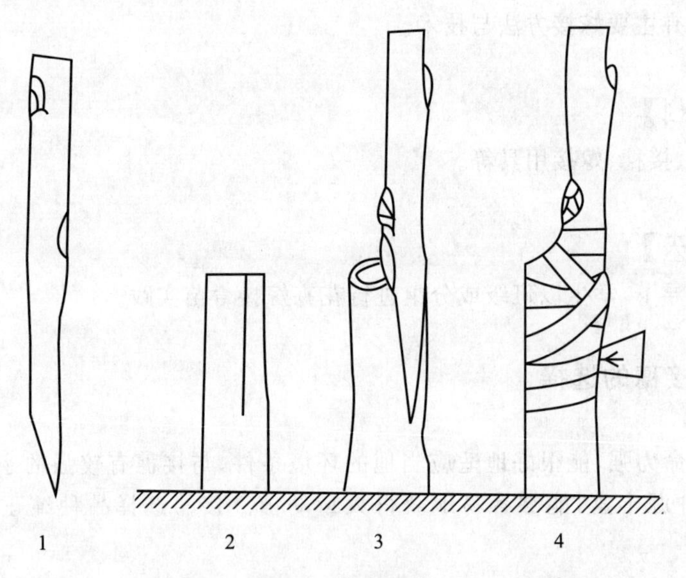

图 6-7　花卉切接

1. 削接穗　2. 劈砧木　3. 对齐形成层　4. 包缠接口

劈接：将砧木在距土面 5 cm 左右处剪断，由中间垂直向下切，深 2～3 cm；接穗基部由两侧削成楔形，切口长度与砧木的切口相当；将接穗插入砧木切口内，使二者外侧的形成层密接，捆缚，埋土。

2. 芽接法　是以一个芽为接穗的嫁接方法。北方嫁接多在 7～8 月份生长季进行，接穗选自发育成熟腋芽饱满的枝条，剪取的枝条要立即去掉叶片，保留叶柄，将枝条下部浸入水中，或用湿毛巾包裹短期贮存于冷凉的地方备用。砧木多选用 1～2 年生的实生苗。常用的芽接方法有：

"T"形芽接法：在砧木北侧，选距地面 3～5 cm 的光滑处横切一刀，长 1 cm 左右，深达木质部，再在切口中间向下划一刀，形成 T 形。在接穗的枝条上，用"三刀法"切取宽 0.8 cm、长 1.5 cm 左右的盾形芽片，将芽片放入砧木切口内，使二者上切口对齐，捆缚(图 6-8)。

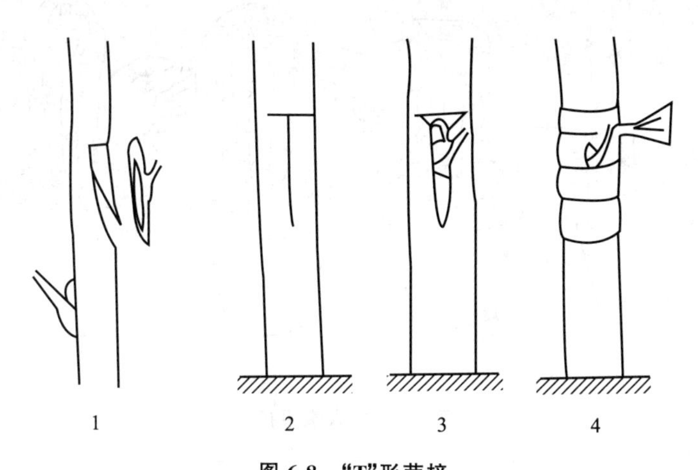

图 6-8 "T"形芽接

1. 取芽 2. 切砧 3. 装芽片 4. 包缠接口

"方块"形芽接法：适用于皮层较厚的植物。接穗为边长 1.5 cm 左右的方形芽片，在砧木的嫁接位置做一个印痕，取下相同大小的一块树皮，再将接穗放入，捆缚。

带木质部芽接法：适用于接穗不离皮或春季芽接，具体操作与"T"形芽接法相近，只是接穗带少量木质部而已。

三、嫁接后管理

枝接 20 d 左右，芽接 7 d 以后，检查是否成活。枝接者接穗新鲜饱满，甚至芽已萌动者，表示已经成活；芽接者芽片新鲜，叶柄一触即落，表示已经成活，再过 15 d 后，可以松绑。枝接苗成活后，接穗上的两个芽可同时萌发生长，待长至 5～10 cm 高时，选留其中 1 个健壮者进行培养。芽接苗成活后，于翌年早春芽萌动前，将砧木自接芽上方 1 cm 处剪断。所有的嫁接苗，要随时除去由砧木萌生的蘖芽，为接穗生长创造良好的环境。

【相关知识】 仙人掌类植物的嫁接

嫁接方法多用平接(对口接)和劈接，整个生长季均可进行。

平接用于柱状或球形种，将砧木在选择的高度横切，切口的大小要考虑接穗的体量，二者维管束要有部分密接。然后用细线纵向捆缚，相邻两条线间距离要相等，用力要均匀，使砧穗密接，但亦不可用力过大，损伤砧、穗组织(图 6-9)。

嫁接蟹爪兰、仙人掌等多用劈接法，砧木可选用三棱箭、仙人掌或叶仙人掌，接穗选生长健壮的植株，可含 1～3 个茎节，将下面的一个茎节，两侧各削一刀，切口长约 1 cm；在砧木顶端垂直下切或在砧木的一侧向斜下切，深约 1 cm，然后将接穗插入切口内，接穗可用仙人掌的硬刺固定，一般不必捆缚。

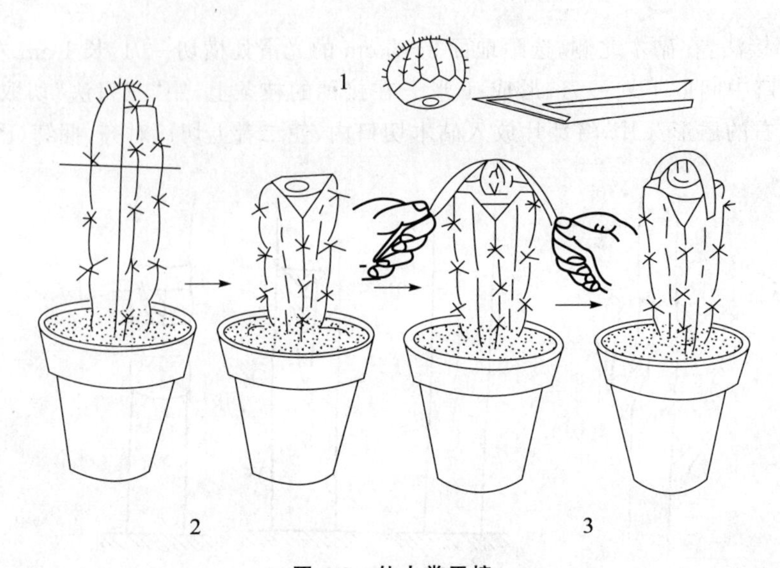

图 6-9 仙人掌平接

1. 接穗 2. 切砧 3. 接合固定

任务 3 扦插育苗

【教学要求】

熟悉并掌握花卉常用扦插育苗技术。

【教学材料】

花卉扦插育苗常用材料与用具等。

【教学方法】

在教师的指导下,学生以班级或分组进行花卉扦插育苗实践。

扦插是营养繁殖的一种方法。营养繁殖是利用植物营养器官(如根、茎、叶等)的再生能力而进行的繁殖。

一、扦插方法选择

由于取材不同,扦插方法可分为以下几种。

1. 枝插 即剪花卉植物的茎干枝条作为扦插材料。可分为硬枝扦插(休眠枝扦插)和嫩枝扦插(绿枝扦插)两种。

硬枝扦插一般在春季或秋季休眠期进行,取生长健壮的一年生枝条,剪成长 10 cm 左右,带 2~3 个芽的插穗,上剪口在芽上 0.5 cm 左右,下剪口在芽附近。插入基质深度为插穗长度的 1/3~1/2,插后覆盖塑料薄膜保持湿润。

嫩枝扦插在生长季进行，多选在6～7月的雨季，选取组织充实的当年生枝，剪截成7～10 cm的插穗，上部可保留2～3枚叶片，若叶片面积大，可以剪去每枚叶片的1/4～2/3。插入基质深度为插穗长度的1/3～1/2，扦插时要求插床或塑料薄膜密封保湿扦插床。

2. 叶插　用叶片作扦插材料。许多温室花卉可用叶插法繁殖，如根茎类的秋海棠、非洲紫罗兰、大岩桐、豆瓣绿、虎尾兰等。如虎尾兰，叶片较长，可剪截成5～10 cm长的叶段，将生长方向的下端插入基质，便可分化幼小的新株。

3. 根插　根段能产生不定芽的温室花卉，可用根插法繁殖。一般在休眠期挖取粗0.5～2.0 cm的根，剪成长5～10 cm的根段，平埋于基质中，待长出不定芽后，便可上盆或行温室地栽。

二、扦插苗管理

1. 温度管理　草本花卉和嫩枝扦插的插床的适宜温度为20～25℃，基质的温度略高于气温(2～4℃)，对插穗生根有利。

2. 湿度管理　以茎、叶为插穗时，应保持空气相对湿度在90%以上，土壤含水量60%以上。可采用间歇喷雾法，提高和保持插穗周围空气和扦插基质的湿度。

3. 光照和遮阴管理　扦插生根前，用遮阴材料将光遮去1/2～2/3，待插穗生根后，逐步恢复正常光照。

4. 空气管理　扦插介质疏松透气性好，对插穗生根有利。

Module 3

设施果树育苗技术

任务1 扦插育苗

【教学要求】
熟悉并掌握果树常用扦插育苗技术。

【教学材料】
果树扦插育苗常用材料与用具等。

【教学方法】
在教师的指导下，学生以班级或分组进行果树扦插育苗实践。

适合扦插育苗的果树，常见的有无花果、石榴、菠萝、醋栗、越橘、猕猴桃、葡萄等。果树扦插育苗与花卉扦插一样，也分为枝插、叶插和根插三种，以枝插为主。枝插又分为硬枝扦插和绿枝扦插，以硬枝扦插应用普遍。扦插育苗成功的有葡萄、猕猴桃、穗醋栗等，其中应用最广泛的是葡萄。其技术流程如下：

选枝→贮藏→剪裁→催根→扦插→管理

一、插条选择

一般在果树落叶后选择生长健壮的一年生枝，将剪下的枝条截成长 60～70 cm，每 50～100 根为一捆，置于阴凉处贮藏。

二、插条贮藏

贮藏方法分为窖藏和沟藏。先在地面铺垫 5 cm 左右的湿沙，然后铺放一层插条捆，再铺撒 4～5 cm 的湿沙，并要填满插条间的空隙，之后一层插条捆，一层湿沙，最上层插条铺撒 10 cm 湿沙，盖上一层秸秆，最后覆土保温。贮藏期间要求温度－1～－2℃，沙子湿度不超过 7%～9%。

三、插条剪裁

扦插前将枝条从窖或沟中取出，按 10～20 cm(2～4 芽)长度剪成枝段。上剪口在离芽眼 1.5～2.0 cm 处平剪，下端离下端芽眼 1.0 cm 处斜剪，可剪削成马耳形或斜面，剪口的斜面与芽眼相对。

四、催根

用 50～100 mg/kg 的萘乙酸溶液，浸泡插条基部(3～4 cm)12～24 h；或用 ABT 生根粉

100～300 mg/kg 溶液，浸泡插条基部(3～4 cm)4～6 h。

五、扦插

催根处理后的插条，在土温(15～20 cm)稳定在 10℃以上时做畦或起垄，覆盖地膜后扦插。插条斜插于土中，地面留 1 个芽，然后灌水，待水渗下后，顶芽上覆土(河沙与土混合)3～4 cm 即可。

六、管理

扦插后到插条下部生根，上部发芽、展叶，新生的插条苗能独立生长时为成活期。该阶段管理的关键是水分管理，苗圃地扦插要上足底水，当苗木独立生长后，除继续保证水分供应外，还要追肥、中耕、除草及防治病虫害。

任务 2　嫁接育苗

【教学要求】

掌握设施果树嫁接育苗流程与相应操作技术。

【教学材料】

果树嫁接常用材料与用具等。

【教学方法】

在教师的指导下，学生以班级或分组进行果树嫁接育苗实践。

果树嫁接育苗分为普通嫁接和嫁接扦插两种方式，普通嫁接育苗技术与花卉嫁接基本相同，可参考进行。本任务重点学习和掌握果树嫁接扦插育苗技术。

嫁接扦插育苗技术是先在室内进行果树嫁接，然后进行扦插，目前在葡萄苗木繁殖上应用最为广泛。

一、砧木和接穗准备

结合冬剪采集砧木和接穗，砧木年龄 1～2 年均可，接穗多用一年生枝，剪成长 50～60 cm，每 50～100 根捆成一捆，捆好后加上标签，注明品种名称，以防混杂。然后于窖内贮存或户外沟藏，窖内贮藏时要注意防止芽眼干枯或霉烂。

二、嫁接

多在 4 月上、中旬嫁接，嫁接前将砧木枝条剪成长约 20 cm，下部在节下 1～2 m 处剪成斜茬，上部在节上 5～8 cm 处剪成平茬，放在水中浸泡 1 d。接穗一般剪成单芽段，长 5～8 cm，上端切口在节上 0.5～1.0 cm 外，上下端均剪成平茬。剪后在水中泡数小时，嫁接一般用劈接，也可用切接。

三、催根

将新鲜而干净的锯末加水拌匀，在火炕、温床的炕面（床面）上铺 10 cm 锯末，再将嫁接好的接条以 60°～70°角倾斜摆好，接条间留有空隙，摆一排接条撒一层锯末，高度以盖住嫁接部位，露出顶芽为宜，最后再以湿锯末覆盖顶芽，厚 2～3 cm，以保护顶芽不干。处理期间保持温度 25～28℃，发芽后在晴天盖帘子，锯末干燥可喷水，当接口普遍产生愈合组织，基部长出新根时（约 1 个月）停止加温，并逐渐将床窗全部打开，使嫁接苗降温锻炼 5～7 d，再进行扦插。

四、扦插

一般于 5 月上、中旬地下 20 cm 土温稳定在 10～12℃时扦插为宜，扦插可用床插或垄插，垄插较多，垄插可以单行或多行，行距 30～40 cm，株距 20 cm，接口与地表平。接条摆好后，先覆盖一半土将接条盖好，然后灌水，待水渗入后培土，厚度以盖住芽眼以上 3 cm 为宜。

五、管理

接条扦插后，嫩梢出土前，注意检查，及时将露出土面的接条用湿土盖好，以免风干，苗木生长期注意抹芽，夏剪、断浮和搭架，苗木每株留一蔓，于 8 月下旬摘心。

【单元小结】

设施育苗主要有设施蔬菜育苗、设施花卉育苗和设施果树育苗。蔬菜常规育苗包括育苗土配制技术、育苗容器选择技术、种子处理技术、播种技术和苗期管理等环节，无土育苗技术和嫁接育苗技术是设施蔬菜育苗的主要技术。设施花卉育苗技术主要分为常规育苗技术、嫁接育苗技术和扦插育苗技术。设施果树育苗技术主要有扦插育苗技术和嫁接育苗技术。

【实践与作业】

1. 在教师的指导下，学生进行设施蔬菜、果树和花卉育苗实践。并完成以下作业：

（1）总结设施主要蔬菜育苗技术要领。

（2）总结设施主要花卉育苗技术要领。

（3）总结设施主要果树育苗技术要领。

【单元自测】

一、填空题（40 分，每空 2 分）

1. 蔬菜育苗土要选用不含育苗蔬菜________的田土、大蒜田土等，捣碎、捣细，充分暴晒后，________备用。

2. 蔬菜常用的育苗容器主要有________、________、________等。

3. 蔬菜播种深度一般为种子厚的________倍，小粒种子覆土________cm，中粒种子1.5～2 cm，大粒种子________cm 左右。

4. 蔬菜育苗出苗前温度要高，果菜类保持________℃，叶菜类________℃左右。

5. 种子处理内容主要有________、________、________等。

6. 果树和花卉枝接的主要方法有________、________和________三种。

7. 硬枝扦插一般在春季或秋季________进行，取生长健壮的________枝条，剪成长10 cm 左右，带________个芽的插穗，插入基质深度为插穗长度的________，插后覆盖塑料薄膜保持湿润。

二、判断题(24 分，每题 4 分)

1. 用药粉拌种时，药粉的重量一般为种子重量的 2%左右。(　　)

2. 无土育苗一般将 2～3 种有机基质与无机基质按照一定比例混合后使用。(　　)

3. "方块"形芽接法较适用于皮层较厚的木本植物。(　　)

4. 枝插分为休眠枝扦插和绿枝扦插两种。(　　)

5. 草本花卉和嫩枝扦插的插床的适宜温度为 20～25℃。(　　)

6. 插条贮藏方法分为窖藏和沟藏两种。(　　)

三、简答题(36 分，每题 6 分)

1. 简述蔬菜苗期管理技术要点。

2. 简述蔬菜无土育苗营养管理要点。

3. 简述蔬菜靠接技术要点。

4. 比较花卉不同扦插方法特点与应用。

5. 比较花卉靠接、切接和劈接的特点与应用。

6. 以葡萄为例，简述果树嫁接扦插育苗技术要点。

单元自测
部分答案 6

【能力评价】

在教师的指导下，学生以班级或小组为单位进行蔬菜育苗、果树育苗和花卉育苗实践。实践结束后，学生个人和教师对学生的实践情况进行综合能力评价。结果分别填入表 6-5 和表 6-6。

表 6-5　学生自我评价表

姓名			班级		小组	
生产模块		时间		地点		
序号	自评任务			分数	得分	备注
1	学习态度			5		
2	资料收集			10		
3	工作计划确定			10		
4	无土育苗技术实践			15		
5	蔬菜设施育苗实践			20		

续表 6-5

姓名		班级		小组	
生产模块		时间		地点	
序号	自评任务		分数	得分	备注
6	果树设施育苗实践		15		
7	花卉设施育苗实践		20		
8	指导生产		10		
合计得分					
认为完成好的地方					
认为需要改进的地方					
自我评价					

表 6-6　指导教师评价表

指导教师姓名：＿＿＿＿＿＿　评价时间：＿＿年＿＿月＿＿日　课程名称＿＿＿＿＿＿

生产模块				
学生姓名：　　所在班级				
评价任务	评分标准	分数	得分	备注
目标认知程度	工作目标明确，工作计划具体结合实际，具有可操作性	5		
情感态度	工作态度端正，注意力集中，有工作热情	5		
团队协作	积极与他人合作，共同完成工作模块	5		
资料收集	所采集材料、信息对工作模块的理解、工作计划的制订起重要作用	5		
生产方案的制订	提出方案合理、可操作性、对最终的生产模块起决定作用	10		
方案的实施	操作的规范性、熟练程度	45		
解决生产实际问题	能够解决生产问题	10		
操作安全、保护环境	安全操作，生产过程不污染环境	5		
技术文件的质量	技术报告、生产方案的质量	10		
合计		100		

【信息收集与整理】

收集园艺设施蔬菜、花卉和果树育苗新技术或新设备的应用情况，并整理成论文在班级中进行交流。

【资料链接】

1. 中国温室网：http://www.chinagreenhouse.com
2. 中国园艺网：http://www.agri-garden.com

3. 中国花卉网：http://www.china-flower.com
4. 中国果树网：http://www.zgbfgsw.com
5. 中国蔬菜网：http://www.veg-china.com/
6. 寿光蔬菜种苗网：http://www.sgzmw.com/

【教材二维码(项目六)配套资源目录】

1. 黄瓜嫁接技术图片
2. 芹菜无土育苗技术图片
3. 无土育苗基质配制技术图片
4. 月季嫁接技术图片

项目六的二维码

项目七

设施蔬菜栽培技术

知识目标

学习掌握黄瓜、番茄的温室、大棚栽培茬口,各茬口对品种的要求、育苗方法选择以及田间管理内容与要求等;掌握温室茄子、辣椒、西葫芦和菜豆的茬口安排、各茬口对品种的要求、育苗方法选择以及田间管理内容与要求。

能力目标

熟练掌握黄瓜和番茄嫁接育苗技术、定植技术、肥水管理技术、植株调整技术、保花保果技术、采收技术等;掌握温室茄子、辣椒、西葫芦和菜豆的播种与育苗技术、定植技术、植株调整技术、肥水管理技术、花果管理技术以及采收技术等。

Module 1

黄瓜栽培技术

任务1　茬口安排
任务2　品种选择
任务3　育苗技术
任务4　定植技术
任务5　田间管理技术
任务6　收瓜技术

黄瓜(图 7-1),也称胡瓜、青瓜,属葫芦科植物。黄瓜品种类型较多,营养丰富,结果早,产量高,容易栽培,适应性强,广泛分布于我国各地,为温室和塑料大棚的重要栽培蔬菜之一。

图 7-1 黄瓜

任务 1 茬口安排

【教学要求】

掌握温室、塑料大棚黄瓜常用茬口。

【教学材料】

挂图、视频、当地气象资料等。

【教学方法】

在教师的指导下,学生以班级或分组制订当地温室、塑料大棚黄瓜栽培茬口。

一、温室黄瓜茬口安排

日光温室黄瓜可进行常年栽培,主要茬口有秋冬茬和冬春茬,见表 7-1。

表 7-1 我国北方地区日光温室黄瓜生产茬口安排

茬口	播种期/(月/旬)	定植期/(月/旬)	收获期	备注
秋冬茬	7/上~8/上	直播	1 月份	不嫁接
冬春茬	9/下~10/上	10/中~11/中	12 月至翌年 4 月	嫁接栽培

二、塑料大棚黄瓜茬口安排

塑料大棚黄瓜栽培茬次分春茬和秋茬，以春茬栽培效果较好，秋茬栽培期较短，产量偏低。茬口安排见表 7-2。

表 7-2　我国北方地区大棚黄瓜生产茬口安排

茬口	播种期/(月/旬)	定植期/(月/旬)	收获期/(月/旬)	备注
春茬	2/上～3/上	3/上～4/上	4～7	嫁接或不嫁接
秋茬	6～7	直播	8～10	不嫁接，夏季防雨、遮阳

塑料大棚春茬栽培一般在当地晚霜结束前 30～40 d 定植，定植后 35 d 左右开始采收，供应期 2 个月左右；秋茬一般在当地初霜期前 60～70 d 播种育苗或直播，从播种到采收 55 d 左右，采收期 40～50 d。由此可以确定各地适宜的播种期。

任务 2　品种选择

【教学要求】

掌握温室、塑料大棚黄瓜对品种的要求以及常用品种。

【教学材料】

挂图、图片、视频等。

【教学方法】

在教师的指导下，学生以班级或分组制订当地温室、塑料大棚黄瓜不同栽培季节的品种选定计划。

一、温室黄瓜品种选择

1. 冬春栽培　应选择耐低温，耐弱光，抗病，瓜码密，单性结实能力强，瓜条生长速度快，品质佳，商品性好的品种。适宜温室冬春茬栽培的品种有津优 30、津优 35、津优 38、津绿 3 号、博杰 21 号、李氏 21 等。

2. 春季栽培　应选择耐低温又耐高温、耐弱光、坐瓜节位低，主蔓可连续结瓜且结回头瓜能力强的品种。适宜温室春茬栽培的品种有津优 30、津优 35、津优 36、津优 38、际洲 3 号、博杰 21 号等。

3. 秋冬栽培　应选择耐热又抗寒、抗病性强的中晚熟品种。适宜温室秋冬茬栽培的品种有津杂 1 号、津优 1 号、津优 11 号、中农 8 号等。

二、塑料大棚黄瓜品种选择

1. 春茬黄瓜品种选择　应选择耐低温、耐弱光、适应性强、早熟、抗病、丰产的品种。适宜大棚春茬栽培的品种有津优30、津优33、津杂2号、中农9号、鲁黄瓜6号、农大14号等。

2. 大棚秋茬品种选择　应选择耐热、抗病、瓜码密、节成性好的品种。适宜大棚秋茬栽培的品种有津优1号、津春4号、津春5号、中农12号、秋棚1号、津研4号、博美2号等。

任务3　育苗技术

【教学要求】

掌握黄瓜常规育苗和嫁接育苗技术要领。

【教学材料】

黄瓜种子、育苗用具等。

【教学方法】

在教师的指导下，学生以班级或分组参加黄瓜育苗实践。

一、常规育苗

1. 选择育苗场所与设施　春茬栽培育苗设施采用日光温室或温床；秋茬育苗苗床应具有遮光、降温、防雨、防虫的功能。

2. 播前准备　采用育苗钵育苗或育苗穴盘无土育苗，具体准备参照项目六。

3. 播种　点播。

4. 苗床管理　春茬栽培育苗期正值低温季节，应采取增温和保温措施。为了培育壮苗，并使花芽分化良好，可采取大温差育苗，白天最高气温可达到35℃，夜间最低气温13～15℃。定植前7～10 d要进行低温炼苗，夜间最低温度可逐渐降低到8～10℃，并适度控水。

秋茬栽培可采用直播，也可育苗移栽。播种期和苗期正值高温多雨季节，应注意遮阴、防雨和防虫。育苗时苗龄宜短，一般以不超过20 d，幼苗具有2叶1心为宜。

二、嫁接育苗

多选用黑籽南瓜、白籽南瓜，也可选择南砧1号、新土佐、拉-7-1-4等南瓜品种作砧木。

适宜的嫁接方法主要有靠接法和插接法。黄瓜嫁接苗的苗龄不宜过长，穴盘育苗以嫁接苗充分成活，第1片真叶完全展开后定植为宜，育苗钵育苗以嫁接苗充分成活，第2～3片真叶完全展开后定植为宜(图7-2)。具体嫁接技术及嫁接苗培育技术见蔬菜育苗部分。

图 7-2 黄瓜嫁接苗

任务 4 定植技术

【教学要求】

掌握温室和塑料大棚黄瓜定植技术要领。

【教学材料】

黄瓜苗、定植用具等。

【教学方法】

在教师的指导下，学生以班级或分组参加黄瓜苗定植实践。

一、整地、施肥

翻地深度 30～40 cm，施腐熟有机肥 4 000～5 000 kg/667 m^2，搂平耙细。起高畦，畦高 10～12 cm，畦宽 80 cm，畦上起两个小垄，垄间距离 50 cm。

二、定植

适宜的定植时间为定植后有 3～4 个晴天。定植在晴天上午进行，定植时穴施磷酸二铵 10～15 kg/667 m^2、硫酸钾 20 kg/667 m^2，与土拌匀后栽苗。按照株距 25 cm 栽苗，底水要浇足，水渗后封埯，栽苗不宜过深，以土坨与垄台齐平为准。特别注意不要将嫁接点埋在土壤中，以免影响嫁接效果。

保苗 3 500～3 700 株/667 m^2。定植后覆盖地膜，进行膜下滴灌或膜下沟灌（图 7-3、图 7-4）。

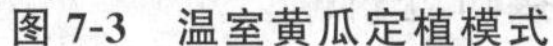
图 7-3　温室黄瓜定植模式

图 7-4　温室黄瓜定植后覆盖地膜

任务 5　田间管理技术

【教学要求】

掌握温室和塑料大棚黄瓜温度、肥水、植株调整等田间管理技术要领。

【教学材料】

温室、大棚种植的黄瓜以及管理常用农资、工具等。

【教学方法】

在教师的指导下，学生以班级或分组参加黄瓜田间管理实践。

一、缓苗期至初花期管理

定植后为加速缓苗，地温应保持在 15℃以上，白天气温保持在 25～30℃，夜间保持在 20～22℃。

缓苗后，中柱处张挂聚酯反光膜，白天保持 25～30℃，夜间 14～15℃，控制灌水，不干不浇，促进根系生长。为了加强保温，适当晚揭早盖防寒被。

5～6 片真叶期，开始爬蔓，应及时吊蔓，防止相互缠绕影响生长，垄上方南北拉铁丝，用塑料绳吊成单排立架，形成北高南低，绳上端拴在铁丝上，下端拴在子叶下方，注意不要绑得过紧，防止把接口处拉断。生产上也可在定植行南北两端拉上底线固定好，把吊绳绑在底线上。然后进行吊蔓。

二、结瓜期管理

1. 温度管理　低温期应以保温增加光照为主，白天保持 25～30℃，前半夜 15～20℃，后半夜 13～15℃，注意夜间防寒保温，节能日光温室要及时拉上二层幕，在日落前要盖上草苫、保温被等。并根据植株长势，调整反光膜的高度和角度，使反射的光能照到植株的中部。

高温期应采取遮光降温措施，防止温度过高。秋季栽培温度明显下降时，应及时扣盖好薄膜保温。

2. 水肥管理　根瓜开始采收后，进入结瓜盛期，每 667 m^2 追硝酸铵 10 kg，硫酸钾 10 kg，选择晴天上午结合灌水追肥，根据摘瓜量的多少，一般 20～30 d 追肥一次。根据天气状况和土壤水分蒸发情况 7～10 d 灌一次水，始终保持土壤湿润，空气湿度和温度过高时，放顶风降温排湿。

3. 植株调整　嫁接黄瓜砧木上易萌发侧枝，应及早摘除。随着植株生长要及时吊蔓，发生侧蔓也应摘除，以免遮光影响光照。顶端黄瓜的生长点如果顶到棚膜，或超过上部的拉线，应进行落蔓，落蔓前，剪掉底部老化黄叶。落蔓方法，先松开铁丝上端的蔓，在中午茎蔓软化时轻轻落下，落到适当高度，拴牢固定，注意不要在嫁接口处折断。

底部超过 30 d 以上的叶片，即为老化叶，已不具备功能叶片的作用，结合调整植株及时摘除，防止感染病害。卷须及一部分雌花也应摘除，把养分集中在瓜条上。

4. 二氧化碳施肥　冬春黄瓜栽培，进入结瓜期后，于早晨揭开保温被或草苫后应及时进行二氧化碳施肥，使浓度达到 1 500～2 000 μL/L，应持续施肥 30 d 以上。二氧化碳施肥后，根系活力减弱，应加强水肥管理，增产幅度可达 30%以上。

任务 6　收瓜技术

【教学要求】

掌握温室和塑料大棚黄瓜采收要领。

【教学材料】

温室、大棚种植的黄瓜以及采收用具等。

【教学方法】

在教师的指导下，学生以班级或分组参加黄瓜采收实践。

一、采收标准

黄瓜采收标准是瓜条显棱，瓜色鲜亮，顶花带刺，瓜条长一般 15～18 cm。黄瓜根瓜要尽早采收，以防坠秧。结瓜前期因温度低，生长慢，可以隔 3～4 d 采收一次。随着外界气温升高，肥水治理的加强，每隔 2～3 d 采收一次。到盛果期，天天凌晨采收一次。

二、采收方法

采收宜于清晨进行，要轻拿轻放，避免发生机械伤害，顶花带刺。为了提高其商品性采收时最好用剪刀留 0.5 cm 果蒂。最好放于竹筐、木箱或塑料箱中，箱底及周围垫铺席和塑料薄膜，以便销前运输。

Module 2

番茄栽培技术

任务1　茬口安排
任务2　品种选择
任务3　育苗技术
任务4　定植技术
任务5　田间管理技术
任务6　采收技术

图 7-5 番茄

番茄(图 7-5)别名西红柿、洋柿子,古名六月柿、喜报三元,属茄科植物。番茄果实营养丰富,具特殊风味。可以生食、煮食,也可以加工制成番茄酱、汁或整果罐藏。番茄的品种类型多,适应性强,结果期长,产量高,是全世界栽培最为普遍的果菜之一,也是我国重要的设施蔬菜之一。

任务 1 茬口安排

【教学要求】

掌握温室、塑料大棚番茄常用茬口。

【教学材料】

挂图、视频、当地气象资料等。

【教学方法】

在教师的指导下,学生以班级或分组制订当地温室、塑料大棚番茄栽培茬口。

一、温室番茄茬口安排

温室番茄的栽培茬口安排见表 7-3。以冬春茬栽培为主。

表 7-3 番茄温室栽培季节

季节茬口	播种期	定植期	主要供应期	说明
冬春茬	8 月	9 月	11 月至翌年 4 月	可延后栽培
春茬	12 月至翌年 1 月	2～3 月	4～6 月	保护地育苗
夏秋茬	4～5 月	直播	8～10 月	
秋冬茬	6～7 月	8～9 月	10 月至翌年 2 月	

番茄不宜连作,应与非茄科作物轮作,轮作年限至少 3 年。

二、塑料大棚番茄茬口安排

塑料大棚主要进行春茬、秋茬和全年茬栽培,春茬的适宜定植期为当地断霜前 30～

50 d，秋茬应在大棚内温度低于 0℃前 120 d 以上时间播种。

任务 2　品种选择

【教学要求】
掌握温室、塑料大棚番茄对品种的要求以及常用品种。

【教学材料】
挂图、图片、视频等。

【教学方法】
在教师的指导下，学生以班级或分组制订当地温室、塑料大棚番茄不同栽培季节的品种选定计划。

一、温室番茄品种选择

冬春栽培番茄，应选用抗病、耐低温、耐弱光、在低温弱光条件下坐果率高、果实发育快、果实商品性好的品种。比较适宜的品种有无限生长类型的 L-402、圣女、丽春、佳粉 1 号和有限生长类型的品种早春、中丰等。

二、塑料大棚番茄品种选择

宜选用早、中熟，耐寒、抗病、结果集中而丰产潜力大的品种。

任务 3　育苗技术

【教学要求】
掌握番茄常规育苗和嫁接育苗技术要领。

【教学材料】
番茄种子、育苗用具等。

【教学方法】
在教师的指导下，学生以班级或分组参加番茄育苗实践。

一、常规育苗

1. 浸种催芽　晒种 1～2 d，再用热水（55～60℃）浸泡 10～15 min，之后用清水浸泡 4～5 h。再用 10%磷酸三钠浸种 30 min。捞出种子淘洗干净，沥干水分，用干净湿纱布包好种子，置于 25～28℃下催芽。每天用清水淘洗种子 1～2 次，萌芽后播种。

2. 营养土配制　肥沃田土 6 份，腐熟有机粪肥 3 份，以利于在起苗移栽时不散坨。为了增加床土中养分的含量，可以适当地加入些化肥，一般每立方米床土中加入 100 g 多菌灵和 1 kg 氮、磷、钾复合肥。

选好床地后，深翻整地，并铺入配制好的床土，铺床土厚度为：播种床为 8～10 cm，移苗床为 10～12 cm。

3. 播种　苗床浇水，水量要足。待水下渗后，均匀撒播，播后覆盖过筛细潮土约 0.5 cm。

4. 播后管理　低温期育苗播种后覆盖地膜，并扣盖小拱棚保温。播种初期要保持较高温度，白天控制在 28～30℃，夜间保持 16～18℃。齐苗后通风降温，直到移苗前，白天 20～25℃，夜间 13～15℃，在这段时间，土壤不过干不浇水，如果浇底水不足，幼苗缺水时，也要浇小水，并通过放风排湿。移苗初期要给以较高温度，白天 26～32℃促进地温提高，夜间在 16～18℃，5～6 d 就可以缓苗，缓苗后降温，白天控制在 20～25℃，超过 25℃通风降温，夜间保持 12～14℃。水分管理是见干见湿，浇水后及时通风排湿。定植前 7～10 d，加大放风量，降低温度，白天不超过 20℃，夜间降到 5～8℃，锻炼秧苗。

夏秋育苗播后在畦外设置小拱棚架，覆盖一层遮阳网（或防虫网），雨天在遮阳网上盖一层防雨膜。1～2 叶时进行疏苗，疏除病苗和弱苗。2～3 叶期分苗，苗距 7～8 cm 见方或分苗于育苗钵内。苗期注意补水，并喷 0.2%的硫酸锌和 0.2%的磷酸二氢钾 2 次。此外，为防止幼苗徒长，在 2 叶时可喷洒 1 次矮壮素 500～1 000 倍液。苗龄 30～40 d，6～8 叶时定植。

二、嫁接育苗

番茄嫁接砧木主要有托鲁巴姆茄、湘茄砧 1 号、LS-89、耐病新交 1 号、斯克番（Skfan stock）、BF 兴津 101 等。砧木种子撒播，2～3 叶时移栽到营养钵中，每钵 1 苗，也可直接点播在营养钵中。接穗撒播。

嫁接方法主要有劈接法和靠接法两种，嫁接要求具体参照嫁接育苗部分。嫁接苗如图 7-6 所示。

图 7-6　番茄嫁接苗

任务 4　定植技术

【教学要求】

掌握温室和塑料大棚番茄定植技术要领。

【教学材料】

番茄苗、定植用具等。

【教学方法】

在教师的指导下，学生以班级或分组参加番茄苗定植实践。

一、整地、施肥

每 667 m^2 施腐熟鸡粪 5～6 m^3、复合肥 100～150 kg、硫酸锌和硼砂各 0.5 kg。基肥的 2/3 撒施于地面作底肥，结合土壤深翻使粪与土掺和均匀；其余的 1/3 整地时集中条施。

整平地面，做成南北向低畦，畦宽 1.2 m，畦内开挖 2 行定植沟，沟距 40～50 cm，沟深 15 cm 左右。

二、定植

起苗前 1～2 d 浇 1 次小水，起苗时要带土坨，尽量少伤根。大小分开，去除病苗、劣质苗。按株距 30～33 cm，将苗轻放于沟内，交错摆苗，覆土封沟，每 667 m^2 栽 3 600～4 000 株。徒长苗可采用卧栽法。嫁接苗宜浅栽，不宜深栽。整棚栽完后浇足定植水。

任务 5　田间管理技术

【教学要求】

掌握温室和塑料大棚番茄温度、肥水、植株调整等田间管理技术要领。

【教学材料】

温室、大棚种植的番茄以及管理常用农资、工具等。

【教学方法】

在教师的指导下，学生以班级或分组参加番茄田间管理实践。

一、培垄与覆盖地膜

缓苗后地皮不黏时，开始中耕并培成单行小垄，垄高 10～15 cm。两小垄盖一幅 100 cm 宽地膜，中间为一浅沟以便膜下灌溉。

二、温度和光照管理

低温期缓苗期间白天温度 25～30℃，夜间 15～20℃。缓苗后白天 20～28℃，夜间 10～15℃。结果后，上午 25～28℃，下午 25～20℃；前半夜 18～15℃，后半夜 15～10℃。地温不低于 15℃，以 20～22℃为宜。高温期定植后要采取设施遮阴措施，防止高温。

通过张挂反光幕、擦拭薄膜、延长见光时间等措施保持充足的光照。

三、肥水管理

缓苗后及时浇一次缓苗水，之后到第一层果坐住以前，控水蹲苗。当第一层果有核桃大小或鸡蛋大小时，及时浇水。结果期冬季 15～20 d 浇 1 次，春季 10～15 d 浇 1 次，高温季节 5～7 d 浇一次。冬季宜在晴天上午浇水，并采用膜下暗浇。夏秋季宜在早晚浇水，适当加大浇水量。

当第一层果坐住时，进行第一次追肥。首次收获后，进行第二次追肥，以后每次收获后进行追肥，每次每 667 m^2 冲施尿素 15 kg、磷酸二氢钾 3～5 kg。生长后期，每 5～7 d 叶面喷施 0.1%磷酸二氢钾和 0.1%尿素混合液。

四、整枝

生产上应用最广的整枝方式为单干、双干和连续换头整枝，如图 7-7 所示。

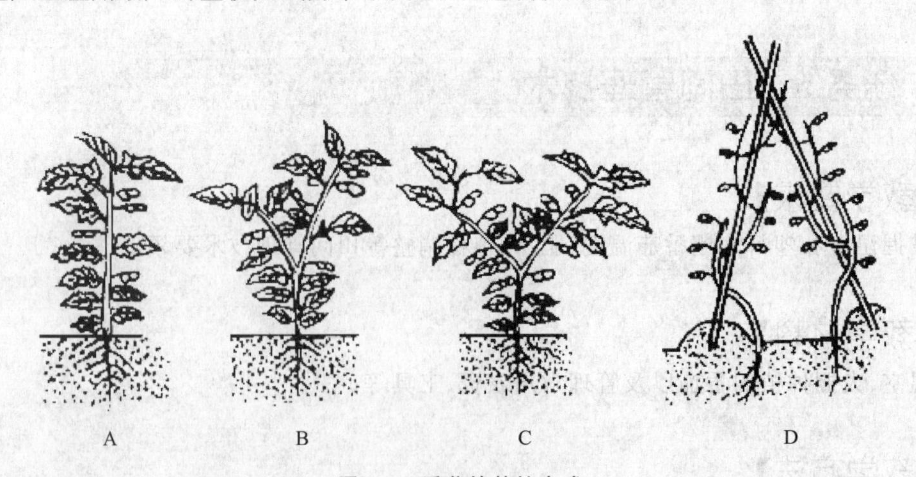

图 7-7　番茄的整枝方式

A. 单干整枝　B. 改良单干整枝　C. 双干整枝　D. 连续换头整枝

1. 单干整枝　保留主干结果，其他侧枝及早疏除。该式用苗多，单株产量有限，但适于密植，前期产量高，总产也较高，适于早熟栽培。为增加单株结果数，也可保留果穗下的一个侧枝，结一穗果摘心，成为改良单干整枝。

2. 双干整枝　除主干外，再保留第一花序下所抽生的第一侧枝结果，其余侧枝均及时除去。此法有利于根系和植株的健壮生长，单株结果量大，适于高秧中、晚熟品种丰产栽培。

3. 连续换头整枝　主要有以下三种做法：一是在主干上保留三穗果摘心，留其下强壮侧枝代替主干，再留三穗果摘心，共保留 6 穗果；二是进行两次换头，共留 9 穗果，方法与第一种基本相同；三是连续摘心换头，当主干第二花序开花后留 2 片叶摘心，留下紧靠第一花序下面的一个侧枝作主干，第一侧枝结 2 穗果后同样摘心，共摘心 5 次，留 5 个结果枝，结 10 穗果，每次摘心后都要扭枝，使果枝向外开张 80°～90°，以后随着果实膨大，重量增加，结果枝逐渐下垂，每个果枝番茄采收后，都要把枝条剪掉。该法通过换头和扭枝，降低植株高度，有利于养分运输。但扭枝后植株开张度增大，需减小栽培密度，靠单株果穗多、果个大提高产量。

五、摘心

主要用于无限生长类型。根据栽培目的，在确定所留果穗的上方留 1～2 叶摘心。大架栽培多留五六穗果，中架栽培留三四穗果。

六、吊蔓和落蔓

温室番茄在植株上方距畦面 2.0～2.5 m 处沿畦方向按行分别拉 2 道 10 号铁丝，每个植株用吊绳捆缚并将植株吊起。吊绳上端用活动挂钩挂在铁丝上，挂钩可在铁丝上移动。随着植株生长，不断引蔓、绕蔓于吊绳上。当植株顶部长至上方铁丝时，及时落蔓，每次落蔓 50 cm 左右。

塑料大棚早熟番茄栽培一般采取支架方式，主要架型有单杆架、圆锥架等。

七、保花保果与疏花疏果

番茄容易发生落花落果现象，对其早熟性和丰产性影响较大。目前普遍应用 2,4-D 和番茄灵(PCPA，防落素)处理。2,4-D 使用浓度为 10～15 mg/kg。每千克药液中加入 1 g 速克灵或扑海因兼防灰霉病，并加入少许广告色作标记，以防重蘸、漏蘸。一般用毛笔蘸药涂抹花柄。

番茄灵用于喷花，使用浓度为 30～50 mg/kg。

为减少营养的无谓消耗，保证预留花都坐果，每个果都形正个大，还应适时的疏除发育畸形和多余的花、果。

八、再生措施

中晚熟番茄品种，夏季高温(6 月)来临时，在距地面 10～15 cm 处，平口剪去番茄老株。

宜选择阴天或者下午气温较低时进行，以免剪口抽干。剪枝后及时浇水，水不要漫过剪口。一周后番茄老株长出 3～5 个侧枝。选留紧靠下部、长势健壮的一个侧枝作为结果枝。

任务6　采收技术

【教学要求】

掌握温室和塑料大棚番茄采收要领。

【教学材料】

温室、大棚种植的番茄以及采收用具等。

【教学方法】

在教师的指导下，学生以班级或分组参加番茄采收实践。

一、采收标准

在低温情况下，番茄开花后 45～50 d 果实成熟，若温度高，则开花后 40 d 左右便成熟。依据番茄果实的采收目的不同采收标准不同。

番茄果实的成熟过程一般分为四个时期，绿熟期（果实已充分长大，果皮绿色变淡，果肉坚硬）、转色期（果脐已开始变色，采收后经较短时间即可变色）、成熟期（果实大部分着色，已表现出本品种固有的鲜艳色泽，风味最好）、完熟期（果实全部着色、果肉变软、种子成熟）。

青熟期采收，果实坚硬，适于贮藏或远距离运输，但含糖量低，风味较差。番茄果实采收时间一般在转色期和成熟期。

二、采收方法

采收时间宜在早晨或傍晚温度偏低时进行。采收时或带一小段果柄或不带。

樱桃番茄同穗果上果实成熟有先后，应分批采收，采收在果实转色期进行，采收时要保留萼片和一小段果柄。将果实分级后装入食品盒或包装箱内待售。

Module 3

西葫芦栽培技术

任务 1　茬口安排
任务 2　品种选择
任务 3　育苗技术
任务 4　定植技术
任务 5　田间管理技术
任务 6　采收技术

西葫芦(图 7-8)别名茭瓜、白瓜、番瓜、美洲南瓜、云南小瓜、菜瓜、荨瓜,为葫芦科南瓜属植物。西葫芦营养丰富,适应性广,容易栽培,是我国重要的瓜菜之一。温室西葫芦栽培产量高、上市早,经济效益好,是温室重要的蔬菜栽培茬口之一。

任务 1　茬口安排

【教学要求】

掌握温室西葫芦常用栽培茬口。

图 7-8　西葫芦

【教学材料】

挂图、视频、当地气象资料等。

【教学方法】

在教师的指导下,学生以班级或分组制订当地温室西葫芦栽培茬口。

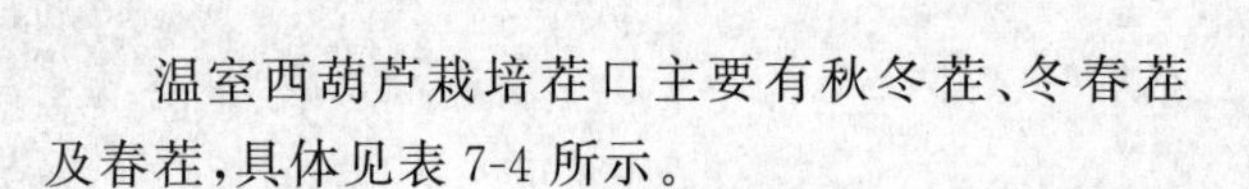

温室西葫芦栽培茬口主要有秋冬茬、冬春茬及春茬,具体见表 7-4 所示。

表 7-4　日光温室西葫芦生产茬口安排

茬次	播种期/(月/旬)	定植期/(月/旬)	收获期/(月/旬)	备注
秋冬茬	8/下	9/下	11 至翌年 1/上、中	不嫁接
冬春茬	9/下～10/上	10/下～11/上	1/上～4/下	嫁接
春茬	12/上、中	1/中、下	3/上～5/中、下	嫁接或不嫁接

任务 2　品种选择

【教学要求】

掌握温室西葫芦对品种的要求以及常用品种。

【教学材料】

挂图、图片、视频等。

【教学方法】

在教师的指导下,学生以班级或分组制订当地温室西葫芦不同栽培季节的品种选定计划。

应选择早熟、矮生、雌花节位低、耐寒、抗病的品种。如早青、灰采尼、美国4094西葫芦等。

任务3 育苗技术

【教学要求】

掌握温室西葫芦常规育苗和嫁接育苗技术要领。

【教学材料】

西葫芦种子、育苗用具等。

【教学方法】

在教师的指导下，学生以班级或分组参加西葫芦育苗实践。

一、常规育苗

在日光温室内育苗。播种前进行温汤浸种，常温下浸泡8 h，催芽温度为30℃。大部分种子萌芽后即可播种。

营养钵育苗，每钵播种1粒带芽的种子，覆土厚度为2 cm。苗期应注意通风，增加光照，适当控水，以防幼苗徒长和病毒病的发生。苗龄不宜过长，以日历苗龄30 d左右，具3～4片真叶，株高10～12 cm，茎粗0.5～0.6 cm为宜。

二、嫁接育苗

采用黑籽南瓜做砧木进行嫁接可提高抗病性和抗寒性，方法参照嫁接育苗部分。

任务4 定植技术

【教学要求】

掌握温室西葫芦定植技术要领。

【教学材料】

西葫芦苗、定植用具等。

【教学方法】

在教师的指导下，学生以班级或分组参加西葫芦苗定植实践。

一、整地、施肥

定植前施足底肥。每 667 m^2 施用充分腐熟的纯鸡粪 4～5 m^3 或纯猪粪 7～8 m^3，优质复合肥 100 kg，磷肥 100 kg，适量硫酸亚铁、硼酸等。肥料的 2/3 普施，1/3 集中施入定植沟内。深翻土地 40 cm，耙碎搂平做畦。

采用小高垄单行定植，大小行栽培，大行距 80 cm，小行距 60 cm，垄高 15 cm。

二、定植

定植前 10～15 d 扣棚。采用坐水栽苗法，定植深度要均匀一致，以埋没根系为宜，株距为 50 cm，每 667 m^2 栽苗 1 800 株左右，随后浇足定植水，定植水要浇深浇透。

定植后将垄面垄沟重新修整，做到南北沟底（暗沟）水平或略微北高南低，随后进行隔（大）沟盖（小）沟式覆膜。

任务 5　田间管理技术

【教学要求】

掌握温室西葫芦温度、肥水、植株调整等田间管理技术要领。

【教学材料】

温室种植的西葫芦以及管理常用农资、工具等。

【教学方法】

在教师的指导下，学生以班级或分组参加西葫芦田间管理实践。

一、温度管理

定植后一周内温度保持在 25～30℃，促新根萌发，超过 32℃时，放草苫遮阴或覆盖遮阳网降温。缓苗后降低温度，白天 25℃左右，夜间 15℃左右。结瓜期要保持高温，白天温度 28～30℃，夜间 15℃以上。冬季温度偏低时，要加强增温和保温措施，白天温度不超过 32℃不放风，夜间温度不低于 8℃。翌年春季要防高温，白天温度保持在 28℃左右，夜间 15～20℃。

二、肥水管理

浇足定植水后，一般到坐瓜前不再浇水。田间大部分瓜秧坐瓜后，开始浇水，保持地面湿润。冬季温度低，需水少，一般 15 d 左右在膜下沟浇一次水。春季需水量大，每 7～10 d 浇一次水，后期可大、小垄沟同时浇水。

施足底肥后，结瓜前不追肥。进入结瓜期后，结合浇水进行追肥。冬季每 15 d 左右追一次肥，春季每 10 d 左右追一次肥，拉秧前 30 d 不追肥或少量追肥。化肥溶解后随水冲施，一般每次每 667 m^2 追施复合肥 15～20 kg，或硝酸钾 20 kg。有机肥主要用饼肥、鸡粪的沤制液。进入结瓜盛期，追肥量应适当加大，同时叶面交替喷施丰产素、爱多收、叶面宝、0.1%磷酸二氢钾、1%红糖等，以防早衰。

三、光照管理

采取合理揭盖草苫、保持薄膜清洁、及时进行植株调整等措施，增加温室内的光照量，延长光照时间，改善光照条件。

四、植株调整

植株伸蔓后开始吊绳引蔓，之后，随着瓜蔓的不断伸长，定期将蔓缠到吊绳上。西葫芦以主蔓结瓜为主，发生的侧枝应及时抹掉，老叶、病叶也应及时摘除，以利通风透光，减轻病害。生长后期，主蔓老化或生长不良时，可选留 1～2 个侧蔓，待其出现雌花时，将主蔓打顶，以保证侧蔓结瓜。

五、植物生长调节剂的应用

发棵期，当瓜秧发生旺长不易坐瓜时，用助壮素喷洒心叶和生长点，连喷 2～3 次，直到心叶颜色变深、发皱为止。

六、人工授粉

要在上午 10 时前进行。授粉时，取下刚开放的雄花，摘除花瓣，将花药放在刚开放的柱头上轻轻触抹几下，使柱头表面均匀涂抹上一层花粉，一朵花可以连续给 3～4 朵雌花授粉。

任务 6　采收技术

【教学要求】

掌握温室西葫芦采收要领。

【教学材料】

温室西葫芦以及采收用具等。

【教学方法】

在教师的指导下，学生以班级或分组参加西葫芦采收实践。

一、采收标准

早采收根瓜，根瓜长到 200～250 g 时采收。勤收腰瓜，瓜在开花 10 d 后，达到 250～400 g 时的嫩瓜即可采收上市。避免瓜秧上一次留瓜过多，一般留 2～3 个瓜同时生长为宜。晚采顶瓜，顶瓜数量少适当晚采，一般 800～1 000 g 时采收，增加产量。

二、采收方法

西葫芦采收最好在早晨进行，早晨果实中含水量高，容易保持鲜嫩。西葫芦瓜把粗短，采收时要用利刀或剪刀收瓜。注意轻拿轻放，不要损坏瓜秧，不要遗漏应采收的嫩瓜。

Module 4

辣椒栽培技术

任务1　茬口安排
任务2　品种选择
任务3　育苗技术
任务4　定植技术
任务5　田间管理技术
任务6　采收技术

图 7-9 辣椒

辣椒(图 7-9),又叫番椒、海椒、辣子、辣角、秦椒等,是茄科辣椒属植物。辣椒属为一年或多年生草本植物。辣椒的果实中维生素C的含量在蔬菜中居第一位,具有较高的营养保健功效。辣椒品种类型丰富,果实颜色、形状、大小差异明显,除了做一般蔬菜栽培外,还作为设施观赏蔬菜、彩色蔬菜被广泛栽培,是重要的温室栽培蔬菜之一。

任务1 茬口安排

【教学要求】

掌握温室辣椒常用栽培茬口。

【教学材料】

挂图、视频、当地气象资料等。

【教学方法】

在教师的指导下,学生以班级或分组制订当地温室辣椒栽培茬口。

温室辣椒设施栽培的主要季节茬口有:

1. 温室冬春茬　多在8月播种育苗,10月移栽,冬春季收获。若采用修剪再生措施,收获期可延后至翌年秋季。

2. 温室早春茬　冬季播种育苗,早春移栽。以春季早熟栽培为主,也可越夏恋秋栽培成为全年一大茬。

3. 温室秋冬茬　夏秋季播种育苗,秋季移栽,晚秋到深冬收获。

任务2 品种选择

【教学要求】

掌握温室辣椒对品种的要求以及常用品种。

【教学材料】

挂图、图片、视频等。

【教学方法】

在教师的指导下,学生以班级或分组制订当地温室辣椒不同栽培季节的品种选定计划。

宜选用耐寒、耐弱光、生长势强、坐果能力强、抗病、丰产、味甜或微辣的品种,如中椒 2 号、中椒 7 号、陇椒 1 号、津椒 3 号等品种。彩色辣椒品种可选择麦卡比、白公主、紫贵人、红英达等。

任务 3 育苗技术

【教学要求】

掌握温室辣椒育苗技术要领。

【教学材料】

辣椒种子、育苗用具等。

【教学方法】

在教师的指导下,学生以班级或分组参加辣椒育苗实践。

一、配制育苗土

采用容器育苗。育苗土的肥、土用量比例为 5∶5,每立方米土内再混入氮磷钾复合肥 1 kg 左右,另加入多菌灵 100～200 g、辛硫磷 100～200 g。把肥、土和农药充分混拌均匀,并过筛。

二、种子处理

晒种 1～2 d。用 55～60℃热水浸种 15 min 后,再用清水浸泡 12 h。用 10%磷酸三钠浸种 30 min,捞出种子稍晾晒后进行催芽。

三、播种

一般 7 月下旬至 8 月上旬播种,每钵中央点播 1～2 粒带芽的种子,播后覆过筛细潮土厚约 0.5 cm。

四、苗期管理

夏季育苗播后在畦外设置小拱棚架,覆盖一层遮阳网(或防虫网),雨天在遮阳网上盖一层防雨膜。1～2叶时进行疏苗,疏除病苗和弱苗。苗期注意补水,并喷0.2%的硫酸锌和0.2%的磷酸二氢钾2次。

低温期育苗,播种后覆盖地膜,并扣盖小拱棚保温。白天控制在28～30℃,夜间保持16～18℃。齐苗后通风降温,白天20～25℃,夜间13～15℃。水分管理见干见湿,浇水后及时通风排湿。定植前7～10 d,加大放风量,降低温度,白天不超过20℃,夜间降到5～8℃,锻炼秧苗。

苗高20 cm,9～11叶时定植。

任务4 定植技术

【教学要求】

掌握温室辣椒定植技术要领。

【教学材料】

辣椒苗、定植用具等。

【教学方法】

在教师的指导下,学生以班级或分组参加辣椒苗定植实践。

一、整地、施肥

每667 m^2 施入腐熟优质粪肥4～6 m^3、50 kg复合肥,或过磷酸钙50～60 kg、硫酸钾20 kg。其中2/3铺施翻地后耙平,余下的1/3混匀后集中施入定植沟内。

垄作或高畦栽培。

二、定植

垄作采取大小垄距起垄,每垄1行,大垄距60～70 cm,小垄距30～40 cm。高畦栽培每畦栽2行苗,畦内行距40 cm,穴距30～33 cm,每穴2株,每667 m^2 4 000穴左右。彩色辣椒双行或单行定植,行距55～65 cm,株距40～60 cm,667 m^2 定植2 000～2 500株。

深度以苗坨与畦面相平为宜,栽后封严定植穴,并覆盖地膜。

任务5 田间管理技术

【教学要求】

掌握温室辣椒温度、肥水、植株调整等田间管理技术要领。

【教学材料】

温室种植的辣椒以及管理常用农资、工具等。

【教学方法】

在教师的指导下，学生以班级或分组参加辣椒田间管理实践。

一、温度管理

定植后缓苗阶段要注意防高温，晴天中午前后的温度超过 35℃时要通风降温或遮阴降温。缓苗后对辣椒进行大温差管理，白天温度 25～30℃，夜间温度 15℃左右。开花结果期夜间温度应保持在 15℃以上。冬季要注意防寒，最低温度不要低于 5℃。翌年春季要注意防高温，白天温度 30℃左右，夜间温度 20℃左右。

二、肥水管理

缓苗后应及时浇一次水，促发棵。开花坐果期要控制浇水，大部分植株上的门椒长到核桃大小后开始浇水，结果期间要勤浇水、浇小水，经常保持地面湿润。

缓苗后结合浇发棵水追一次氮肥，每 667 m^2 15 kg 左右。结果期每 10～15 d 追一次肥，尿素、复合肥与有机肥交替施肥。有机肥要先沤制，浇水时取上清液冲施于地里。

三、整枝

大果型品种结果数量少，对果实的品质要求较高，一般保留 3～4 个结果枝；小果型品种结果数量多，主要依靠增加结果数来提高产量，一般保留 4 个以上结果枝。辣椒整枝不宜过早，一般当侧枝长到 15 cm 左右长时抹掉为宜，以后的各级分枝也应在分枝长到 10～15 cm 长时打掉。

四、绑蔓

在每行辣椒上方南北向各拉一道 10 号或 12 号铁丝。将绳的一端系到辣椒栽培行上方的粗铁丝上，下端用宽松活口系到侧枝的基部，每根侧枝一根绳。用绳将侧枝轻轻缠绕住，使侧枝按要求的方向生长。

五、再生技术

结果后期，将对椒以上的枝条全部剪除，用石蜡将剪口涂封，同时清扫干净地膜表面及明沟的枯枝烂叶。腋芽萌发并开始生长后，喷施 1 次 30 mg/kg 的赤霉素。及时抹去多余的腋芽。新梢长至 15 cm 左右时，每株留 4～5 条新梢，其余剪除。新梢长至 30 cm 时进行牵引整枝，及时剪除植株中下部节间超过 6 cm 的徒长枝。

任务 6　采收技术

【教学要求】

掌握温室辣椒采收要领。

【教学材料】

温室辣椒以及采收用具等。

【教学方法】

在教师的指导下，学生以班级或分组参加辣椒采收实践。

一、采收标准

门椒、对椒、下层果实应适时早收，以免影响植株生长。此后一般在果实充分长大、肉变硬后分批分次采收。

彩色甜椒作为一种特菜高档品种，上市时对果实质量要求极为严格，因此，采收不能过早，也不能过迟，最佳采收时间因品种而定。紫色品种在定植后 70～90 d，果实停止膨大，充分变厚时采收；红、黄、白色品种在定植后 100～120 d，果实完全转色时采收。

二、采收方法

采收时用剪刀从果柄与植株连接处剪切，不可用手扭断，以免损伤植株，感染病害。果实采收后轻拿轻放，按大小分类包装出售。

辣椒的枝条十分脆嫩，采收时要防止折断枝条。

Module 5

茄子栽培技术

任务1　茬口安排
任务2　品种选择
任务3　育苗技术
任务4　定植技术
任务5　田间管理技术
任务6　采收技术

图 7-10　茄子

茄子(图 7-10)古称落苏,为茄科茄属植物。茄子营养丰富,经常食用茄子,有降低胆固醇、防止动脉硬化和心血管疾病的作用,还能增强肝功能,预防肝脏多种疾病。茄子具有产量高、适应性强、供应期长的特点,是夏秋季的主要蔬菜,尤其在解决秋淡季蔬菜供应中具有重要作用。茄子品种丰富,设施栽培主要进行普通栽培和观赏栽培。

任务 1　茬口安排

【教学要求】

掌握温室茄子常用栽培茬口。

【教学材料】

挂图、视频、当地气象资料等。

【教学方法】

在教师的指导下,学生以班级或分组制订当地温室茄子栽培茬口。

温室茄子的栽培茬口与辣椒相似,主要有:

1. 温室冬春茬　多在 8 月播种育苗,10 月移栽,冬春季收获。若采用修剪再生措施,收获期可延后至翌年秋季。

2. 温室早春茬　冬季播种育苗,早春移栽。以春季早熟栽培为主,也可越夏恋秋栽培成为全年一大茬。

3. 温室秋冬茬　夏秋季播种育苗,秋季移栽,晚秋到深冬收获。

任务 2　品种选择

【教学要求】

掌握温室茄子对品种的要求以及常用品种。

【教学材料】

挂图、图片、视频等。

【教学方法】

在教师的指导下，学生以班级或分组制订当地温室茄子不同栽培季节的品种选定计划。

宜选择优良、抗病、生长势强、结果能力强、耐寒、分枝性强的中晚熟品种，如丰研1号、黑龙长茄、新黑珊瑚、青选长茄、吉茄1号等。

任务3 育苗技术

【教学要求】

掌握温室茄子育苗技术要领。

【教学材料】

茄子种子、育苗用具等。

【教学方法】

在教师的指导下，学生以班级或分组参加茄子育苗实践。

一、配制育苗土

将田园土、炉渣（或沙子）、大粪干过筛，然后按7∶2∶1配制。每方培养土加入草木灰15 kg，过磷酸钙1 kg混匀，装填育苗钵。将育苗钵浇透水后播种，每钵播种1～2粒带芽的种子，播种后覆盖营养土1 cm。

二、浸种催芽

用温汤浸种，将种子浸入后立即搅拌，使种子在55℃热水中浸泡15 min，待水温降到30℃以下，将浸泡过的种子先用细沙搓去种皮上的黏液，浸泡10～12 h，然后种子装在种子袋中放在25～30℃条件下催芽。5～6 d可以出齐芽，催芽期间每天翻动1～2次，并用清水淘洗2次。

三、播种

将育苗钵浇透水后，每钵中央点播1～2粒带芽的种子，播后覆过筛细潮土厚约0.5 cm。播种后覆盖地膜。

四、苗期管理

夏季育苗，播种后出苗前，为防止高温，可在苗床上方加盖遮阳网、防虫网等，雨天覆盖塑料薄膜防雨。勤通风，气温控制在25～30℃。1～2叶时疏苗，疏除病、弱苗，每容器内留一壮苗。

低温期育苗，播种后覆盖地膜，并扣盖小拱棚保温。白天控制在28～30℃，夜间保持16～18℃。齐苗后通风降温，白天20～25℃，夜间13～15℃。水分管理见干见湿，浇水后及时通风排湿。

幼苗长至6～8叶时定植。

任务4　定植技术

【教学要求】

掌握温室茄子定植技术要领。

【教学材料】

茄子苗、定植用具等。

【教学方法】

在教师的指导下，学生以班级或分组参加茄子苗定植实践。

一、整地、施肥

每667 m^2 施腐熟鸡粪5～6 m^3、复合肥100～150 kg、硫酸锌和硼砂各0.5 kg。基肥的2/3撒施于地面作底肥，结合土壤深翻使粪与土掺和均匀；其余的1/3整地时集中条施。整平地面，做成南北向低畦，畦宽1.2 m。

二、定植

在畦内开挖2行定植沟，沟距40～50 cm，沟深15 cm左右。按株距35～40 cm定植，每667 m^2 栽2 500～3 000株。

任务5　田间管理技术

【教学要求】

掌握温室茄子温度、肥水、植株调整等田间管理技术要领。

【教学材料】

温室种植的茄子以及管理常用农资、工具等。

【教学方法】

在教师的指导下,学生以班级或分组参加茄子田间管理实践。

一、温度和光照管理

缓苗期以前密闭升温,保持白天30℃,最高不超过35℃,夜间不低于15℃。缓苗后白天温度20~30℃,夜间15℃以上。阴雪天最低不低于10℃。空气湿度保持在50%~60%。

通过张挂反光幕、擦拭薄膜、及时摘叶、延长见光时间等措施改善光照条件。

二、培垄与覆盖地膜

缓苗后地皮不黏时,开始中耕并培成单行小垄,垄高10~15 cm。两小垄盖一幅100 cm宽地膜,中间为一浅沟以便膜下灌溉。

三、水肥管理

定植后4~5 d浇一次缓苗水。然后控水蹲苗,至坐果前一般不再浇水。当全田半数以上植株上的门茄坐果(瞪眼期)时,蹲苗结束,开始追肥浇水。以后保持土壤湿润。结合浇水,每667 m^2 用尿素或硝酸钾15~20 kg或666.7 m^2 施腐熟粪稀500 kg,半月后再追一次肥,交替追施尿素、硝酸钾、腐熟的有机肥沤制液等。灌水应在晴天上午进行,灌水后放风排湿。进入结果期用0.1~0.3%磷酸二氢钾进行根外追肥。

四、植株调整

第一次分杈下的侧枝应及早抹掉,留两条一级侧枝结果,以后长出的各级侧枝,选留2~3条健壮的结果,进行双干或三干整枝。生长后期将老叶、黄叶、病叶及时摘除。

五、保花保果

开花期用防落素40~50 mg/L喷花,也可用丰产剂二号涂抹花萼、花瓣或喷花。抹花时加入1 000倍的速克灵,能防止灰霉病的传播。用20~30 mg/L的2.4-D蘸花、抹花也能有效地防止落花,但不能喷花。

六、再生栽培

选择病害轻、缺株少、初夏生长衰败不明显的进行再生栽培。一般在对茄下部剪断,剪截口上涂一层油，防止失水和病菌侵入。

剪截后拔除杂草，连同剪下的茎一起清除室外，并浇一次透水，促新枝生长。新枝萌发前喷药防病。新枝长到 10 cm 左右时，每个老干留一新枝结果。新株现蕾时施复合肥 15 kg，随后浇水，促新株生长。门茄开花坐果期间不浇水、不追肥。坐果后每 667 m^2 施复合肥 25 kg，开始采收时再追一次肥，促进秧果生长。

任务6 采收技术

【教学要求】

掌握温室茄子采收要领。

【教学材料】

温室茄子以及采收用具等。

【教学方法】

在教师的指导下，学生以班级或分组参加茄子采收实践。

一、采收标准

茄子以嫩果供采收，一般从开花到采收嫩果需 25 d 左右。判断茄子的适宜采收期标准是萼片与果实相连处的白色或淡绿色环带已趋于不明显或正在消失。

二、采收方法

门茄宜稍提前采收，既可早上市，又可防止与上部果实争夺养分，促进植株的生长和后继果实的发育。雨季应及时采收，以减少病烂果。

茄子宜于下午或傍晚采收。采收的方法是用刀齐果柄根部割下，不带果柄、以免装运过程中互相刺伤果皮。

Module 6

菜豆栽培技术

任务 1　茬口安排
任务 2　品种选择
任务 3　整地做畦技术
任务 4　直播与育苗移栽技术
任务 5　田间管理技术
任务 6　收获技术

图 7-11　菜豆

菜豆(图 7-11)又名四季豆、芸豆、玉豆、小刀豆等,豆科植物。原产于中南美洲,17 世纪从欧洲传入我国。在我国华北、东北、西北栽培较多,除露地生产外,尚有多种形式的保护地栽培,供应期长。产品鲜食为主,并适用于脱水、制罐和速冻冷藏。籽粒入药,有滋补、解毒、利尿和消肿等作用。

任务 1　茬口安排

【教学要求】

掌握温室菜豆常用栽培茬口。

【教学材料】

挂图、视频、当地气象资料等。

【教学方法】

在教师的指导下,学生以班级或分组制订当地温室菜豆栽培茬口。

温室菜豆主要分为秋冬茬和冬春茬两大茬口,具体见表 7-5。

表 7-5　温室菜豆茬口安排

栽培茬口	播种期/(月/旬)	定植期/(月/旬)	始收期/(月/旬)	备注
秋冬茬	8 月上、中	—	10/中、下	一般直播
冬春茬	10/下～11/上	11/中～11/下	1/上～2/上	育苗(苗龄 20～25 d)
春茬	12/下～2/上、中	1/上～2/下	3/上～4/下	育苗(苗龄 20～25 d)

菜豆不耐连作,一般需要与其他科蔬菜轮作 2～3 年。

任务 2　品种选择

【教学要求】

掌握温室菜豆对品种的要求以及常用品种。

【教学材料】

挂图、图片、视频等。

【教学方法】

在教师的指导下，学生以班级或分组制订当地温室菜豆不同栽培茬口的品种选定计划。

温室菜豆应选用较耐低温，对光照要求不严，抗病、丰产、品质优良的早、中熟蔓生菜豆品种，如丰收 1 号、春丰 4 号、双季豆等，也可选用耐低温、早熟、丰产的矮生菜豆品种，如优胜者、供给者等。

任务 3　整地做畦技术

【教学要求】

掌握温室菜豆整地做畦技术要领。

【教学材料】

有机肥、化肥以及整地做畦工具等。

【教学方法】

在教师的指导下，学生以班级或分组参加菜豆整地做畦实践。

一、施肥

前茬收获后及时清理残株枯叶，深翻并精细整地，以改善土壤耕层的理化性质，为根系生长和根瘤菌活动提供良好的土壤条件。结合整地每 667 m^2 施入腐熟有机肥 3 000～4 000 kg。可加施三元复合肥 30 kg、磷酸二氢铵 30 kg、硫酸铵 15～30 kg、过磷酸钙 50～60 kg 和草木灰 100～150 kg。同时还可加入尿素 5～7.5 kg 做种肥。

二、做畦

耕地后做成行距 50～60 cm 的垄，矮生菜豆一般用平畦栽培，畦宽 1.2 m 左右。

任务 4　直播与育苗移栽技术

【教学要求】

掌握温室菜豆播种育苗技术要领。

【教学材料】

菜豆种子、育苗用具等。

【教学方法】

在教师的指导下，学生以班级或分组参加菜豆播种与育苗实践。

一、直播

菜豆多进行直播，茬口安排不变时也可进行育苗移栽。每 667 m^2 用种量为 4～6 kg。

选用粒大、饱满、无病虫、有光泽的新鲜种子。用 0.3%的福尔马林或 50%代森锰锌 200 倍液浸泡 20 min 进行种子消毒，杀灭炭疽菌，再用清水冲洗后播种。为促进根瘤菌活动与繁殖，可用 0.08%～0.1%的钼酸铵溶液浸种 1 h，再清水冲洗后播种。

播种前浇足底水，播后覆土厚 3～5 cm。覆土后适当镇压，使种子与土壤充分接触，以利种子吸水发芽。播种时可施入 90%敌百虫粉或 5%辛硫磷颗粒剂 1～1.5 kg/667 m^2，防治地下害虫。

蔓生菜豆行距 50～60 cm，穴距 20～30 cm，每穴 3～4 粒种子。

矮生种一般栽在棚内边缘畦块或与黄瓜隔畦间作，行、穴距 30～33 cm，每穴 4～5 粒种子。

二、育苗移栽

播种前用福尔马林 100 倍液浸种 20 min，然后用清水清洗后播种。用 8cm×8 cm 或 10 cm×10 cm 的营养钵播种育苗，每穴播 3～4 粒，覆土 1.5～2 cm，然后覆盖地膜。

播种后白天温度 25℃左右，夜间温度 20℃左右。当有 70%～80%出苗时，降低温度，白天 20～25℃，夜间 10～15℃。定植前 7～10 d 开始逐渐降温炼苗，以适应大棚内的环境。

在底水充足前提下，从播种到定植一般不再浇水。齐苗后，每个育苗钵选留 2～3 株健壮的苗。为防止定植后植株徒长，可在幼苗两叶期喷 1 000 mg/L 的矮壮素。

蔓生菜豆适宜定植的生理苗龄为 25～30 d，矮生菜豆为 20～25 d，幼苗有 4～5 片真叶，苗高 6～8 cm。

三、定植

矮生种一般栽在棚内边缘畦块或与黄瓜隔畦间作，行、穴距 30～33 cm，每穴 3～4 株苗。

适宜的定植密度为：蔓生菜豆行距 50～60 cm，穴距 20～30 cm，每穴 2～3 株苗。

任务 5　田间管理技术

【教学要求】

掌握温室菜豆温度、肥水、植株调整等田间管理技术要领。

【教学材料】

温室种植的菜豆以及管理常用农资、工具等。

【教学方法】

在教师的指导下，学生以班级或分组参加菜豆田间管理实践。

一、温度管理

定植后，管理上应以保温为主，密闭温室不通风，以促进缓苗。

缓苗后，适当降温，以防止秧苗徒长，并及时中耕松土，促进根系生长，同时还要培垄，以利于植株基部产生侧枝。一直到开花后停止中耕，防止损伤根系。开始抽蔓时，适当提高温室内温度。进入开花结荚期，注意控制温度，不使温度过高，以免引起落花。菜豆结荚盛期，外界气温不断升高，应逐渐加大通风量。当外界最低气温达15℃以上时，昼夜通风。

二、肥水管理

蔓生种菜豆在土壤肥沃或基肥充足、幼苗生长健壮情况下，第一次追肥可迟至抽蔓期（株高30 cm左右），反之，宜在第一复叶抽出至抽蔓以前追肥，浓度宜低，10%人粪尿即可。开花结荚后重施追肥，每隔7～8 d追施一次50%人粪尿。

矮生种及蔓生种的早熟品种，生育期短，花序抽生早，植株生长势弱，宜早施追肥。结荚期用磷酸二氢钾及钼、硼等微量元素进行根外追肥。

菜豆生育后期，生长慢、结荚率低、畸形荚增多，可在菜豆盛采后连续追肥2～3次，促进腋芽早发，使侧蔓和主蔓顶部发生大量花序，延长生育期，提高产量。开花结荚期，保持土面湿润，不使土壤过干过湿。雨水多时要加强排水。

秋菜豆苗期应浇水保湿，降低地温。第一真叶展开后要加强肥水管理，争取在低温前有较大植株，以提早开花结荚。

三、植株调整

1. 搭架　蔓生菜豆抽蔓后，要及时做好吊蔓或插架工作，引蔓上架。生长中后期摘心，减少无效分蘖。

2. 摘叶　菜豆植株生育后期要及时摘除收荚后节位以下的病叶、老叶和黄叶，改善通风透光状况，以减少落花落荚，尤其是密植矮生菜豆。

任务6　收获技术

【教学要求】

掌握温室菜豆采收要领。

【教学材料】

温室菜豆以及采收用具等。

【教学方法】

在教师的指导下，学生以班级或分组参加菜豆采收实践。

蔓生菜豆播种后60～80 d采收，采收期60～70 d，深冬栽培采收期可达2～5个月。一般嫩荚采收在花后10～15 d，即达上市标准。采收过早，产量低；采收过晚，嫩荚易老化，且赘秧落花落荚现象严重。一般结荚前期和后期2～4 d采收1次，结荚盛期1～2 d采收1次。

【单元小结】

设施蔬菜生产是设施园艺的主要内容，广泛栽培的蔬菜主要有黄瓜、番茄、西葫芦、茄子、辣椒、菜豆等果菜。设施栽培蔬菜方式因栽培季节、栽培品种不同而有所差异。低温期栽培蔬菜一般采用嫁接栽培方式，土壤传播病害严重的蔬菜也多采取嫁接栽培方式。低温期栽培蔬菜应加强设施的增温保温措施，高温期栽培蔬菜则应采取遮阳降温措施，防止高温危害。设施蔬菜的栽培期比较长，需要采取吊蔓、落蔓、整枝、再生等系列措施，另外还需要进行人工辅助授粉、激素处理等措施，促进坐果。要加强施肥和浇水管理，低温期加强通风排湿。

【实践与作业】

在教师的指导下，学生进行黄瓜、番茄、茄子、辣椒、菜豆等设施生产。完成以下作业：

(1)写出各蔬菜的生产流程。

(2)总结各蔬菜的育苗、植株调整以及环境控制等的技术要领。

【单元自测】

一、填空题(40分，每空2分)

1. 日光温室黄瓜可进行常年栽培，主要茬口有________茬和________茬。

2. 温室西葫芦栽培茬口主要有________茬、________茬及春茬。

3. 茄子温室冬春茬栽培多在________月播种育苗，________月移栽，冬春季收获。

4. 番茄果实的成熟过程一般分为四个时期，即________、________、________和完熟期。

5. 辣椒大果型品种结果数量少，一般保留____个结果枝；小果型品种结果数量多，一般保留________个以上结果枝。

6. 菜豆多进行____播，播后覆土____ cm厚。蔓生菜豆行距____ cm，穴距____ cm，每穴____粒种子。

7. 塑料大棚春茬黄瓜栽培一般在当地晚霜结束前________ d定植，定植后________ d左右开始采收，供应期2个月左右；秋茬一般在当地初霜期前________ d播种育苗或直播，从播种到采收55 d左右，采收期________ d。

二、判断题(24分，每题4分)

1. 温室辣椒适宜的定植苗标准是：苗高20 cm，9～11叶。(   )

2. 番茄单干整枝：保留主干结果，其他侧枝及早疏除。(   )

3. 菜豆矮生种及蔓生种的早熟品种，生育期短，花序抽生早，植株生长势弱，宜早施追

肥。(　　)

4. 西葫芦以主蔓结瓜为主,发生的侧枝应及时抹掉。(　　)

5. 茄子第一次分杈下的侧枝应及早抹掉,留两条一级侧枝结果,以后长出的各级侧枝,选留 2～3 条健壮的结果,进行双干或三干整枝。(　　)

6. 温室蔬菜适宜定植期为定植后至少有 3～4 个晴天。(　　)

三、简答题(36 分,每题 6 分)

单元自测
部分答案 7

1. 简述温室西葫芦保花保果技术要点。
2. 简述温室黄瓜肥水管理要点。
3. 简述温室番茄整枝和果实管理技术要点。
4. 简述温室辣椒田间管理技术要点。
5. 简述温室菜豆肥水管理技术要点。
6. 简述温室茄子温度和植株管理技术要点。

【能力评价】

在教师的指导下,学生以班级或小组为单位进行温室黄瓜、番茄、辣椒、茄子、西葫芦和菜豆生产实践。实践结束后,学生个人和教师对学生的实践情况进行综合能力评价。结果分别填入表 7-6 和表 7-7。

表 7-6　学生自我评价表

姓名			班级		小组	
生产任务		时间		地点		
序号	自评任务			分数	得分	备注
1	在工作过程中表现出的积极性、主动性和发挥的作用			5		
2	资料收集			10		
3	生产计划确定			10		
4	基地建立与品种选择			10		
5	播种或育苗			10		
6	整地、施基肥和做畦			10		
7	定植			5		
8	田间管理			20		
9	病虫害诊断与防治			10		
10	采收及采后处理			5		
11	解决生产实际问题			5		
合计得分						
认为完成好的地方						
认为需要改进的地方						
自我评价						

表 7-7 指导教师评价表

指导教师姓名:__________ 评价时间:____年____月____日 课程名称__________

生产任务				
学生姓名: 所在班级				
评价任务	评分标准	分数	得分	备注
目标认知程度	工作目标明确,工作计划具体结合实际,具有可操作性	5		
情感态度	工作态度端正,注意力集中,有工作热情	5		
团队协作	积极与他人合作,共同完成任务	5		
资料收集	所采集材料、信息对任务的理解、工作计划的制订起重要作用	5		
生产方案的制订	提出方案合理、可操作性、对最终的生产任务起决定作用	10		
方案的实施	操作的规范性、熟练程度	45		
解决生产实际问题	能够解决生产问题	10		
操作安全、保护环境	安全操作,生产过程不污染环境	5		
技术文件的质量	技术报告、生产方案的质量	10		
合计		100		

【信息收集与整理】

收集当地设施蔬菜生产情况,并整理成论文在班级中进行交流。

【资料链接】

1. 中国蔬菜网:http://www.vegnet.com.cn/
2. 中国蔬菜信息网:http://www.infoveg.com
3. 中国番茄网:http://fq.vegnet.com.cn/
5. 中国辣椒网:http://www.e658.cn/Index.html
6. 中国寿光蔬菜网:http://www.shucai001.com/

【教材二维码(项目七)配套资源目录】

项目七的二维码

1. 番茄保花保果系列图片
2. 黄瓜植株调整系列图片

项目八

设施果树栽培技术

知识目标

学习掌握设施葡萄、油桃、大樱桃、草莓对品种的要求、种苗标准、栽植时期、栽植标准;掌握栽培期间的肥水管理要求,温度和光照对葡萄、油桃、大樱桃、草莓开花结果的影响,设施栽培对树形的要求;果实采收标准等。

能力目标

熟练掌握温室葡萄、油桃、大樱桃、草莓的苗木培育技术、栽植技术、整枝整形和修剪技术、肥水管理技术、温度和光照管理技术、辅助授粉技术、采后管理技术以及果实采收技术等;掌握大棚大樱桃主栽品种与授粉树栽植技术、苗木培育技术、植株整形修剪技术、大棚管理技术、果实采收技术等。

Module 1

葡萄栽培技术

任务 1　品种选择
任务 2　苗木准备
任务 3　栽植技术
任务 4　田间管理技术
任务 5　采收技术

葡萄，又称提子，是葡萄属落叶藤本植物。葡萄外形美观，酸甜可口，营养丰富，是深受人们喜爱的果品（图 8-1）。利用温室栽培葡萄，一般比露地栽培可提前 30～50 d 成熟，667 m^2（亩）产 1 500 kg 以上，收入可观，经济效益显著。

图 8-1　葡萄

任务 1　品种选择

【教学要求】

掌握温室葡萄对品种的要求以及常用品种。

【教学材料】

挂图、图片、视频等。

【教学方法】

在教师的指导下，学生以班级或分组制订当地温室葡萄品种选定计划。

目前我国北方栽培较多的有京早晶、京亚、京秀、京优、郑州早红、凤凰 51、玫瑰露、玫瑰香、巨峰、8611、坂田胜宝、绯红等。

适合南方设施栽培的品种有京亚、巨峰、先锋、滕稔、京玉、里扎马特、意大利、秋红、瑞必尔、奥山红宝石、森田尼无核、美人指、白玫瑰香、早玛瑙等。

任务 2　苗木准备

【教学要求】

掌握温室葡萄对苗木的要求以及苗木培育技术要点。

【教学材料】

葡萄育苗材料与用具等。

【教学方法】

在教师的指导下，学生以班级或分组参加葡萄苗木培育实践。

一、葡萄苗木标准

葡萄一级苗木的标准是：枝蔓长度 20 cm、粗度 0.7 cm 以上，芽眼 3～4 个以上，根系有 20 cm 左右的侧根 6 条以上。

二、葡萄苗木培育

一年一栽制应提早培育健壮营养袋苗木。一般 5 月上旬前，把充分腐熟的有机肥和土壤混合均匀，装入直径 30 cm、高 30 cm 的袋中，并将选好的苗木栽到袋内，再把营养袋放在事先挖好的深 40 cm 的土池内摆好，灌足水，进行精心露地管理，备用。

任务 3　栽植技术

【教学要求】

掌握温室葡萄苗木栽植密度与栽植时期等技术要点。

【教学材料】

葡萄育苗以及栽植用具等。

【教学方法】

在教师的指导下，学生以班级或分组参加葡萄苗木栽植实践。

一、栽植密度

一年一栽制，一般采用株行距为 0.5 m×1.5 m 的单篱架，或大行 2～2.5 m、小行 0.5～0.6 m，株距 0.4～0.5 m 的宽窄行带状栽植或单行栽植双篱壁整枝、南北行栽植的双篱架。

多年一栽制，应适当降低栽植密度，一般可采用株距 0.5～1.0 m，行距 2～3 m，南北行栽植的单篱架或小棚架，或株距 0.6～0.8 m，行距 6 m 左右，东西行向栽植的小棚架，为提早丰产，可在设施内栽植床南北两侧各定植一行。

二、栽植时期

我国北方大部分地区，新建的葡萄设施内，无论一年一栽制还是多年一栽制多在春季 3 月中旬至 5 月上旬进行栽植。而对于已经进行生产的设施内，需要更新栽植时，应在 5 月下旬至 6 月中旬浆果全部采收后，立即拔掉设施内老株，彻底清园，结合深翻增施有机肥的同时，注意清除土壤中残留的各种根段，然后按要求将预先栽植在营养袋中的健壮苗木移到设施内定植，定植时间最迟不得晚于 6 月下旬。

三、栽植技术

一年一栽制定植沟为 40～60 cm 深、80～120 cm 宽；多年一栽制订植沟为深、宽均为 60～80 cm。

在沟底填入粗质杂肥、碎草、秸秆等，并加入充分腐熟的有机肥，每 667 m^2 5 000 kg 左右，混入 150 kg 过磷酸钙，上面填盖地表土，并灌水沉实土壤。待土壤稍干，按株距在定植沟中挖直径 30 cm、深 30 cm 的栽植穴，把苗木放入穴中，使上端芽眼略高于地面，将根系分布均匀，然后逐层培土踩实，使根系下垂 45°角。

定植后立即灌足水，待水全部渗透后，用细沙土将苗木培成小土堆，以不见苗木为宜，待顶芽萌发后撤除土堆。

【注意事项】

定植前，应对苗木根系进行修剪，然后将苗木的根在 100～150 mg/L 萘乙酸溶液中或清水中浸泡 12 h，再将苗茎用 5 波美度石硫合剂加 0.1%～0.3%的五氯酚钠消毒，然后定植。栽植营养袋苗时应去掉塑料袋或编织袋，以免影响根系扩展和苗木生长。

任务 4　田间管理技术

【教学要求】

掌握温室葡萄田间管理主要内容以及技术要点。

【教学材料】

温室葡萄生产田以及管理用具、肥料等。

【教学方法】

在教师的指导下，学生以班级或分组参加温室葡萄田间管理实践。

一、施肥

一般于每年采收后的秋季及早施肥，每 667 m^2 施入充分腐熟的优质有机肥 4 000 kg 左右，同时可增施钙、镁、磷肥 50 kg，每株施硼砂 5 g。

在苗木新梢长到 30～40 cm 时开始，每隔 30～50 d 每株追施氮、磷、钾复合肥 50～100 g，每次施肥必须结合灌水。生长前期可结合喷药叶面喷施活力素 800～1 000 倍加 0.3%的尿素，后期可喷施活力素 800～1 000 倍加 0.3%磷酸二氢钾，每年喷施 3～4 次即可。

二、灌溉

1. 催芽水　在葡萄发芽前，结合施肥灌足水，一般以 30 mm 的水量，反复灌溉 2～3 次，并把设施的门窗紧闭，使其空气湿度能保持在 80%以上，以利萌芽。

2. 催花水　进入开花前，当花穗尖散开时，根据当时土壤水分状况，可适量灌 1 次小水，以保证开花顺利进行。开花期不要灌水，以免引起新梢旺长和空气湿度过大，影响授粉受精，造成落花落果。

3. 催果水　小水勤浇，每周可灌 1 次。进入硬核期每 10～15 d 灌水 1 次。浆果成熟期要减少灌水，不旱不灌。后期为了提高果粒含糖量，促进成熟，防止裂果，提高品质，一般要停止灌水。

4. 采后水　葡萄浆果采收后，一般立即去掉全部棚膜进行重修剪，然后结合施肥灌一次透水，以促进新梢萌发和结果母枝的重新培养。以后，根据植株生长发育需要、自然降雨多少、土壤墒情和施肥需要等，确定灌水时期和灌水量。植株落叶修剪后，灌一次封冻透水，以确保葡萄顺利休眠越冬。

一年一栽制则于浆果采收后，拔掉重栽。

三、整形修剪

(一)架式

葡萄设施栽培采用的架式主要有棚架、单篱架和双篱架。

1. 棚架　日光温室多年一栽制葡萄多采用棚架，便于植株和树势控制。建架技术要点如下：

先在温室的东西两侧墙壁上，沿南北方向各架设一根直径 4 cm 组的铁管，铁管要与温室的采光屋面近平行，与薄膜屋面的间距至少 60 cm 以上。然后，再东西方向牵拉 8～10 号铁丝，系在两侧墙壁的铁管上，铁丝要每隔 50 cm 拉一道，最南端的一道铁丝，距温室的前沿至少要留出 1 m 的距离，每道铁丝都要通过紧线器拉紧，如果温室太长，中间可设立柱支撑铁丝，确保架面牢固。亦可利用不同高度的水泥柱按一定的距离搭建倾斜式棚架。

2. 篱架　葡萄一年一栽制多采用篱架，单篱架和双篱架均有应用。多年一栽制也可采用篱架。建架技术要点如下：

在南北栽植行两端向东西两侧各距离 40 cm 定点设立支柱，单篱架在南北栽植行两端各设立一个立柱即可。立柱固定后，再沿行向在立柱上牵引 8 号铁丝 4 道，第 1 道铁丝距地面至少 0.6 m，其余等距各 0.4 m，立柱要上下竖直，以保持双壁上下等距，这样就构成间距为 0.8 m 的双壁篱架。

(二)整形方式

设施内的葡萄，不需要埋土防寒，其整形方式原则上可以不受限制。其常见的整形方式如下：

1. 单臂单层水平形整枝　苗木按 1 m 株距定植，萌芽抽枝后，选留 1 个健壮新梢培养成主蔓，待新梢长到 1.5～1.6 m 时摘心，摘心后副梢萌发，将基部 50～60 cm 以下的副梢全部抹除,以上的副梢留 2～6 片叶摘心。冬季修剪时,将主蔓上的副梢全部剪掉,只留 1 条 1.5～1.6 m 长的主蔓翌年结果。第二年将主蔓从南向北水平绑在距地面高 50～60 cm 的第一道铁丝上,新梢萌发后,将主蔓基部 60 cm 以下的萌发芽眼尽早抹去,60 cm 以上的萌发芽眼则隔 1 节留 1 个结果新梢,共留 4～5 个新梢结果(图 8-2),并均匀地将其绑在架面上(图 8-3)。冬剪时,在每个结果枝的基部留 2 个芽眼短截。第三年,在每个短结果母枝上留 1～2 个结果新梢结果。冬剪时仍留 2 节短结果母枝翌年结果,这样树形就培养形成了。以后按第三年的方法继续培养即可。但在剪留短结果母枝时,应尽量选用近主蔓的健壮结果母枝,以防结果部位上移。如果下部结果母枝较细时,则剪留 1 芽作预备枝,使其形成一个健壮新梢,待下一年冬剪时剪留 2 芽作结果母枝。如果苗木按 2 m 的株距定植,则可萌芽后选留 2 个健壮新梢分别培养成两侧的主蔓,使之培养成双臂单层水平形整枝,其方法同上。

图 8-2　葡萄剪枝

图 8-3　葡萄绑枝

2. *龙干形整枝*　龙干形整枝通常分独龙干和双龙干两种整枝形式。在设施栽培中,多采用独龙干整枝。一般苗木按株距 0.5～0.75 m 定植。苗木萌发后,选留 1 个健壮新梢培养成主蔓,待新梢长到 2～2.3 m 时摘心,除顶端 1～2 个副梢长到 50 cm 左右摘心外,其余叶腋副梢距地面 70～80 cm 及以下的全部抹除,以上的副梢则根据粗度做不同的处理,0.7 cm 以上的留 4～5 片叶摘心,细的留 1～2 片叶摘心。二次副梢的处理按上述方法进行。冬季修剪时,将主蔓上的副梢全部剪除,每株只保留 1 个长 2～2.3 m 的健壮主蔓结果。第二年,芽眼萌发后,将主蔓近 70～80 cm 及以下的萌发芽眼全部抹除,从 80 cm 处开始,每个主蔓的两侧分别每隔 30 cm 左右留 1 个结果新梢,每个结果新梢留 1 个果穗。冬剪时,每个结果新枝的基部剪留2芽作结果母枝，较弱的结果新枝剪留1芽，至此树形基本完成。以后每年继续剪留短结果母枝，并选留1个健壮结果新梢。在架面尚未布满时，可利用主蔓先端结果新梢作延长枝。延长枝冬剪时剪留长度不宜过长，一般剪留6～7节，到架顶为止。

3. 小扇形整枝　该整枝方式对需要埋土防寒的塑料大棚栽培更为有利。这种整形方式，苗木定植株距多为1 m，也可采用1.2 m。一般苗木萌发后，选留2个健壮新梢培养成主蔓，待新梢长到1.3～1.5 m时摘心，摘心后副梢萌发，将60 cm以下的副梢全部抹除，60 cm以上的副梢保留2～6片叶摘心。冬季修剪时，剪去全部副梢，只留2个长1.3～1.5 m、粗1 cm左右的主蔓。第二年，芽眼萌发后，将主蔓基部50 cm以下的萌发芽眼全部抹去，主蔓50 cm以上的两侧分别每隔30 cm左右留1个结果新梢，每个主蔓保留4～5个结果新梢。冬剪时，除主蔓先端各留1个5～7节的延长枝扩大树冠外，其余部位的结果母枝均留基部2～3芽短剪。至此，树形基本完成。这种整枝方式的优点是树形小、成形快，有利于早生长、早期结果、早丰产。

(三)冬季修剪

冬剪时不要过多强调树形，要因树制宜，除主蔓延长枝根据扩大架面的需要适当长剪外，其他的结果母枝一律采用短梢修剪，即每个结果母枝留2～3个芽，留枝数要适当增加一些，即每平方米架面留10～12个结果母枝。冬剪时间应在葡萄叶片落完后进行。

(四)生长季修剪

1. 抹芽定梢　一般从萌芽至开花，可连续进行2～3次。当萌发新梢能明确分开强弱时，进行第一次抹芽，并结合留梢密度抹去强梢和弱梢以及多余的发育枝、双生枝、三生枝、副梢和隐芽枝，使留下的新梢整齐一致，远近疏密适当。留梢密度，棚架一般每平方米架面可保留8～12个，篱架新梢每隔20 cm左右间距留1个。当新梢长到20 cm左右时进行第二次抹芽，并按照留枝密度进行定梢，去强弱梢，留中庸梢。当新梢长到40 cm左右时，结合架面整理，再次抹去个别过强的枝梢，并同时进行新梢引缚，以使架面充分通风透光。

2. 引缚　在新梢长到40 cm时进行(图8-4)，对留下的弱梢，可不引缚，任其自然生长。对强梢，可先“捋”后引，或将其呈弓形引缚于架面上，以削弱其枝势。

图8-4　葡萄引缚

3. *去卷须* 在抹芽定梢和引缚新梢的同时，对新梢上发出的卷须要及早及时摘除，以减少营养消耗和便于引缚、下架等工作。

4. *扭梢* 当先萌动的芽新梢长到 20 cm 左右时，将基部扭一下，使其缓慢生长，而晚萌动的新梢经过 10～15 d 生长即可赶上。同时，在开花前对花序上部的新梢进行扭梢，可提高坐果率 20%左右。

5. *新梢摘心* 一般在开花前 4～7 d 进行，而对于落花重的品种，以花前 2～3 d 为宜。摘心程度，一般以花序以上留 7～8 片叶为好，并同时去掉花序以下所有副梢，花序以上的副梢留 2～3 片叶摘心，以增加摘心效果。而对于营养枝，只摘去新梢先端未展开叶的柔嫩部分。

6. *副梢处理* 对于花前摘心的营养枝发出的副梢，只保留顶端 1～2 个副梢，每个副梢上留 2～4 片叶摘心，副梢上发出的二次副梢，只留顶端的 1 个副梢的 2～3 片叶，反复摘心，其余的副梢长出后应立即从基部抹去。对于摘心后的结果新梢发出的副梢，一般将花序以下的副梢全部去掉，花序以上的副梢疏去一部分，只留 2～3 个副梢，每个副梢留 2～3 片叶摘心，副梢上发出的二次副梢、三次副梢只留 1 片叶反复摘心。到浆果着色时停止对副梢摘心。

四、花果管理技术

1. *疏花序及掐穗尖* 一般 1 个结果新梢留 1 个花序，生长势弱的结果新梢不留，强壮枝可留 2 个花序以利增加产量。结合新梢花前摘心，可进行掐穗尖，掐去穗尖的 1/5～1/4 和疏去副穗。对于落花落果较重的品种，如巨峰、玫瑰香等，应疏去所有副穗和 1/3 左右的穗尖，每穗留 15～17 个花穗分枝。

2. *疏穗和疏果* 谢花后 10～15 d，根据产量要求和坐果情况，疏除过多的果穗。一般生长势强的结果新梢可保留 2 个果穗，生长势弱的则不留，生长势中庸的留 1 个果穗。谢花后 15～20 d，根据坐果的情况及早疏去部分过密果和单性果。如巨峰葡萄，每个果穗可保留 60 个果粒。

3. *提高坐果率* 在即将开花或开花时，对叶片和花序喷布 0.2%硼砂水溶液，可提高坐果率 30%～60%。在初花期对主蔓基部进行环剥也能显著提高坐果率，使果穗粒数提高 22.43%～30.75%。环剥宽度宜为 0.3～0.4 cm。

任务 5 采收技术

【教学要求】

掌握温室葡萄果实采收时期与技术要点。

【教学材料】

葡萄果实以及采收用具等。

【教学方法】

在教师的指导下，学生以班级或分组参加葡萄采收实践。

一般先从糖度达 17 度以上、着色好的果穗开始进行分期采收。

采收时应选择晴天早晨或傍晚进行。用采果剪或剪枝剪，一手托住果穗，一手用剪子将果梗基部剪下。为了便于包装，对果穗梗一般剪留 4 cm 左右。剪下的果穗轻轻放入果筐内，注意在采收过程中要轻拿轻放，防止磨掉果粉，擦伤果皮。包装前对果穗再进行一次整理，去掉病果、虫果、日灼果、小粒、青粒、小副穗等。

Module 2

油桃栽培技术

任务1　品种选择
任务2　栽植技术
任务3　田间管理技术
任务4　采收技术

图 8-5　油桃

油桃(图 8-5)是普通桃(果皮外被茸毛)的变种。利用薄膜温室栽培油桃是一种新兴的果树反季节设施栽培新方法,它可以控制室内气候,防御自然灾害,促进果实早熟,调节淡季市场,扩大栽培区域,实现增产增收。近几年来,温室油桃栽培在我国东北、华北、西北、西南、华中和华东等地区悄然兴起,并且呈现良好的发展态势,前景广阔。

任务 1　品种选择

【教学要求】

掌握温室油桃对品种的要求以及常用品种。

【教学材料】

挂图、图片、视频等。

【教学方法】

在教师的指导下,学生以班级或分组制订当地温室油桃品种选定计划。

日光温室栽培油桃,要选择果实生育期短、早熟、需冷量少的品种。此外,日光温室油桃品种还应具备果个大、色泽好、外观漂亮、品质优、丰产性好、商品价值高等特点。

适宜品种有五月火、丹墨、千年红、早红霞、早红宝石、新泽西州 72、瑞光 1 号、曙光、艳光等品种。

任务 2　栽植技术

【教学要求】

掌握温室葡萄油桃栽植密度与栽植时期等技术要点。

【教学材料】

油桃苗以及栽植用具等。

【教学方法】

在教师的指导下，学生以班级或分组参加油桃苗木栽植实践。

一、栽植时期

适宜定植时间在4月中旬(桃树初花前8～10 d)。

二、栽植技术

栽植前平整好温室土地，按行距1 m、南北向挖深宽各60 cm的栽植沟，每条沟施优质农家肥50～80 kg，与表土混匀填入后浇透水沉实。

选择1年生健壮苗木，株距为1 m。栽时挖30 cm深的栽植穴，每穴施尿素50 g，复合肥100 g，与土拌匀，定植深度以苗木接口与地面相平为准，栽后灌足水，并覆盖黑色地膜。

任务3　田间管理技术

【教学要求】

掌握温室油桃田间管理主要内容以及技术要点。

【教学材料】

温室油桃生产田以及管理用具、肥料等。

【教学方法】

在教师的指导下，学生以班级或分组参加温室油桃田间管理实践。

一、肥水管理

第一次施肥于5月上中旬每株追施尿素50 g，一个月后追施磷酸二铵100 g，第三次于7月初追施果树专用肥500 g。从5月10日开始每隔10～15 d喷施1次0.3%尿素加0.3%磷酸二氢钾加0.2%光合微肥。从7月中旬以后要控制肥水，抑制新梢生长，促进成花。

9月上中旬结合深翻扩穴，每株施优质有机肥10～15 kg，复合肥500～750 g，以提高树体营养贮备。进入结果后每年在施足基肥的基础上，追肥重点是萌芽前每株施尿素100 g，坐果后施磷钾复合肥或果树专用肥200 g，果实发育期施果树专用肥500 g，均采用穴施或沟施。从落花后10～15 d开始，叶面喷施2～3次0.2%尿素加0.2%磷酸二氢钾。

结合施肥进行浇水，每次灌水要浇透。在开花期及果实采收前20 d严禁灌水。

二、整形修剪

靠前面的3行采用开心形整形，定干高度为30 cm，后3行采用纺锤形整形，定干高度60～80 cm。大棚油桃树型见图8-6。

图8-6 大棚油桃树型

当芽萌动后，开心形留10 cm整形带，20 cm以下萌芽全部抹除。定干剪口下的竞争芽也要抹除。当整形带内的新梢长到25～30 cm时，进行摘心处理，促进分枝并加速生长。当副梢长到15～20 cm时，再反复摘心2～3次。对过密枝及直立新梢要随时疏除。到7～8月份进行2次拉枝处理，使主枝开张角度达60°～70°。为了促进枝条成熟，增加花芽量，于7月25日以后每隔10～15 d，分别喷施300倍、250倍和150倍多效唑，抑制新梢生长。

桃树落叶后扣棚强迫休眠时，开心形选择方位好，开张角度适宜的3～4个枝条作主枝，对过密枝、交叉枝、竞争枝适当疏除。对过长副梢分枝适当短截。在每个主枝上直接培养中、小结果枝组及结果枝。严格控制侧枝及大型结果枝组着生。纺锤形在主干30 cm以上选择5～7个着生方位好、开张角度适宜的枝条做主枝，对过密枝、交叉枝、重叠枝、直立枝、竞争枝适当疏除。对主枝长度不足1 m的适当短截，超过1 m的拉平缓放。对中心干延长枝截留50～60 cm。

结果后修剪主要是更新复壮，调节生长与结果的关系，对衰弱结果枝组在健壮分枝处回缩，对强壮枝要拉平、环割，对直立枝、交叉枝、重叠枝等疏除或重短截。保持中心干上主枝分布均匀，结果枝组生长健壮，布局合理，交替进行结果。

三、花果管理

1. *花期放蜂*　在盛花期每栋温室放一箱蜜蜂，为促使蜜蜂出箱活动，可将3%白糖水放置出蜂口，并向树枝喷施糖水，诱蜜蜂出箱授粉。

2. *人工授粉*　在主栽品种授粉前2～3 d，在授粉树上采集大蕾期或即将开放的花朵，按常规制粉备用，在上午8～10时授粉，随开随授，花期反复授2～3次。

3. *疏果*　花后15～20 d开始疏果，一般16片叶留1个果，果实间距6～8 cm。疏去虫果、伤果、畸形果和小果，多保留侧生和向下着生的果实。按枝果比，长果枝留果3～4个，中果枝留果 2～3 个，短果枝留果 1～2 个。

四、温度管理

1. 扣棚降温　当外界气温达到 7.2℃以下，开始扣棚降温，一般从每年 10 月中下旬开始。白天盖草苫，夜间揭开，使棚内温度保持在 7.2℃以下，湿度 70%～80%。早熟油桃可于 11 月下旬开始升温，一般降温时间 25～50 d。

2. 升温　果树通过自然休眠后开始升温，每天上午 8 时 30 分至 9 时揭开草苫，下午 15 时 40 分至 16 时 30 分放草苫。第一周揭草苫 1/3，夜间覆上草苫；第二周揭 2/3，第三周后全部揭开草苫，夜间覆上草苫保温。此期间，白天温度控制在 13～18℃，夜间 5～8℃，湿度保持 70%～80%。

开花期白天 16～22℃，夜间 8～13℃，湿度 50%左右，最适温度为 15～18℃，夜间 7～10℃。果实膨大期白天 20～28℃，夜间 11～15℃，湿度 60%。果实采收期白天 22～25℃，夜间 12～15℃，湿度 60%。

五、光照管理

定期清扫棚膜，增加入射光；在后墙挂反光膜；提早揭帘和延晚盖帘；人工补光；加强生长季修剪，打开光路。

六、补充气肥

加强通风换气和施用固体二氧化碳气肥，每栋施 40 kg，有效期 90 d，一般开花前 5～6 d 施用。

七、采收后管理

采收后揭膜放风 5～7 d 后，逐渐撤掉棚膜。撤膜后及时对油桃修剪，剪除过密的背上枝、直立枝、交叉枝、重叠枝及内膛细弱枝，回缩结果枝。剪除后及时进行追肥、灌水 2～3 次，前期促进生长，7 月中下旬后控制生长，适时应用多效唑调节生长与结果的关系，并保护好叶片。

任务 4　采收技术

【教学要求】

掌握温室油桃果实采收时期与技术要点。

【教学材料】

油桃果实以及采收用具等。

【教学方法】

在教师的指导下，学生以班级或分组参加油桃采收实践。

桃果不耐贮运，需要成熟度达 8 成时采收，果实底色由绿转白或乳白，表现出固有底色和风味时采收。日光温室内桃树中部果着色好，成熟早，其他部位果实着色略差，成熟期略晚。

采收后进行分级、包装。可采用特制的透明塑料盒或泡沫塑料制品的包装盒，每盒以 0.5～1.0 kg 为宜。在进行运输贮藏前，先使果实预冷，待果实降至 5～7℃后再进行贮运。贮藏适温为－0.5～1℃。

Module 3

大樱桃栽培技术

任务1　品种选择与配置
任务2　苗木准备
任务3　栽植技术
任务4　田间管理技术
任务5　采收技术

图 8-7 大樱桃

大樱桃(图 8-7)属于蔷薇科落叶乔木果树,是我国北方落叶果树中继中国樱桃之后果实成熟最早的果树树种。大樱桃营养丰富,酸大爽口,果实生长期短,适合保护地栽培。在保护地栽培条件下,避免了早春冻害和成熟期遇雨裂果现象,并可提早上市30～40 d,经济效益较高,栽培前景广阔。

任务 1 品种选择与配置

【教学要求】

掌握大棚大樱桃对品种的要求以及常用主栽品种和授粉品种的配置要点。

【教学材料】

挂图、图片、视频等。

【教学方法】

在教师的指导下,学生以班级或分组制订当地大棚大樱桃品种选择和配置计划。

一、品种选择

主栽品种以早熟红色品种为主。当前的较优品种是:红灯、意大利早红,乌克兰大樱桃等。也可在以早熟品种为主的前提下,适当选择优良的早中熟品种,如先锋、美早等,以延长上市期。晚熟品种不宜进行保护栽培,一是其需冷量大,蓄冷时间长;二是成熟晚,时间与露地早熟相差无几,效益不明显。

为丰富授粉品种,提高坐果率和延长供应期,可适当搭配佐藤锦、雷尼、先锋等优质品种。

二、品种配置

主栽品种与授粉品种比例以(2～4):1 为宜。为充分与主栽品种授粉,同一棚内授粉品种不应少于 2 个。

任务 2　苗木准备

【教学要求】
掌握大棚大樱桃对苗木的要求。

【教学材料】
大樱桃苗木等。

【教学方法】
在教师的指导下，学生以班级或分组参加大樱桃苗木准备实践。

一、砧木要求

目前较好的砧木为莱阳大叶草樱桃压条苗、山樱桃实生砧等，棚栽中还要注重选用具有矮化性砧木，如莱阳矮樱桃，草樱桃，酸樱桃品种毛把酸、马哈利。国外引进矮砧可试栽推广。

二、苗木要求

选用根系好、苗木粗壮、芽眼饱满的苗木。具体选苗以苗高 80 cm 以上至 1.2 m，根系完好的果苗为好。

任务 3　栽植技术

【教学要求】
掌握大棚大樱桃苗木栽植密度与栽植时期等技术要点。

【教学材料】
大樱桃育苗以及栽植用具等。

【教学方法】
在教师的指导下，学生以班级或分组参加大樱桃苗木栽植实践。

一、栽植密度

一般行株距为(2～3)m×(1.5～2)m，667 m^2 栽 111～222 株。具体密度因品种、树形、

地力和栽培条件等因素有所不同。

二、栽植时期

分为冬栽和春栽两个时期。冬栽在落叶至小雪以前，春栽以3月中旬最为适宜。栽植时配置2～3个品种的授粉树，占主栽品种的20%左右。

三、栽植技术

栽植前按照预定的株行距测定好栽植点，挖栽植穴，栽植穴的大小以宽1 m，深60～80 cm为宜。挖穴时，把表土和心土分放，穴挖好以后，每穴施土粪25～30 kg，使与心土混匀后填入穴内，至离地面20～25 cm时止，踏实为中间略高，四周略低的馒头状。随后将苗木放入穴内，使根系在馒头状的底部自然伸展，接着继续填土。把表土填在根系分布层。填土过程中，要随填土，随摇动苗木，随把土填实，使根系与土壤密接。栽植深度，与在苗圃中的深度相同，栽苗后即充分灌水。水渗入后，用土封穴，并在苗木周围培起土堆，以利保蓄土壤水分，避免苗木被风吹歪。

任务4　田间管理技术

【教学要求】

掌握大棚大樱桃田间管理主要内容以及技术要点。

【教学材料】

温室大樱桃生产田以及管理用具、肥料等。

【教学方法】

在教师的指导下，学生以班级或分组参加大棚大樱桃田间管理实践。

一、施肥

采果后至7～8月份施用有机肥，株施腐熟鸡粪10～20 kg或腐熟人粪尿20～30 kg或猪圈粪50～60 kg，开沟施或结合土壤深翻时撒施。

谢花后，硬核期之前进行追肥，幼树株施复合肥0.5～1 kg，结果树一般施复合肥1～2 kg或人粪尿25 kg。

扣棚期间主要为根外追肥。盛花前期喷0.3%硼砂、盛花期后喷0.3%尿素及600倍磷酸二氢钾，注意喷施应在下午或傍晚，主要喷洒叶背，以利于叶片吸收。

二、灌溉

大棚樱桃浇水要掌握少量多次，保持土壤湿润的原则，为防裂果，果实膨大期，可采用沟灌或局部灌水。有条件的棚，可搞滴灌。灌水标准：土壤含水量以达到田间持水量的60%～80%为宜。

三、中耕与地面覆盖

果园生长季节降雨或灌水后，及时中耕松土，保持土壤疏松无杂草，中耕深度5～10 cm，以利调温保墒。

在麦收后、采果前用麦秧、田间杂草、紫穗槐叶，以及铡碎的其他作物秸、蔓等进行地面覆盖。覆草宜在树盘内进行，覆草前，结合土壤灌水、中耕，将覆草平铺在地面上，厚10～20 cm。其上撒一层厚约1 cm的园地土壤，以防风火，冬季结合施肥将覆草翻入土中。

四、整形修剪

(一)树形

拱圆式塑料大棚中间行为改良主干形，此树形干高50～60 cm，保持中央领导干的优势，其上均匀配置8～10个水平延伸主枝，上着生结果枝组，树高3 m左右；大棚边行可采用无主干的丛状自然形，即从地面分生3～5个主枝，开张角度为30°～60°，树体较矮。

(二)修剪

修剪措施主要在生长期完成。

1. 拉枝、刻芽　从定植后的第2年开始，春季萌芽前，将长枝拉到水平，扣棚前后，将高树落头，并通过拉枝，调整大枝方位，以利扣棚；定植后的2～3年间，于春季萌芽前，对中央领导干以及枝条侧生芽部位，进行刻芽，以促发成枝。

2. 夏季摘心　5月至7月上中旬，主枝延长枝长到40～50 cm时摘心，以促发分枝；主枝上着生的直立新梢，待长至10cm左右时摘心，以促使新梢基本成花。

五、花果管理

1. 加强光照　开花前10 d开始，大棚每天扒缝或开天窗，让树体接受一定量的直射光，利于花器发育和增强适应能力。

2. 辅助授粉　大樱桃多数品种自花不实，又加棚内温湿度高，通风不畅，花期辅助授粉尤为重要。

一是人工授粉：利用上年采集的混合花粉(冰箱冷冻、干燥贮藏)和当年花期随采随用的方法，于开花期进行人工点授等。

二是放蜂授粉：花期放蜂，一般每667 m^2一箱蜜蜂；近年引进日本角额壁蜂，耐低温能力强，传粉能力比蜜蜂高，每667 m^2可释放壁蜂300头左右。

3. 疏花疏果　花量过大的树体，可适当疏除瘦小花蕾、弱花和晚花，生理落果后疏除小果、畸形果。

4. 果实着色　果实着色初期，适当摘除挡光叶片；采收前 10～15 d，树冠下覆盖银色反光膜，行间挂条状反光膜，可促进果实着色。

六、大棚管理

1. 覆膜时间　扣棚应在树体完全自然休眠之后。一般 12 月底即可通过休眠。具体扣棚时间，还要根据大棚的设施条件(加温、保温条件)和鲜果上市期来确定。

扣棚后，要在树下顺树行培垄，垄高 30 cm 左右，宽 0.8～1 m，顺垄背覆地膜，为根系创造良好的温、光、水的生长条件，使根系活动早于树体萌动。

2. 温度管理　扣棚以后最好不要急于升温，前几天可先遮阳蓄冷，白天盖帘，晚间揭帘，继续增加大樱桃对低温的需要，5～7 d 后再开始慢慢升温。但升温不宜过急，温度不宜过高，否则容易出现先叶后花和雌蕊先出等生长倒序现象。有取暖设施的，也不要经常加温，特别要注意夜间温度不能过高。在自然条件下，如果棚体保温措施得力是能够满足棚温要求的。只有在遇有特殊天气如低温、霜冻时，才进行人工辅助增温，以防止冻害的发生。具体温湿度调控指标：

扣棚后至发芽期(扣棚后 30～40 d)：扣棚后 7～10 d，白天 18～20℃，夜间 2～5℃。而后白天 20～22℃，夜间 5～6℃。

开花到谢花期(扣棚后 45～60 d)：白天 16～18℃，夜间不低于 6～8℃。要避免白天 25℃以上高温，夜间 5℃以下低温，以防受精不良或发生冻害。

果实发育到收获期(60～90 d)：果实开始膨大以后，白天温度应控制在 18～20℃，夜间 10～12℃，温差保持在 10℃以上，减少夜间呼吸消耗，增加物质积累，促进果实快速发育。

3. 空气湿度管理

扣棚后至发芽期(扣棚后 30～40 d)：湿度保持在 80%～90%。过低，发芽开花不整齐。

开花到谢花期(扣棚后 45～60 d)：相对湿度以 50%～60%为宜。过低，花器柱头干燥，对受精不利；过高，花粉吸水易破，影响授粉效果。

果实发育到收获期(60～90 d)：前期湿度 50%～60%，着色后 50%。

湿度控制主要措施：少浇水或小水勤浇；地面地膜覆盖或建造小拱棚，地膜覆盖只覆地面的 2/3，小拱棚在行间和株间建造，每行间 2 拱；及时通风排湿；棚内适当用瓷器堆放优质石灰。

七、采收后管理

采收后当外界气温不低于 10℃时夜间不覆盖，不低于 15℃时逐渐撤棚膜，此间放风锻炼时间不少于 15～20 d。

撤掉覆盖物后，要及时加强后期管理，抓好病虫害防治、追肥浇水和修剪一系列工作，确保树体正常生长发育，为来年丰收打好基础。

任务5　采收技术

【教学要求】

掌握大棚大樱桃采收时期与技术要点。

【教学材料】

大棚大樱桃果实以及采收用具等。

【教学方法】

在教师的指导下，学生以班级或分组参加大棚大樱桃采收实践。

樱桃采收主要靠人工完成。采收时轻摘、轻放，防止果面损伤，果实带果柄采摘，勿使果柄脱落，同时注意不损伤结果枝。樱桃每序可着生1～6个果，其成熟度有差异，需分批采收。

采收后应分级包装，重量以每盒0.5 kg为宜。用于外销或贮藏的樱桃应在8成熟时采收，剔除烂果、病果，然后在2℃的温度条件下降温预冷，或进入贮藏库，或直接发往外地。

Module 4

草莓栽培技术

任务1　品种选择
任务2　栽植技术
任务3　田间管理技术
任务4　采收技术

草莓(图 8-8)又叫红莓、洋莓、地莓等，蔷薇科草莓属多年生草本植物。草莓的外观呈心形，鲜美红嫩，果肉多汁，含有特殊的浓郁水果芳香，营养价值高，是我国重要的草本水果之一。草莓生长期短，对环境要求不严格，易于栽培，适于温室反季节栽培，是温室果树重要的栽培茬口之一。

图 8-8　草莓

任务 1　品种选择

【教学要求】
掌握温室草莓对品种的要求以及常用品种。

【教学材料】
挂图、图片、视频等。

【教学方法】
在教师的指导下，学生以班级或分组制订当地温室草莓品种选定计划。

用于冬季或早春棚室栽培的草莓品种，应选择休眠期较短，耐低温并且在低温条件下能正常开花、自花坐果能力强、果个大、果形好、产量高、品质好的品种。优良品种有日本的鬼怒甘、嫜姫、希望一号、希望二号、红颊、佐贺、童子一号、金梅等。

任务 2　栽植技术

【教学要求】
掌握温室草莓栽植密度与栽植时期等要点。

【教学材料】
草莓苗以及栽植用具等。

【教学方法】
在教师的指导下，学生以班级或分组参加温室草莓栽植实践。

一、整地做畦

草莓具有喜光喜肥、怕涝的特性。植前应结合深翻施足基肥，每 667 m^2 施优质土杂肥

5 000 kg,另加复合肥 50～60 kg 作基地。耙碎整平做高畦,畦宽(连沟)1 m,畦沟深 25～30 cm。

二、定植

1. 定植时期　一般于 8 月中旬定植。

2. 定植技术　壮苗的标准为根长 3～5 cm,根系较完整,有 3～5 片完整的叶片。

每畦栽 2 行,行株距为 25 cm×20 cm,每 667 m^2 栽 7 000 株左右,定植时,要使花序朝向沟边,并将根系剪去一半,否则会引起苗木本身旺长,开花数量增多,导致果形变小。种植深度要求苗木芯子茎部与土壤表面齐平,做到浅不露根,深不埋心。栽植过深埋住苗心,会引起烂心而死苗,栽植太浅根外露会使苗因失水而干枯,而且影响后期草莓对水肥的吸收,正常的深度就是苗心基部与土面相平齐。

定植后,立即浇透水,使土壤保持 1～2 周的湿润状态。

任务 3　田间管理技术

【教学要求】

掌握温室草莓田间管理主要内容以及技术要点。

【教学材料】

温室草莓生产田以及管理用具、肥料等。

【教学方法】

在教师的指导下,学生以班级或分组参加温室草莓田间管理实践。

一、覆盖地膜及扣棚

覆盖地膜应在定植后 1 个月左右进行。覆盖前要彻底清除病叶、黄叶。沿埂纵向覆盖,在每株草莓的位置上用刀或手开一个口,将草莓苗的叶茎从开口处掏出,注意尽量不要伤着叶片,开口要尽可能小。

当夜温低于 5℃时,开始扣棚。

二、肥水管理

定植后要及时浇水,发现有缺苗时,要及时补苗。成活后随浇水,亩施尿素 10 kg(1 次),平时随打药可加入 0.3%尿素和 0.5%的磷酸二氢钾。在开花与浆果生长初期,分别灌水一次。果实膨大期,要及时浇水。否则,会使果变小,着色差。

初花期与坐果初期各追肥一次。亩施尿素 10 kg,磷肥 20 kg,氯化钾 10 kg,或三元复合肥 35 kg。第二年开春后随着气温回升，生产速度加快，为避免草莓果实酸化，应增施钾肥，每 667 m^2 施 0.3%硫酸钾 5 kg 左右。

秋季多雨时，应及时排水。草莓园四周应早做排水沟道，使棚内畦沟水能排尽。

三、人工授粉与花期放蜂

人工授粉是用毛笔每天进行拍打，放蜂授粉每棚 1 箱，要注意蜜蜂移入前 1 个月不能打药，开花前 1 周搬进去。

四、植株管理

草莓苗木定植到长出花蕾止，一般要求保留 5～6 片叶并保留一芽，对过多老叶及子芽、腋芽要及时摘除，开花结果后摘除基部变黄的老叶、枯叶，及时摘除匍匐茎，以减少消耗。除去小分枝及弱小果。适当疏花疏果，做到去高留低，去弱留强。一般每花序梗留果 7～9 个，以增大果实，提高品质。

五、温度和光照控制

1. 温度管理　草莓生长最适温度是 20～28℃，36℃以上高温与 5℃以下低温对草莓生长都不利。一般白天温度控制在 25～28℃，不要超过 30℃，晚上以 7℃为宜。初花期保持 25℃，成花期掌握在 23℃。

12 月下旬到翌年 1 月底之间，棚温低于 5℃时，应在大棚内设小拱棚复扣膜，极端低温时应采用三层膜保温。到翌年 4 月份，气温明显回升可拆除大棚两边的围膜，加大通风量，起到降温降湿作用，延长果实的生产期。

2. 光照管理　草莓花芽分化需较低温度和短日照，可在遮阳网上加盖草苫(草帘)。通过揭与盖草苫的操作过程，人工造成短日照的条件及较低温度，促进顶花序和腋花序的分化，时间有月余。

另外，棚内补光可大大提高产量和品质，降低畸形果率。

六、通风

草莓苗生长的土壤湿度应在 70%～80%为宜，棚内空气湿度以 60%～70%为好。当棚内气温超过 30℃时，应通风，11～12 月应于上午 10 时至下午 15 时揭开大棚及中棚两头塑膜通风。

当棚内湿度超过 70%时，也应通风，以降低棚内空气湿度。花期棚内放养蜜蜂时，可在大、中棚两头另做尼龙丝网，便于顺利通风，防止蜜蜂外逃。

任务 4　采收技术

【教学要求】

掌握温室草莓采收时期与技术要点。

【教学材料】

温室草莓果实以及采收用具等。

【教学方法】

在教师的指导下,学生以班级或分组参加温室草莓采收实践。

一、采收时期

草莓从开花到采收要经过35～40 d。冬季销售可在八成熟时采收,春季应在七成熟开始采收,以便于运输和销售。

二、采收要点

采摘时,要轻摘轻放,用支撑性能较好的周转箱、箩筐等存放,注意不要堆放太厚,以免压伤果实。由于草莓结果期长,要分批分次采收,尽量做到不要漏采。否则,过于成熟将失去商品性。

【单元小结】

设施果树栽培近年来发展迅速,成为设施园艺中的重要生产内容之一。目前,设施果树广泛栽培的树种有葡萄、油桃、大樱桃、草莓等。设施果树栽培的观景区技术环节有选择适宜的品种和选择适龄苗木、适期栽植、植株修剪、辅助授粉、温湿度管理和肥水管理。另外,设施大樱桃需要配置授粉树,草莓需要给予短日照处理诱导花芽分化等。果树为多年生植物,生产结束后需要进行树体养护,为来年生产奠定基础。

【实践与作业】

在教师的指导下,学生进行参加设施葡萄、油桃、大樱桃、草莓生产实践。并完成以下作业:

(1)总结设施葡萄、油桃、大樱桃、草莓生产技术要领,写出生产流程和注意事项。

(2)总结大樱桃、草莓等果树在授粉树配置、温光管理等方面的特殊性。

【单元自测】

一、填空题(40分,每空2分)

1. 葡萄设施栽培采用的架式主要有________、________和________。

2. 一般葡萄1个____新梢留____个花序,生长势弱的结果新梢不留,强壮枝可留____个花序以利增加产量。

3. 大棚樱桃靠前面的3行采用____形整形,定干高度为____ cm,后3行采用____形整形,定干高度________ cm。

4. 大樱桃主栽品种与授粉品种比例以____:____为宜。为充分与主栽品种授粉,同一棚内授粉品种不应少于________个。

5. 温室栽培油桃，要选择果实生育期________、________、需冷量____的品种。

6. 温室草莓壮苗的标准为根长________ cm，根系较完整，有________片完整的叶片。

7. 草莓花芽分化需较________温度和________日照。

二、判断题(30 分，每题 5 分)

1. 温室葡萄摘心程度，一般以花序以上留 7～8 片叶为好。(　　)

2. 桃果不耐贮运，需要成熟度达 8 成时采收。(　　)

3. 温室葡萄催果水应小水勤浇，每周可灌 1 次。(　　)

4. 用于冬季或早春棚室栽培的草莓品种，应选择休眠期较短，耐高温并且在低温条件下能正常开花、自花坐果能力强、果个大、果形好、产量高、品质好的品种。(　　)

5. 大棚大樱桃冬栽在落叶至小雪以前，春栽以 3 月中旬最为适宜。(　　)

6. 草莓苗木定植到长出花蕾止，一般要求保留 5～6 片叶并保留一芽。(　　)

三、简答题(30 分，每题 6 分)

1. 简述温室葡萄剪枝修剪技术要点。

2. 简述温室油桃整形修剪和花果管理技术要点。

3. 简述大棚大樱桃花果管理技术要点。

4. 简述草莓植株管理要点。

5. 简述大棚大樱桃温度管理要点。

单元自测
部分答案 8

【能力评价】

在教师的指导下，学生以班级或小组为单位进行设施葡萄、油桃、大樱桃、草莓生产实践。实践结束后，学生个人和教师对学生的实践情况进行综合能力评价。结果分别填入表 8-1 和表 8-2。

表 8-1　学生自我评价表

姓名			班级		小组	
生产任务		时间		地点		
序号	自评任务			分数	得分	备注
1	在工作过程中表现出的积极性、主动性和发挥的作用			5		
2	资料收集			10		
3	生产计划确定			10		
4	基地建立与品种选择			10		
5	苗木培育			10		
6	整地、施基肥和做畦			10		
7	移栽			10		
8	田间管理			20		
9	采收及采后处理			10		
10	解决生产实际问题			5		

续表 8-1

合计得分		
认为完成好的地方		
认为需要改进的地方		
自我评价		

表 8-2　指导教师评价表

指导教师姓名：__________　评价时间：___年___月___日　课程名称__________

生产任务				
学生姓名：　　　所在班级				
评价任务	评分标准	分数	得分	备注
目标认知程度	工作目标明确，工作计划具体结合实际，具有可操作性	5		
情感态度	工作态度端正，注意力集中，有工作热情	5		
团队协作	积极与他人合作，共同完成任务	5		
资料收集	所采集材料、信息对任务的理解、工作计划的制订起重要作用	5		
生产方案的制订	提出方案合理、可操作性、对最终的生产任务起决定作用	10		
方案的实施	操作的规范性、熟练程度	45		
解决生产实际问题	能够解决生产问题	10		
操作安全、保护环境	安全操作，生产过程不污染环境	5		
技术文件的质量	技术报告、生产方案的质量	10		
合计		100		

【信息收集与整理】

收集当地设施果树生产情况，调查栽培品种、栽培季节、苗木培育、移栽以及田间管理等有关情况，并整理成论文在班级中进行交流。

【资料链接】

1. 中国果树网：http://www.zgbfgsw.com/
2. 洛阳果树网：http://www.lyagri-net.gov.cn/fruit/
3. 中国北方果树网：http://www.beifangguoshu.com/
4. 中国草莓网：http://caomei68.zk71.com/
5. 中国烟台大樱桃网：http://www.dayingtao.net

【教材二维码（项目八）配套资源目录】

设施葡萄栽培系列图片

项目八的二维码

项目九
设施花卉栽培技术

知识目标

学习掌握非洲菊、仙客来、一品红、百合、肾蕨和红掌的品种选择原则、繁殖方法与操作流程，设施定植要点以及田间管理内容与要求等。

能力目标

熟练掌握非洲菊、仙客来、一品红、百合、肾蕨和红掌的主要繁殖技术、设施整地做畦与定植技术、肥水管理技术、花叶管理技术、花期控制技术，温度和湿度、光照管理技术，以及包装与贮运技术等。

Module 1

非洲菊栽培技术

任务 1　品种选择
任务 2　育苗技术
任务 3　定植技术
任务 4　田间管理技术
任务 5　采收与保鲜技术

非洲菊(图 9-1)又名扶郎花、灯盏菊，属于菊科大丁草属的多年生草本植物，原产南非。非洲菊花色艳丽，给人以温馨、祥和、热情之感，是礼品花束、花篮和艺术插花的理想材料。另外，非洲菊周年开花，适合长途运输，瓶插寿命较长，花期调控容易，作为鲜切花花材使用率高，市场需求量大，具有较高的经济价值，已成为温室切花生产的主要种类之一。

图 9-1 非洲菊

任务 1 品种选择

【任务目标】

了解设施非洲菊栽培对品种的要求，掌握适合当地设施栽培的品种类型。

【教学材料】

适合当地设施栽培的非洲菊植株。

【教学方法】

在教师的指导下，学生以班级或分组制订当地设施非洲菊栽培品种选择计划。

要根据栽培目的不同选择品种。切花栽培应选用生长势旺、抗病能力强、花色鲜艳、花梗挺拔粗壮、切花保鲜期长的重瓣、大花型品种。

【相关知识】 非洲菊的品种类型

1. 按花色分类　按花色不同可分为鲜红色系、粉色系、纯黄色系、橙黄色系、纯白色系等。

2. 按用途分类　按用途不同，可分为矮生盆栽型和现代切花型。盆栽类型主要是 F_1 杂交种，具花期一致、色彩变化丰富、生育期短、习性整齐、多花性强等特点；切花类品种花梗笔直、花径大的可达 15 cm，花期长、终年可开花、观赏时间持久，瓶插寿命长达 7～10 d。

3. 按花瓣类型分类　按花瓣类型不同，可分为单瓣型、半重瓣型、重瓣型等几种。其中，窄花瓣型主要品种有佛罗里达、检阅等；宽花瓣型品种主要有白明蒂、白雪、基姆、声誉等；重瓣花型主要品种有考姆比、地铁、粉后等。

任务 2 育苗技术

【任务目标】

了解非洲菊育苗对基质的要求和繁殖方式，掌握培养土配制、消毒和各种繁殖方法的操作技术。

【教学材料】

非洲菊种苗、栽培基质等育苗用工具与材料等。

【教学方法】

在教师的指导下，学生以班级或分组参加当地设施非洲菊育苗实践。

一、基质准备

将泥炭土、园土、珍珠岩混合使用，三者体积比为5∶3∶2，用1%的甲醛40 L/m^3与育苗基质拌和均匀，并用薄膜盖严密闭1～2 d，揭开翻晾7～10 d后使用。

二、分株育苗

小面积栽培可采用分株繁殖，通常3年分株1次，适应于一些分蘖能力较强的非洲菊品种，分株在4～5月间把温室促成栽培的老株挖出切分，每株带4～5片叶，去掉老根。把新植株根系浸入含有杀菌剂、发根剂的溶液中30 min，然后栽入苗床或盆中即可。

三、组织培养育苗

通常使用花托和花梗作为外植体。

1. 制备外植体　在无菌环境下，取直径1 cm左右的花蕾用流水冲洗1～2 h，进行常规消毒后，剥去苞叶和小花，留下花托，将花托切成2～4块。

2. 接种和培养　将切好的外植体接种在MS＋6-BA 4 mg/L＋NAA 0.2 mg/L＋IAA 0.2 mg/L的培养基上，逐渐形成愈伤组织，经过1～2个月的培养，即可由愈伤组织形成芽，在同样的培养基上继代培养。

3. 根诱导　当试管苗高2～2.5 cm时，将其转入1/2 MS＋NAA 0.1 mg/L的生根培养基上诱导生根。2～3周后，当根原基幼眼可见时，即可进行炼苗、驯化、移栽。

4. 移栽　移栽基质为木屑加泥炭(1∶1)或泥炭加细沙(1∶1)的混合物。要注意温湿度的控制，采用全自动间歇喷雾苗床，可以大大提高组培的移栽成活率。

非洲菊最适合的移栽时间是4～5月份，可在9～10月份就能大量产花。愈伤组织分化出芽宜在10月中旬以前完成，第1次试管增殖在10月中旬至11月中旬，以后每月1次，到翌年2月中旬结束第4次增殖，然后进行壮苗生根培养；生根后移栽到炼苗床，炼苗1个月，5月份定植。组培苗，定植后10～12周可开花，如果计划在元旦或春节开花，可在8～9月份定植。

任务3　定植技术

【任务目标】

掌握非洲菊整地和定植技术要点。

【教学材料】

整地、定植用工具与农资等。

【教学方法】

在教师的指导下，学生以班级或分组参加非洲菊定植实践。

一、整地做畦

1. 深翻　非洲菊属深根性植物，整地时需要深翻，深度应在 25 cm 以上。结合整地，施足基肥，施肥量以每 100 m^2 圈肥 200 kg 或油渣 100 kg，加过磷酸钙 10 kg，草木灰 100 kg 为宜。

2. 起垄　做成一垄一沟的形式，一般垄宽 40 cm、沟宽 30 cm。

二、定植

3 月末至 6 月初为定植最佳时期，选择苗高 11～15 cm，4～5 片真叶的种苗。垄作，双行交错栽植，株距 25 cm，一般 9 株/m^2，不能定植过密。栽植宜浅勿深，根颈露出地表 1.0～1.5 cm，用手将根部压实，栽植过深容易引起根颈腐烂。

定植后，在沟内浇一次透水。

任务 4　田间管理技术

【任务目标】

掌握非洲菊肥水、温度等田间管理技术要点。

【教学材料】

温室非洲菊以及田间管理用具等。

【教学方法】

在教师的指导下，学生以班级或分组参加非洲菊田间管理实践。

一、温度和光照管理

1. 光照　定植后 7～10 d，用 70% 的遮阳网遮光，成活后加强光照。非洲菊喜温暖、阳光充足，空气流通的栽培环境，但又忌夏季强光，因而栽培过程中冬季光照不足，应增强光照，夏季光照过强，应适当遮光，并通过遮阴降温，防止因高温引起休眠。

2. 温度　定植后的 1 个月内，温度应保持在 15℃ 以上，日温保持在 22～25℃，夜温

20～22℃，持续 1 个月。进入旺盛生长期，夜间温度 16～18℃，白天 18～25℃。夏季花期，要注意遮阳及通风降温，冬季花期，注意保温及加温，应防止昼夜温差太大，以减少畸形花的产生。

二、肥水管理

1. 肥料　以氮、磷、钾复合肥为主，氮、磷、钾的比例约为 2∶1∶3，特别在花期，应提高磷、钾肥的施用量，每 100 m^2 每次用硝酸钾 0.4 kg，硝酸铵 0.2 kg 或磷酸铵 0.2 kg，生长季节应每周施 1 次肥，温度低时应减少施肥。

2. 浇水　新植小苗应适当控水蹲苗，缓苗后，水分应充足，以促进生长；花期浇水时，叶丛中不要积水。浇水时间应在清晨或日落后，棚内相对湿度保持在 80%～85%。

三、摘叶疏蕾

当叶片生长过旺时，花枝减少，需要适当剥叶，先摘除外层老叶、病残叶。剥叶时应各枝均匀剥，每枝留 3～4 片功能叶。过多叶密集生长时，应从中去除小叶，使花蕾暴露出来。在幼苗生长未达到 5 片叶以上时，应摘除早期形成的花蕾。在开花时期，一般每株着生花数不超过 3 个，以保证主花蕾开花。每年单株在盛花期有健康叶 15～20 片，可月产 5～6 朵花。

任务 5　采收与保鲜技术

【任务目标】

掌握非洲菊采收标准、采收技术以及采后保鲜、包装技术要点。

【教学材料】

温室非洲菊以及采收用具等。

【教学方法】

在教师的指导下，学生以班级或分组参加非洲菊采收实践。

一、采收

非洲菊采收适宜时期是花梗挺直、外围花瓣展平，中部花心外围的管状花有 2～3 轮开放、雄蕊出现花粉时。

采收通常在清晨与傍晚，此时植株挺拔，花茎直立，含水量高，保鲜时间长。采收时不用刀切，用手就可折断花茎基部，自花茎与叶簇相连基部向侧方拉取，分级包装前再切去下部切口 1～2 cm，浸入水中吸足水分及保鲜液。

二、保鲜与包装

采收后,应立即插入水或保鲜液中,使之吸足水分。套上塑料袋,保持花型。

用湿贮方法保存,在相对湿度 90%,2～4℃温度条件下,可保存 4～6 d,而干贮仅有 2～3 d 保鲜期。

长途运输时用特制包装盒,各株单孔插放,并用胶带固定,并保湿。国产的非洲菊一般每把 10 枝,用纸包扎,干贮于保温包装箱中,进行冷链运输。

Module 2

仙客来栽培技术

任务1　品种选择
任务2　育苗技术
任务3　定植技术
任务4　田间管理技术
任务5　包装和贮运技术

仙客来(图 9-2)属于报春花科仙客来属的半耐寒性球根花卉。近年来,我国仙客来的生产和销售呈快速增长趋势,增长率都在 20%以上。仙客来产业的快速发展,说明仙客来已被消费者认可,市场已被激活,市场销售不可估量。

图 9-2　仙客来

任务 1　品种选择

【任务目标】

了解设施仙客来栽培对品种的要求,掌握适合当地设施栽培的品种类型。

【教学材料】

适合当地设施栽培的仙客来品种。

【教学方法】

在教师的指导下,学生分组制订当地设施仙客来栽培品种选择计划。

品种选择主要从其商品性、抗性和适应性等方面来考虑。商品性指其外观的表面性状,包括花型、花色、叶形、叶色,是否具有香味,株型是否丰满等,要求商品性符合当地的喜好习惯。抗性要求品种抗病、抗虫性要强。另外,所选品种还要适应当地的光照、温度、湿度等环境。

以花色为例,目前市场上以红色系列最为畅销,这也与节日红红火火的气氛相配,一般占栽培数量的 60%~70%,紫色、白色系列占 20%~15%,彩云、彩蝶、粉色占 15%~20%。另外,中花型中有香味的品种多一些,微型花花小,但抗性好,摆放时间长,小巧玲珑。

【相关知识】　仙客来的品种类型

1. 按花型分类　可分为以下四种类型:

(1)大花型　花大,花瓣全缘、平展、反卷,有单瓣、重瓣、芳香等品种。

(2)平瓣型　花瓣平展、反卷,边缘具细缺刻和波皱,花蕾较尖,花瓣较窄。

(3)洛可可型　花半开、下垂,花瓣不反卷,较宽,边缘有波皱和细缺刻。花蕾顶部圆形,花具香气。叶缘锯齿显著。

(4)皱边型　花大,花瓣边缘有细缺刻和波皱,花瓣反卷。

2. 按花色分类　一般分为以下七大系列:

(1)红色系列　包括鲜红、玫红、大红、橙红、杏红、品红等。

(2)粉色系列　包括深粉、浅粉、桃粉等。

(3)紫色系列　包括深紫、浅紫、亮紫等。

(4)白色系列　包括原白、亮白等。

(5)黄色系列　包括柠檬黄等。

(6)彩云系列　包括彩云1号、2号、3号、4号等。

(7)彩蝶系列　包括彩条、火焰纹品红、火焰纹紫色等。

任务2　育苗技术

【任务目标】

了解仙客来育苗对基质的要求和繁殖方式，掌握培养土配制、消毒和各种繁殖方法的操作技术。

【教学材料】

仙客来种苗、栽培基质等育苗用工具与材料等。

【教学方法】

在教师的指导下，学生以班级或分组参加当地仙客来育苗实践。

一、基质准备

栽培基质要疏松透气、保水性好，pH为5.5～6.4，要彻底消毒。一般采用国产泥炭土为主的混合基质。良好的泥炭土混合基质是含有50%泥炭和按一定比例混合的珍珠岩、蛭石、椰糠等。其中的黏土含量应少于15%。

用1.5 kg/m^3的50%辛硫磷与基质拌和均匀，并用薄膜盖严密闭1～2 d，揭开翻晾7～10 d后使用，以预防地种蝇和根际线虫的发生，在种植前用福美双、敌克松等杀菌剂进行土壤消毒，防治灰霉病。

二、种子育苗

(一)种子处理

在播种之前要用800倍液的杀菌剂浸泡1 h或用10%的磷酸钠溶液浸泡10～20 min，冲洗干净后，用32℃左右的温水浸泡48 h，取出后沥去水分就可以播种。

(二)播种

1. 播种时间　播种繁殖通常以9月上旬至10月中旬为宜，从播种到开花需12～15个月。也可根据种植地的气候条件及成品的上市时间来决定。大花型品种一般在10月至次年 1 月播种；中花型品种则可以推迟 15～30 d 播种；迷你型品种应在 1～3 月间播种。

2. *播种方法* 装好的穴盘（128 孔或 288 孔）预先浇透水，并用压孔板在穴盘孔中心压出 0.5 cm 深的小坑。将经过处理的仙客来种子播在小坑中间，最后用片径为 1.5～2.5 的蛭石作为覆盖物，用细喷头浇透水，推入发芽室。

3. *播后管理* 仙客来的适宜发芽温度为 18℃，湿度控湿在 95%左右，并保持发芽室黑暗状态。一般在 4 周后就有少量的仙客来种子顶出土面，当出苗率在 50%～60%、子叶长度在 1～3 cm 时移出发芽室，转移到 15～25℃的温室中，进入幼苗期管理。出室 15 d 内保持在 15～18℃，低于 10℃，灰霉病和水肿病发生较多；低于 5℃时容易出现卷叶现象。中午高于 30℃，要加强通风降温。

三、分割块茎育苗

结实不良仙客来品种，可采用分割块茎的方法进行繁殖，在 8～9 月块茎休眠结束，即将萌动时，将块茎用利刀自顶部纵切分成几块，每块带 1 个芽眼，切口应涂抹草木灰，晾晒 1 d 即可分栽于苗床或花盆内。

任务 3 定植技术

【任务目标】

掌握仙客来定植技术要点。

【教学材料】

整地、定植用工具与农资等。

【教学方法】

在教师的指导下，学生以班级或分组参加仙客来定植实践。

一、定植时期

播种繁殖的幼苗长出 2～3 片叶时分苗，分苗时株距为 5 cm 左右；5～6 片叶时移栽换盆，即可定植。

二、定植

定植时，选用直径 9 cm 的花盆，移栽时要带全根，不要抖落原土，土盆深度以球根 1/3～1/2 露出土外为宜。栽后浇一次透水，遮阳 7～10 d，停肥 10 d，应保持的适宜温度为 14～16℃。

任务4 田间管理技术

【任务目标】

掌握仙客来肥水、温度等田间管理技术要点。

【教学材料】

温室仙客来以及田间管理用具等。

【教学方法】

在教师的指导下，学生以班级或分组参加仙客来田间管理实践。

一、温度和湿度管理

1. 温度管理　仙客来生长期间温度白天控制在20～25℃，夜间15～18℃。5℃以下球茎易遭冻害，超过30℃易落叶休眠，应利用棚顶微雾、地面喷水、双层遮阳、循环通风等多项措施降低温度。

仙客来属于日中性植物，影响花芽分化的主要环境因子是温度，其适温是15～18℃，可以通过调节播种期及控制环境因子或使用化学药剂，打破或延迟休眠期以控制花期。促花阶段适当低温利于仙客来花束整齐、花朵较大，但会延迟花期。

2. 湿度管理　仙客来有60%的种子出芽后，应将其平放在保温棚中，温度应在12～25℃之间，湿度应在70%～80%。

二、肥水管理

1. 施肥　一般每7 d施1次肥，结合浇水施入速效肥或有机肥。速效肥N、P、K比例6～8月期间为7∶11∶27，浓度为0.05%；其余时间为1∶1∶2，浓度为0.10%～0.15%。有机肥可选用腐熟的豆饼、花生饼、麻酱渣等，浓度为3 g/L。

2. 浇水　刚移植和换盆时都要浇透水，抽出新叶后，浇水量可增加。当基质表面渐干时，应立即浇水，一次要浇透，苗期可适当多浇一点水，如出现种球由红褐色变成绿色时，新叶芽发绿，说明水量过大，应及时控制浇水。在幼苗期至开花期之前可用喷头自上部喷水，水珠要细。开花期间浇水也不宜太多，否则花凋谢快，浇水时如使水滴到花及嫩叶上，将会影响花的质量。夏季休眠期要减少浇水量。

三、光照管理

一般仙客来生长期间适宜的光照强度为20 000～25 000 lx。光照强度超过50 000 lx或温度超过 32℃,可以利用不同遮光率的遮阳网调控温度和光照强度。

脱帽期过强的光照会使种皮干缩,影响子叶脱帽,一般高于 8 000 lx,应用双层遮阳网遮阳 30 d,遮光率为 70%～80%,当叶片出现红色并逐渐展开时,撤去双层网的一层,保留一层或用草帘遮阳 7～10 d。

四、植株调整

仙客来越夏期间要及时清除老叶、摘除提前伸长的花芽。对叶片较多的植株要进行叶片秩序整理,把长的叶片拉到较短的叶片之下,使仙客来叶片受光面积达到最大。整理叶片时不能过多地暴露生长点,否则新的叶芽和花芽会受高温影响而生长不良甚至枯死。

任务 5　包装和贮运技术

【任务目标】

掌握仙客来包装和贮运技术要点。

【教学材料】

温室仙客来以及贮运和包装用材料等。

【教学方法】

在教师的指导下,学生以班级或分组参加仙客来包装和贮运实践。

一、包装

远途运输前要进行节水栽培,出圃前要进行标准分级,花叶整理。装箱前贴上标签,注明商标、产品名称、生产单位等。仙客来产品包装可以根据产品等级和运输距离采用纸箱或塑料袋。高档产品包装使用纸箱,规格根据株型大小确定,内衬泡沫板,泡沫板上开出大小与产品容器合适的孔穴,使产品镶嵌其中,以利长途运输。近距离运输或次级产品可以使用简易包装,即与株型大小合适的塑料袋,塑料袋呈漏斗形,上边口大下边口小,周边留透气孔,花盆直立装入其中,塑料袋要高出株顶 10 cm。

二、运输

盆花包装完后,紧密排列在运输箱或纸箱内,分层放置在专用运输车厢内,注意不要倒置和挤压。长途运输注意温、湿度变化。

Module 3

一品红栽培技术

任务 1　品种选择
任务 2　育苗技术
任务 3　定植技术
任务 4　田间管理技术
任务 5　盆花上市、贮运和包装技术

一品红(图 9-3)又叫圣诞花、猩猩木、象牙红,为大戟科大戟属著名的盆栽花卉,自然开花期在元旦和圣诞节前夕。容易进行花期调节,可实现周年开花,由于花期长、摆放寿命长,苞片大,加之栽培容易,病虫害少,盆栽、切花皆宜,是人们喜爱的冬季室内装饰花卉。我国福建、云南等地可露地栽培,其他地方均作温室栽培。

图 9-3 一品红

任务 1 品种选择

【任务目标】

了解设施一品红栽培对品种的要求,掌握适合当地设施栽培的品种类型。

【教学材料】

适合当地设施栽培的一品红品种。

【教学方法】

在教师的指导下,学生以班级或分组制订当地设施一品红栽培品种选择计划。

选择品种的基本要求如下:

(1)商品形状要符合当地的喜好习惯。

(2)要根据栽培目的来选择品种。比如小型盆栽适宜选择生长势弱的品种。

(3)易于进行花期调节,可按生产计划进行生产、销售。

(4)抗性和适应性要强。

【相关知识】 一品红的品种类型

1. 根据叶片颜色分类　可分为绿色叶系和深绿色叶系。

(1)绿色叶系　绿色叶系的品种比较耐高温,对肥料的需求量也比较大一些。品种主要有:持久系列、福星、俏佳人、金多利、红粉、双喜等。

(2)深绿色叶系　深绿色叶系的品种则比较耐低温,对肥料的需求量相对较小。品种主要有:天鹅绒、威望、精华、彼得之星、自由系列、千禧、柯帝兹系列、索诺拉系列、火星系列、奥林匹亚、早熟千禧、探戈、开门红、富贵红、旗帜等。

2. 根据生长势分类　可分为生长势强和生长势弱两种类型。

(1)生长势强系列　植株生长迅速,能够发育成较大型的植株,如福星、威望、精华等,适合做大规格盆栽或树状栽培。

(2)生长势弱系列　植株生长势不强，株高易于控制，可减少矮壮素的施用，如金奖、红爱福等，适合做标准型或小型盆栽。

任务2　育苗技术

【任务目标】

了解一品红育苗对基质的要求和繁殖方式，掌握培养土配制、消毒和各种繁殖方法的操作技术。

【教学材料】

一品红种苗、栽培基质等育苗用工具与材料等。

【教学方法】

在教师的指导下，学生以班级或分组参加当地一品红育苗实践。

一、基质准备

盆土通常用泥炭、珍珠岩、河沙等按 5：1：1 的体积比例混合，每一花盆内施入长效控释肥奥绿肥 3～4 g。也可用园土、腐叶土和堆肥土，配制比例为 2：1：1。用石灰调整基质 pH 至 5.5～6.5。

将基质装入砖红色、口径 20 cm 的不透光花盆中。

二、扦插育苗

一品红的扦插育苗方式主要采用嫩枝扦插育苗的方法。

1. 插枝准备　在切取插枝之前，应控制浇水使盆土保持微干状态，使组织充实，有利于插穗成活。插条一般用带生长点的顶端枝段，容易生根，成活率高。插穗长度通常 8～12 cm，或带 4～5 片完好的叶片。切取插枝的刀片要经过 75%的酒精浸泡，为促使插枝生根，可以用 0.1%高锰酸钾溶液处理，或将插枝切口处蘸取 500 mg/L 的吲哚丁酸溶液 5 s 进行生根处理，生根快，根系发达。

2. 扦插　嫩枝扦插可在 3 月下旬进行，用穴盘作扦插容器，将筛选过经消毒的细泥炭填入穴盘内，浇透水后打孔插入插条。也可扦插在插床上，扦插深度约为插穗长度的 1/3～1/2。

通常供应国庆节市场，其扦插时间应在 4～5 月，定植时间应不迟于 5 月；供应圣诞节市场，其扦插时间应在 6～7 月，定值时间应不迟于 8 月；供应春节市场，其扦插时间应在 7～8 月，定植时间应不迟于 9 月。

3. 扦插后管理　插后要浇透水，水中放入杀菌剂，防止烂根。以后浇水不宜太多，可于叶面每天喷水4～6次，注意遮阳并需适当通风。在15～20℃的条件下，插后10 d左右便开始生根。

三、组培育苗

采用花轴、茎尖为外植体，经常规消毒后，接种在添加6-苄氨基腺嘌呤0.2 mg/L和吲哚乙酸0.2 mg/L的MS培养基上，45～50 d后将不定芽转移在添加吲哚乙酸0.2 mg/L的1/2 MS培养基上，10～14 d生根，形成小植株。

任务3 定植技术

【任务目标】

掌握一品红定植技术要点。

【教学材料】

整地、定植用工具与农资等。

【教学方法】

在教师的指导下，学生以班级或分组参加一品红定植实践。

一、温室消毒

于定植前15 d对温室进行清扫消毒，用1‰高锰酸钾喷洒一遍，用百菌清烟剂密闭熏烟12 h。

二、定植

扦插成活后3～4周应及时上盆，定植深度为基质盖上原种苗基质上方1 cm，土壤表面要低于盆顶1～2 cm，定植后及时浇透定根水。置于半阴处1周左右，然后移植到早晚能见到阳光的地方锻炼约15 d，再放到阳光充足处养护。

任务4 田间管理技术

【任务目标】

掌握一品红肥水、温度等田间管理技术要点。

【教学材料】

温室一品红以及田间管理用具等。

【教学方法】

在教师的指导下，学生以班级或分组参加一品红田间管理实践。

一、温度和光照管理

1. 温度管理　温度控制在 20～25℃之间，可以用控制光强度的方法控温；开花后温度在白天保持在 20～22℃，夜间 15～18℃，可延长观赏期。

2. 光照管理　一品红喜温暖的气候及充足的光照，对光照强度要求较高，适宜光照强度为 40～50 klx，扦插初期要防止光照过强，适宜光照强度为 10～20 klx。

二、湿度管理

基质含水量应保持在 60%～70%之间，空气相对湿度达 85%以上，保持较高的空气湿度是扦插成功的关键。采用间歇喷雾法、过道喷水的方法增加湿度。

三、肥水管理

1. 施肥　定植 7 d 后，向叶面喷施 1 次 1 500 倍的复合肥(N：P：K＝20：10：20)；定植 10 d 后，种苗长出新根可浇 1 000 倍肥水。生长前期施 1 次 600～800 倍复合肥(N：P：K＝20：10：20)，进入生长旺盛期，每隔 5～6 d 浇 1 次 600～800 倍的复合肥(N：P：K＝20：10：20)。

进入苞片转色期，逐渐减少施肥次数，一般 14 d 1 次，用复合肥(N：P：K＝15：20：25)提高磷钾肥比例，使苞片更大、更艳。此阶段如发现叶片呈浅绿色或黄色缺氮症状时，应补施 1～2 次复合肥(N：P：K＝20：10：20)；苞片转色期后应减少浇肥次数，30 d 浇 1 次 800 倍复合肥(N：P：K＝15：20：25)，以延缓衰老。

2. 浇水　定植 7～10 d 后恢复正常生长，应加强肥水管理，以促进植株健壮快速生长。一般每隔 4～5 d 浇 1 次，一般 1/3 基质表面干了就应浇水。春冬季节应少浇水，以免徒长。夏季早晚各浇 1 次水，以“间干间湿”为原则，防止盆土过干或过湿。

四、矮化处理

一品红植株生长较快，须修剪整形，否则枝条过高，降低观赏价值。在定植 15 d 左右喷施矮化剂 1 次；定植后 20 d，高度为 8～10 cm，留 6～8 个枝，便可第一次摘心。

摘心之后，当侧芽长到 3～4 cm 时，用矮壮素(CCC)、多效唑(PP_{333})等矮化剂进行处理，使用浓度见表 9-1。在自然条件下，花芽分化约在 10 月 1 日前后，12 月开花。

以后根据需要还可以打顶 2～3 次，一般留 2～3 个节，以中间比较高的枝条确定打顶高度，打成中间略高，四周略低的馒头型。

【注意事项】

花芽分化前 6 周不要使用矮化剂处理，以免影响开花的质量；喷施矮化剂应选择阴天或傍晚日落前，避免在气温高于 28℃的情况下使用。

表 9-1　利用矮化剂控制一品红株高的处理方法

处理方法	矮化剂	
	CCC	PP_{333}
喷施浓度/(mg/L)	1 500～2 000	5～50
浇灌浓度/(mg/L)	3 000	0.1～0.5(mg/盆)
特性及注意事项	喷施叶片易有短暂药害，需施 2 次以上	药效较长，但浓度高易使叶片、苞片皱缩

五、花期控制

一品红是典型的短日照植物，当光照强度低于 50～100 lx 时花芽便开始分化，遮光缩短光照时间，使其提前开花，加光延长光照时间使其延迟开花。

1. 国庆节开花的花期调节　选择耐热性好的早花品种，并进行人工遮光处理，如在 8 月初开始每天遮光 4 h，经 45～50 d 的处理，即可在“十一”开花。遮光处理时要注意通风降温。

2. 春节开花的花期调节　通过夜间延长光照的方式使植物维持营养生长，延迟到春节开花。生产春节时开花的一品红，应选择晚熟品种，并进行补光处理，如 9 月上旬开始，每天 22 时到次日凌晨 2 时用白炽灯增加光照时间，光照强度 110～130 lx，至 10 月中下旬停止，效果明显。

六、保持盆间距

随着植株株型长大逐渐拉开盆间距，否则影响株型，同时利于通风，避免徒长。盆的位置固定后，不要经常移动，以免影响生长和花芽分化。

任务 5　盆花上市、贮运和包装技术

【任务目标】

掌握一品红盆花上市、贮运和包装技术要点。

【教学材料】

温室一品红以及贮运和包装用材料等。

【教学方法】

在教师的指导下，学生以班级或分组参加一品红盆花上市、贮运和包装实践。

一、盆花上市与贮运

一品红株型丰满，有 2～3 朵苞片显露时可上市或包装运输。一品红对低温度(13℃以下)非常敏感,温度太低,红色的苞片容易转变成青色或蓝色,最后变为银白色。若处理与贮藏时期温度太高,则易导致未熟叶片、苞片及花朵的脱落。贮运时的温度最好介于 13～18℃,时间以不超过 3 d 为好。

二、盆花包装

运输前应订做好适合各种规格的包装箱和包装袋,如用直径 20 cm、高 16 cm 的盆种植的一品红采用长 100 cm、宽 60 cm、高 75 cm 的纸箱进行包装,每箱可装 18 盆,包装过程中要减少对植株的机械损伤。如运往北方地区,必须增设保温措施,以确保在运输途中免受低温冻伤。

Module 4

百合栽培技术

任务 1　品种选择
任务 2　育苗技术
任务 3　定植技术
任务 4　田间管理技术
任务 5　采收与保鲜包装技术

百合(图 9-4)属于百合科百合属多年生草本球根植物,是世界名花之一。在国内外园林和插花中广泛应用,非常适宜作为切花栽培,以设施栽培为主。

图 9-4　百合

任务 1　品种选择

【任务目标】

了解设施百合栽培对品种的要求,掌握适合当地设施栽培的品种类型。

【教学材料】

适合当地设施栽培的百合品种。

【教学方法】

在教师的指导下,学生以班级或分组制订当地设施百合栽培品种选择计划。

我国北方地区冬季温室种植亚洲百合应选择对缺光敏感性较低的品种,如粉色的'Dark Beauty'、黄色'Lotus'、白色的'Navona'等,冬季需要补光;东方百合如早玫瑰,对弱光不敏感,但需要较高的温度,尤其是夜温,需有加温设备;华东及华南地区栽培设施内没有加温设备,应选择麝香百合,如白雪皇后;铁炮系的大多数品种比较适应我国各地的环境条件,提高夜温可明显加快开花速度。

【相关知识】　百合的品种类型

1. 亚洲百合　花朵向上开放,花色鲜艳,生长期从定植到开花一般需 12 周,适用于冬春季生产,夏季生产时需遮光 50%。该杂种系对弱光敏感性很强,冬季在设施中需每日增加光照,以利开花。若没有补光系统则不能生产。

2. 麝香百合　花为喇叭筒形、平伸,花色较单调,主要为白色,从定植到开花一般需 16~17 周。夏季生产时需遮光 50%,冬季在设施中增加光照对开花有利。

3. 东方百合　花型姿态多样,有平伸形、碗花形等,花瓣质感好,有香气,生长期长,从定植到开花一般需 16 周，冬季在设施中栽培对光照敏感度较低，但对温度要求较高，特别是夜温。

任务 2　育苗技术

【任务目标】

了解百合育苗对基质的要求和繁殖方式，掌握各种繁殖方法的操作技术。

【教学材料】

百合种苗、栽培基质等育苗用工具与材料等。

【教学方法】

在教师的指导下，学生以班级或分组参加当地百合育苗实践。

一、鳞片扦插育苗

取花期健壮的老鳞茎，用利刀剥去外围的萎缩鳞片后剥取第 2 和第 3 轮鳞片，择肥大、质厚的鳞片作为扦插材料，每个鳞片的基部应带有一小部分鳞茎盘，放入 1∶500 多菌灵或克菌丹水溶液中浸泡 30 min，杀死病菌，阴干后直接插入苗床中。

扦插基质以直径 0.2～0.5 cm 的颗粒泥炭为最好，有利于鳞片的成活。扦插时将鳞片的 2/3 插入基质中，间距约为 3 cm。插后基质要保持湿润，忌过湿，以防止腐烂。相对湿度保持在 80%～90%，温度维持 21～25℃，前 10 d 温度可调到 25℃，以后则以不超过 23℃为宜。插后 15～20 d，于鳞片下端切口处生长出小鳞茎，其下生根，并开始长出叶。一般 1 个鳞片可以生长出 1～2 个小鳞茎，将小鳞茎取下栽入苗床培养成小鳞茎，春季定植，栽培 2～3 年以后就能开花。此法可用于中等数量的繁殖。

二、分球育苗

采收切花时，基部留 5～7 片叶，花后 6～8 周新的鳞茎便成熟，可以将小鳞茎挖取，种植在塑料箱或纸箱内，以泥炭 2 份，蛭石 2 份，细沙 1 份为培养基质，1 年后种植在栽培床或畦上，2 年后便可作开花种球。或挖取大鳞茎时，把直径小于 2 cm 的鳞茎种植在疏松、肥沃、排水良好的土壤里继续培养，1～2 年便能长成开花种球。

为获得优质开花种球，在小鳞茎抽生花茎时应及时摘除。当一个鳞茎抽生出 2～3 个地上茎时应除去侧茎，只留中央主茎，以集中养分形成一个大鳞茎。此方法繁殖系数低，只适宜少量盆栽繁殖。

三、播种育苗

采收成熟的种子，春秋贮藏到翌年春天播种。发芽适温为 12～15℃，15℃以上种子发芽快，但幼苗瘦弱，低于5℃不发芽；25℃以上种子休眠，不发芽。播后覆土0.5～1 cm，20～30 d子叶出土。幼苗期要适当遮阳。入秋时，地下部分已形成小鳞茎，即可挖出分栽，经2～3年后可开花。此方法主要在育种上应用。

四、珠芽育苗

仅适用于少数能产生珠芽的品种，如卷丹、黄铁炮等百合，多采用此方法繁殖。于6月份珠芽成熟时，采收后沙藏，8～9月份播于苗床。采用条播，行距15～20 cm，株距3～7 cm，栽深3～5 cm，盖沙厚约0.3 cm，再盖草1层。翌年秋季即长成1年生鳞茎，再连续生长2～3年即可作种球使用。从长成大鳞茎至开花，通常需要2～4年的时间。

五、茎段和叶片扦插育苗

在植株开花后，将地上茎压倒并浅埋在湿沙中，或将叶片特别是上部叶片插入湿珍珠岩粉中，不久，其叶腋间或切口处均可长出小珠芽，可促使多生小珠芽供繁殖用。

六、组培育苗

利用百合花的不同部位的组织培养成试管苗，然后移植于苗床护理长大，供生产种球。此法繁殖速度快，繁殖系数大，苗生长整齐一致，但成本较高。所以多用于一些优良品种的快速繁殖。并且常常与扦插育苗等其他无性育苗方法结合使用。

任务3　定植技术

【任务目标】

掌握百合定植技术要点。

【教学材料】

整地、定植用工具与农资等。

【教学方法】

在教师的指导下，学生以班级或分组参加百合定植实践。

一、种球准备

百合种球采挖后需经历6～12周的生理休眠期，根据市场需要，切花在11月到翌年1月上市时，种球应在6月中下旬开始冷藏在温度6～7℃条件下，6～7周即能打破鳞茎的生理休眠，取出播种。如需要 2～5 月上市，应在前一年 8 月上旬到 9 月中旬开始冷藏在 8℃下 6～7 周后再播种。一般情况下，种植亚洲系百合，使用 12～14 cm 规格的种球即可满足市场对切花质量的要求；种植东方系百合，一般要用 16～18 cm 的种球，才能产出质量较好的切花。

二、整地做畦

百合忌连作，怕积水，应选择深厚、肥沃、疏松且排水良好的壤土或沙壤土种植。施入充分腐熟的牛粪堆肥 1.5 kg/m^2 和草炭 1.5～3.0 kg/m^2，过磷酸钙 0.03～0.05 kg/m^2，深翻 30 cm，充分混匀。施入的底肥氮、磷、钾含量要分别达到 20 g/m^2、30 g/m^2、30 g/m^2，并用 50%辛硫磷 600 倍液和 70%甲基托布津 500～600 倍液进行土壤消毒、杀虫。亚洲百合和铁炮百合的部分品种可在中性或微碱性土壤上种植，东方百合则要求在微酸性或中性土壤上种植。平整做畦，高畦栽种，一般畦高 20～30 cm，宽 120 cm，畦间沟宽 30～35 cm。四周开好排水沟，以利排水。

三、定植

1. 定植时间　以正常产花计算，12 月到翌年 1 月采收切花，可在 8 月初采挖当年培养的商品鳞茎，通过低温打破休眠，8 月下旬到 9 月上旬定植在塑料大棚或玻璃温室中。这一时期采收的切花经济效益好，但是 8 月份正处于百合鳞茎的生长期，所以应选择早花品种；如要在 11 月至翌年 4 月连续产花，可将种球冷藏，在 1 月前陆续取出定植。

2. 定植方法　当鳞茎芽长到 3～6 cm 时定植，不宜超过 8 cm，否则易倒伏。参考行株距 20 cm×15 cm。栽植密度因品种、种球大小、季节而异。亚洲系百合植株体量较小，可按照 54～86 头/m^2 的密度定植，而东方系植株体量较大，适合密度 32～43 头/m^2。

定植深度为 6～10 cm，在夏季或环境温度高时，定植深度为 8～12 cm，而在冬季或环境温度偏低时，栽深 6～8 cm 即可。

种球定植时要小心取出百合鳞茎，用小铲在畦面上挖出比鳞茎头稍大的穴，将百合鳞茎顶芽朝上垂直于基面直立放入。种球摆放时不要过于用力按压，以避免用力不当造成损伤或弄断鳞茎的基生根，摆放好后随即用土壤基质将其覆盖。

任务 4　田间管理技术

【任务目标】

掌握百合肥水、温度等田间管理技术要点。

【教学材料】

温室百合以及田间管理用具等。

【教学方法】

在教师的指导下，学生以班级或分组参加百合田间管理实践。

一、温度和光照管理

1. 温度管理　百合喜凉爽湿润、阳光充足的环境，定植后 3～4 周内的土壤温度应稳定在 12～13℃，以促进百合种球生根。定植后的 4～6 周内，适温为 18℃，白天为 20℃，夜间为 12～13℃；生长过程中，以白天温度 21～23℃，夜间温度 15～17℃最好；花芽分化的适宜温度为 15～20℃；从第一朵花蕾开放开始，保持 15～26℃温度范围，30 d 便可开花，若 15～21℃，则需 40 d。不同品系的百合，其生长的适宜温度亦有所差别(表 9-2)。

表 9-2　百合生长的适宜温度

种球品系	生根温度	生长适宜温度	温度范围	备注
东方系百合	12～13℃	16～18℃	15～25℃	低于 15℃，可导致消蕾和叶片黄化
亚洲系百合	12～13℃	15～17℃	8～25℃	要防止空气过于潮湿
麝香系百合	12～13℃	14～16℃	14～22℃	低于 14℃，可导致花瓣失色和裂苞

2. 光照管理　百合在现蕾期需进行遮光处理，如叶片温度过高时，可用遮阳网降低温度。亚洲杂种系可遮光 50%左右，东方杂种系可遮光 60%～70%。秋季应除去遮阳网，以防光照不足使苞片脱落。在其他生长时期，特别是在花芽发育前期需加强光照，当光照强度低于 12 klx 时，40%～60%的花蕾不能开花。当花芽长到 1～2 cm 时，如光照不足，容易发生消蕾现象，需人工补光。我国大部分地区太阳光照一般可满足设施栽培百合生长开花需要。

二、肥水管理

1. 施肥　百合定植 3～4 周后追肥，以氮、钾肥为主，施用量 1 kg/100 m^2。在现蕾后至开花前，每 15 d 喷施 0.2%～0.3%磷酸二氢钾 1 次，如发现上部叶和花蕾黄化(老叶正常)，应及时叶面喷 0.2%～0.3%硫酸亚铁 2～3 次，如果发现新叶正常、老叶黄化、生长势差，多缺氮肥，可叶面喷 0.3%尿素或土壤浇施稀薄粪水 2～3 次。

采收前 3 周不施肥。剪花后，追施 1～2 次磷、钾丰富的速效肥，以促进鳞茎增大充实。

2. 浇水　百合定植后要浇一次透水，生长过程中，土壤保持潮湿即可，土壤湿度保持在 60%左右，如水分过多会徒长，过于干旱，茎生长差，干湿相差太大，“盲花”变多。特别是在花芽分化和发育期以及现蕾开花前是百合的需水临界期，应充分满足植株对水分的需求，否则影响花的质量。百合现蕾时适当减少浇水次数。

切花百合的生长发育要求较高而恒定的空气湿度，空气湿度变化太大，容易造成烧叶现象，最适宜的相对湿度为 80%～85%。

低温期百合最好采用滴灌方式进行灌溉，根据畦顶宽度铺 3～4 条滴灌带，滴灌带滴孔间距 15 cm，如浇水则在垄旁沟内进行，水渗入根际，不能将水浇到叶面上。高温季节，可以喷洒浇水，向叶面喷水不仅可以使叶片保持亮绿，而且可以避免高温烧叶。

三、花期调控

百合鲜切花在消费习惯上多作为喜庆用花，因而节日期间需求量大，价格高。生产上应合理安排，抢占节日期间的高价位市场，做到节日期间用花和平时用花均衡供应，提高百合鲜切花栽培的经济效益，生产中可采取如下措施。

(一)品种搭配

百合切花的品种很多，依生长期长短可分为早、中、晚 3 类，繁殖时 3 个类型种球应适当搭配。

(二)分批播种

因为花期受气温、日照、光照强度等多种气候因素的综合影响，所以在安排种植期时应考虑不同季节的气候情况，安排播种。

(三)促成栽培

1. *春化处理*　需在 11～12 月开花，可用中球在 13℃条件下处理 2 周后，再在 3℃下处理 4～5 周，即可；如需要在 1～2 月开花，可先在 13℃条件下处理 2 周，再在 8℃条件下处理 4～5 周，这时定植后夜间温度较低，应加温保持 15℃左右即可。

2. *补光促花*　在冬春季节，特别是遇连续阴雨天气，为促进提早开花，可采用人工照明补光，百合补光以花序上第一个花蕾发育为临界期，花蕾长达 0.5～1 cm 前开始补光，直到切花采收。采用 20～30 W/m^2 的白炽灯，每天补光 5～6 h(即 20 时至 0 时)，温度在 16℃条件下，维持 6 周补光，对防止消蕾、提早开花和提高切花品质效果甚佳。

(四)切花冷藏保鲜

若因气候异常等原因，造成大量百合花期提前，而市场需求又不大，则可采取冷藏的办法，采取措施补救。

四、拉网防倒伏

一些高大品种当长到 40～50 cm 时植株易倒伏或弯曲，应及时拉支撑网以保持植株茎秆直立生长。首先在畦两边钉好立桩，高 1.8～2.3 m，用 6 号线拉直，5～6 m 钉一根立桩，用百合专用网(网格 15 cm×15 cm)，拉平，拉网高度在花序下 10 cm，可上下移位，一般架两层网，植株特别高大的品种可设三层网。其他品种当株高达 35 cm 时开始张网，网格边长以 10 cm 为宜。随着植株的生长，及时提升网的高度。

五、二茬花管理

采收完毕后以 6～15℃管理 20～30 d，揭开棚膜前脚和顶部，白天覆盖草苫，芽萌动时，在行间沟施 3 000 kg 充分腐熟的鸡粪。发芽后每 10～20 d 交替喷施 0.3%磷酸二氢钾和硫酸亚铁，同时每 20～30 d 喷施 1 次 0.3%的尿素。

六、种球的采收和贮藏

百合第二次剪花后，经过 1 个多月的复壮管理，新球约在 7 月下旬成熟，可于 8 月上、中旬采挖，采挖后把大小种球分开。已经发芽或长新根的小种球，可立即栽培；把已长新根的大种球置于阴凉处 2～3 d，然后放在湿沙中低温贮藏，湿度在 60%左右。在贮藏之前须进行分级清洗、消毒、包装等。

任务 5　采收与保鲜包装技术

【任务目标】

掌握百合切花包装和贮运技术要点。

【教学材料】

温室百合切花以及贮运和包装用材料等。

【教学方法】

在教师的指导下，学生以班级或分组参加百合切花包装和贮运实践。

一、采收

百合第一朵花蕾膨大并呈乳白色时，即可采收。切花采收时间以上午 10 时以前为宜。

二、保鲜及包装

采收后应立即根据花朵数及花茎长度分级，去除基部 10 cm 左右的叶片。花枝应尽快离开温室，及时插入放有杀菌剂的预冷(水温 2～5℃)清水中冷藏。如需进行长距离运输销售，则应在运输前确保盆花有充足的水分，同时增加适当的光照，以免叶片黄化。仍然采用打洞的瓦楞纸箱包装，冷藏运输或进入销售市场。

Module 5

肾蕨栽培技术

任务 1　品种选择
任务 2　育苗技术
任务 3　定植技术
任务 4　田间管理技术
任务 5　采收与保鲜技术

肾蕨(图 9-5)又名蜈蚣草,属于属肾蕨科肾蕨属植物,是目前国内外广泛应用的观赏蕨之一,除盆栽或吊盆栽培观赏以外,叶片广泛用于插花配叶。意大利、荷兰、德国、日本等国将肾蕨加工成干叶,成为新型的插花材料。

图 9-5　肾蕨

任务 1　品种选择

【任务目标】

了解设施肾蕨栽培对品种的要求,掌握适合当地设施栽培的品种类型。

【教学材料】

适合当地设施栽培的肾蕨品种。

【教学方法】

在教师的指导下,学生以班级或分组制订当地设施肾蕨栽培品种选择计划。

良好的品种具有市场受欢迎,销量大,产量高,抗逆性强,花期长、花型花色鲜艳等特性,常见品种有达菲、普卢莫萨等。

【相关知识】肾蕨的品种类型

主要类型有碎叶肾蕨、尖叶肾蕨和长叶肾蕨三种,其中以碎叶肾蕨较为普遍。

碎叶肾蕨又叫高大肾蕨,其栽培品种有亚特兰大、科迪塔斯、小琳达、马里萨、梅菲斯、波士顿肾蕨、密叶波士顿肾蕨、皱叶肾蕨、迷你皱叶肾蕨、佛罗里达皱叶肾蕨。

任务2 育苗技术

【任务目标】

了解肾蕨育苗对基质的要求和繁殖方式,掌握各种繁殖方法的操作技术。

【教学材料】

肾蕨种苗、栽培基质等育苗用工具与材料等。

【教学方法】

在教师的指导下,学生以班级或分组参加当地肾蕨育苗实践。

一、配制育苗土

选用疏松、肥沃,透气的中性或微酸性土壤,pH 应在 5.5～6.0 为适宜。栽培基质可用腐叶土或泥炭土、培养土或粗沙各半配制。常用的配方为腐叶土∶壤土∶河沙,其比例为 3∶1∶1,以上各种原料必须过筛后拌匀,经蒸汽灭菌后才能使用。另外,播种用的育苗盘或花盆也须消毒。盆底多垫些碎瓦片和碎砖,有利于排水、透气。

二、分株育苗

分株繁殖无严格的季节要求,全年均可进行,以 5～6 月结合翻盆进行为宜,此时气温稳定,将母株上的匍匐枝轻轻分开,把分割下来的小株在百菌清 1 500 倍液中浸泡 5 min 后取出晾干,即可上盆。也可在上盆后马上用百菌清灌根。每 10 cm 的花盆栽植 2～3 丛匍匐枝,15 cm 的吊盆栽植 3～5 丛匍匐枝。分株装盆后灌根或浇一次透水。栽后放置蔽荫处,当根茎上萌发新叶时,再放置遮阳网下养护。

分株繁殖由于肾蕨根系受到很大的损伤,吸水能力很弱,需要 3～4 周才能恢复生长,因此,在分株后的 3～4 周内要节制浇水,以免烂根,但叶片蒸腾没有减弱,每天应进行叶面喷雾 1～3 次,这段时间里也不要施肥。

三、孢子育苗

孢子育苗技术要求严格,需要一个高温高湿的环境。人工环境中的一切用品包括容器、栽植材料和室内空间都应严格消毒,并保持室内清洁卫生。播种前,将装有基质的育苗容器放在浅水中,让水从排水孔渗入,使基质充分湿润,然后撒播孢子。可选择腐叶土或泥炭土加砖屑为播种基质,消毒后装入播种盆,将收集的肾蕨成熟孢子,均匀撒入播种盆内,喷雾保持土面湿润,50～60 d 可生长出孢子体。

四、组培育苗

常用顶生匍匐茎、根状茎尖、气生根和孢子等作外植体。在母株新发生的匍匐茎 3～5 cm 处切取 0.7 cm 匍匐茎尖，用 75%酒精中浸 30 s，再转入 0.1%氯化汞中表面灭菌 6 min，无菌水冲洗 3 次，再接种。培养基为 MS 培养基加 6-苄氨基腺嘌呤 2 mg/L，萘乙酸 0.5 mg/L，茎尖接种后 20 d 左右顶端膨大，逐渐产生一团绿色球状物，把其切成 1 mg 左右，接种到不含激素的 MS 培养基上，经 60 d 培养产生丛生苗后，进行分植，可获得完整的试管苗。

任务 3　定植技术

【任务目标】

掌握肾蕨定植技术要点。

【教学材料】

整地、定植用工具与农资等。

【教学方法】

在教师的指导下，学生以班级或分组参加肾蕨定植实践。

一、基质准备

不同地区因栽培基质的资源不同，配方差异也比较大，参考配方如下：

配方 1，菜园土、炉渣比例为 3∶1；

配方 2，园土、中粗河沙、锯末（菇渣）比例为 4∶1∶2；

配方 3，草炭、珍珠岩、陶粒比例为 2∶2∶1；

配方 4，草炭、炉渣、陶粒比例为 2∶2∶1；

配方 5，锯末、蛭石、中粗河沙比例为 2∶2∶1。

二、定植

小苗定植时，先在盆底放入 2～3 cm 厚的粗粒基质或者陶粒作为滤水层，其上撒上一层充分腐熟的有机肥料作为基肥，厚度为 1～2 cm，再盖上一层基质，厚 1～2 cm，然后放入植株，以把肥料与根系分开，避免烧根。上完盆后浇一次透水，并放在遮阴环境下养护。

任务4 田间管理技术

【任务目标】

掌握肾蕨肥水、温度等田间管理技术要点。

【教学材料】

温室肾蕨以及田间管理用具等。

【教学方法】

在教师的指导下，学生以班级或分组参加肾蕨田间管理实践。

一、温度和光照管理

1. *温度管理* 生长适温3～9月为16～28℃，9月至翌年3月为15～18℃。冬季温度需保持在10℃以上，气温降到4℃以下进入休眠状态，如果环境温度接近0℃时，会因冻伤而死亡。若周年生产切叶，温度要保持在20～30℃，昼夜温差不宜太大。

肾蕨忌闷热，在夏季须多通风。在通风时要注意水分供给，使环境中空气新鲜且不干燥。

2. *光照管理* 肾蕨忌直射光，喜明亮的散射光，但耐阴性较强，春夏秋三季均可置于室内有散射光的地方，并每隔1～2个月移到室外半阴处或遮阴养护1个月，以积累养分，恢复长势。冬季可放在半阴处养护。若光照过强，叶片易枯黄，但也不能过分隐蔽，易引起羽片脱落。规模性栽培应设遮阳网，以50%～60%遮光率为合适。

二、湿度管理

肾蕨喜湿润的气候环境，对土壤湿度和空气湿度要求较高，要求生长环境的空气相对湿度保持在70%～80%。尤其在幼苗期，生长期每天必须浇水和叶面喷水，以保持湿度，浇水最好在早晨进行。

春、秋季保持盆土不干，夏季每天需喷水数次，特别悬挂栽培需空气湿度更大些，否则空气干燥，羽状小叶易发生卷边、焦枯现象。

三、肥水管理

1. *施肥* 肾蕨喜肥，但肾蕨的根柔软较弱，不宜施重肥，应薄施、勤施，同时根据需要进行叶面喷施或根外追施。生长期每月施1～2次稀释的腐熟饼肥水，也可施用通用复合肥(N∶P∶K=20∶20∶20)或四季用高硝酸钾肥(N∶P∶K=20∶8∶20)。盛夏和严冬时节应停止施肥，否则易造成肥害。

2. 浇水　春、秋季节需保持充足的水分，保持盆土不干，但浇水不宜太多，否则叶片易枯黄脱落。夏季除经常保持盆土湿润外，每天应向叶片喷洒清水2～3次。特别是吊钵栽培时容易干燥，更应增加喷雾次数，否则空气干燥，羽状小叶易发生卷边、焦枯现象。并多进行根外追肥和修剪调整株态，并注意通风。

四、换盆

由于肾蕨生长迅速，根系很快会布满盆，1～2年需换盆1次，换盆时间在2～8月份皆可进行。培养土以园土、腐叶土各1份和砻糠灰、厩肥土各0.5份混合后使用为宜，换盆时应剪掉老叶并进行分株。

任务5　采收与保鲜技术

【任务目标】

掌握肾蕨采收与保鲜技术要点。

【教学材料】

温室肾蕨以及贮运和包装用材料等。

【教学方法】

在教师的指导下，学生以班级或分组参加肾蕨采收与保鲜实践。

一、采收

若作为切叶栽培，以叶色由浅绿转为绿色，叶柄坚挺有韧性，叶片发育充分为采收适期。叶片生长过老，叶背会出现大量褐色孢子群，失去商品价值。剪鲜叶的时间最好在清晨或傍晚。

二、保鲜

采叶后20支1束，在4～5℃条件湿贮或浸入清水中保鲜。

Module 6

红掌栽培技术

任务1　品种选择
任务2　育苗技术
任务3　定植技术
任务4　田间管理技术
任务5　采收与保鲜包装技术

图 9-6 红掌

红掌(图 9-6)又名安祖花、红鹤芋、花烛等,常绿宿根草本花卉,属于天南星科安祖花属(花烛属)。原产中美洲的安第斯山脉,喜阴生环境,周年开花。红掌花形独特,花色艳丽,既可做切花栽培又可作盆花观赏而备受人们欢迎,销量仅次于兰花,名列第二。

任务 1 品种选择

【任务目标】

了解设施红掌栽培对品种的要求,掌握适合当地设施栽培的品种类型。

【教学材料】

适合当地设施栽培的红掌品种。

【教学方法】

在教师的指导下,学生以班级或分组制订当地设施红掌栽培品种选择计划。

应根据花的品质、生产条件和市场供求选择最佳的栽培品种。如佛焰苞的大小、颜色、光泽,花葶的长短以及柱头的形状等。

红掌切花栽培品种很多,目前种苗几乎全部来自荷兰。常见品种有 Evita(爱复多)、Tropical(热情)、Alex(阿里克丝)、Joy(欢乐)、Gloria(光辉)等。其中以红色的品种最为畅销,红色品种以 Tropical 和 Evita 最受市场欢迎。

【相关知识】 红掌的品种类型

红掌的栽培品种较多,常见的栽培品种主要有以下三种:

1. 大叶安祖花　植株较高大,佛焰苞为红色、粉色、白色,肉穗花序为白色、黄色,花型大。
2. 水晶安祖花　植株较小,佛焰苞为褐色,肉穗花序为淡绿色,花型大。
3. 剑叶安祖花　植株高大,佛焰苞带绿色,肉穗花序为白色,花型较大。

任务 2 育苗技术

【任务目标】

了解红掌育苗对基质的要求和繁殖方式,掌握各种繁殖方法的操作技术。

【教学材料】

红掌种苗、栽培基质等育苗用工具与材料等。

【教学方法】

在教师的指导下，学生以班级或分组参加当地红掌育苗实践。

一、育苗床准备

育苗床高 0.20 m，宽 1.40 m，长 45 m 以内，床间通道宽 0.60 m。生产中可用的栽培基质有炭化稻壳、粗泥炭、蛭石、粗木屑和珍珠岩等，在栽培槽下层铺设较粗的基质，以便达到最佳的排水和保湿效果。基质上表面低于栽培床侧壁 3～5 cm。

栽培前 15 d 密闭温室，将室内温度提高到 50～60℃，保持 8～10 d，进行灭菌杀虫，用福尔马林 800 倍液向温室地面、苗床喷雾。同时清除温室及周边杂草杂物，减少病虫害传播介质。

二、基质准备

红掌的经济寿命一般 6～8 年，应选择结构比较稳定的材料作栽培基质，花泥是目前最常用的栽培基质。

1. 分株育苗基质　分株育苗的栽培基质可用腐叶土或泥炭加珍珠岩按 3∶1 配成。
2. 扦插育苗基质　扦插育苗的插床基质用蛭石、珍珠岩或细沙土。
3. 组培育苗基质　组培育苗的栽培基质以泥炭和珍珠岩为 1∶1 的比例混合为宜。

三、分株育苗

在春季将开过花的植株分生出带有根系的侧枝（小苗），用利刀将分生苗和母本植株自连接部切割开，尽量不要伤及根系，然后将切口处涂上草木灰进行处理以防切口腐烂。将分株苗单独盆栽或栽到苗床成为新株。小苗移栽后浇水并放在半阴湿润的环境中，以促进生根。每隔 1～2 年换 1 次盆。

四、扦插育苗

可用较老的枝条 1～2 个节的短枝为插条，剪去叶片进行扦插，将插条蘸草木灰后直立或侧卧插于地温 25～35℃的插床中，保持湿度，3 周后生出新芽和根，成为独立植株。

五、组织培养育苗

1. 外植体处理　植株在取材前 2～3 周开始，不要喷水，选用生长健壮的无病侧芽，用自来水冲洗干净，于无菌条件下，用75%的酒精消毒10 s，再用0.1%升汞溶液浸泡10 min，用无菌水冲洗4～6次，再用无菌纱布吸干其表面的水分，然后，切割灭菌的侧芽，使之长至5 mm左右，接种到诱导培养基上。可向培养基添加链霉素、青霉素等抗生物质以防止培养基的污染。

2. 继代培养　红掌试管苗愈伤组织培养基用MS+KT 2.0 mg/L+lBA 5 mg/L+蔗糖30 mg/L+琼脂7 mg/L，侧芽培养2个月后便形成愈伤组织，再经过40～50 d的培养，可产生大量不定芽，不定芽达2～3 cm时，可切下接种到继代培养基上进行继代繁殖。红掌试管苗继代繁殖培养基用MS+BA 0.2 mg/L+NAA 0.1 mg/L+蔗糖30 g/L+琼脂7 g/L，培养35 d萌芽率为75%。当不定芽长至2 cm左右时，转接到生根培养基上，以1/2 MS+糖20 g/L+琼脂7 g/L为宜，进行生根培养20 d，红掌试管苗在1/2 MS为培养基时，NAA的浓度为0.3 mg/L有利于生根，不但生根率高，且有效根数目也最多。红掌试管苗培养基pH为5.8～6.0，培养温度为25℃，每天光照10～12 h，光照强度1 000～1 500 lx。

六、播种育苗

红掌的花开放后散落着白色花粉，用干燥的毛笔蘸上花粉进行人工授粉以促进受精结籽。待种子充分成熟以后，摘取芝麻粒大小的种子随采随播，5～9月份为其播种适宜时期。播种前用清水冲洗种子，使之吸足水分。在播种盆中放入1/2的泥炭土，覆盖一层约1 cm厚粉末状搓碎了的青苔，然后将吸足水分的种子均匀摆在上面，用细筛子轻轻敷撒5～10 mm青苔碎末。将花盆放置在没有阳光直射的遮阴处，保持在25～30℃条件下，15 d可发芽。

任务3　定植技术

【任务目标】

掌握红掌定植技术要点。

【教学材料】

整地、定植用工具与农资等。

【教学方法】

在教师的指导下，学生以班级或分组参加红掌定植实践。

一、常规苗定植

常规繁殖通常在1～5月定植，华北地区（以北京为例）每年的3～4月份和9～10月份是最佳的种植时期。苗株生长到6～7片叶，高约30 cm时定植，起垄30 cm，垄上栽植，株行距30 cm×40 cm。

盆栽时，盆土以草炭或腐叶土加腐熟马粪再加适量珍珠岩，也可用 2/3 腐叶土加 1/3 河沙配合。盆底多垫些碎瓦片以利通气、排气，盆距 20 cm×40 cm。每隔 1～2 年换 1 次盆，浇水以叶面喷淋为好、保持叶面湿润。生长期每周浇施稀薄矾肥水 1 次。

二、试管苗定植

当红掌在生根培养上培养 25～30 d，苗高达 3～5 cm，叶色嫩绿，叶片肥厚，并生有 3～5 条长 0.5～1.0 cm 的新根时，将试管苗连同培养瓶一并移至大棚内，闭瓶炼苗 1 周，打开培养瓶炼苗 2 d 后进行移栽定植。移栽时，将生根苗小心从瓶中取出，用清水洗净根部附着的琼脂，注意不要伤苗和根，然后用 0.5%的多菌灵溶液浸泡 5 s。捞出晾干后将小苗移植到苗床中，栽培基质以泥炭和珍珠岩为 1∶1 或用切碎的花泥为好。

任务 4 田间管理技术

【任务目标】

掌握红掌肥水、温度等田间管理技术要点。

【教学材料】

温室红掌以及田间管理用具等。

【教学方法】

在教师的指导下，学生以班级或分组参加红掌田间管理实践。

一、温度和湿度管理

一般幼苗期保持 80%～90%的湿度，环境温度控制在 20～26℃。成苗期湿度在 70%～80%，阴天湿度 70%～80%，温度 18～20℃，晴天湿度 70%左右，温度 20～28℃。一般生长适温白天为 26～30℃，夜间 21～24℃。

全年应多次进行叶面喷水，可用棚顶喷淋、水帘降温、喷雾降温和直接向植株喷水等方法降低温度和保持湿度，但临近傍晚时停止喷雾，以在夜间保持植株叶面干燥，避免增大病害侵染的机会。冬季当夜间温度低于 10℃时，应采取措施避免发生寒害。

二、光照管理

红掌小苗移植后应遮光 60%～70%，生长期适宜的光照强度为 15～25 klx，温室中最理想的光照度在 20 klx 左右。光照过强，抑制植株生长，并导致叶片及花的佛焰苞变色或灼伤，对花的产量和质量影响很大，晴天时遮掉 75%的光照，早晨、傍晚或阴雨天则不用遮光。

在冬天或阴天,应增加光照。

三、肥水管理

1. 施肥　红掌根部施肥效果比叶面追肥效果好。红掌切花种植后的20～30 d不要使用营养液灌溉,每天采用人工喷水或是用喷雾系统喷雾保持基质表面微湿和植株叶片湿润。生长期需肥量较大,但每次浇肥浓度又不能太高。施肥以无机肥为主,幼苗期及生长旺盛期施以氮磷钾比例为3∶1∶2的液态肥,冬季及开花期增施磷钾肥,减少氮肥用量,应使用N∶P∶K为0.5∶1∶2的液态肥。通常幼苗期20 d左右浇1次0.05%的液态肥,成苗期10～15 d浇1次0.1%的液态肥。

2. 浇水　红掌小苗定植后浇水不能过多,否则会使根部积水造成根系死亡。红掌对盐分敏感,浇水含盐量不能过高。pH控制在5.2～6.2。直接使用井水或地表水时,要进行盐分含量处理。盐分含量过高可导致花变小,产量降低以及花茎变短。根据基质不同,确定浇水间隔时间及浇水量,一般基质的含水量应保持在50%～80%。浇水要根据季节以及基质的干湿情况进行,一般情况下5～7 d浇清水1次,夏季蒸发量较大时浇水较勤,需2～3 d浇水1次,冬季较严寒一般15～20 d浇水1次,在蒸发量较大的月份,还需进行叶面喷水喷肥。红掌的给水施肥均通过栽培床上的喷淋系统来进行。

四、拉线防倒伏

当植株生长到一定高度时,用细线绳顺苗床边沿拉线,将枝叶拦在苗床内,防止植株向两边倒伏,枝叶受到机械损伤。拉线后要对植株进行定期检查,及时将长出线外的枝叶放到绳内。

任务5　采收与保鲜包装技术

【任务目标】

掌握红掌采收与保鲜技术要点。

【教学材料】

温室红掌以及贮运和包装用材料等。

【教学方法】

在教师的指导下,学生以班级或分组参加红掌采收与保鲜实践。

一、采收

切花采收的适宜时期是当肉穗花序黄色部分占1/4～1/3时为宜,用锋利的剪刀,将花枝从基部约3 cm处切下。

采收时须注意握花枝的手势以及不可抓拿太多花枝，以免花朵互相碰撞摩擦造成损伤。采收的花枝立即插入盛有清水的塑料桶中。

二、保鲜与包装

采下的红掌花朵运到包装间，将苞片上的污物用清水洗净，先分级，再包装。程序如下：

(1)用特制的聚乙烯袋套包在花的外面。

(2)将太长的花枝剪短，在花茎基部套上装有保鲜液的小瓶。红掌对乙烯有忍耐力，产生乙烯的量又很少，故可不用乙烯阻断剂。

(3)包装箱下面铺设聚苯乙烯泡沫片，包装箱四周垫上潮湿的碎纸。

(4)运输时，按单枝固定，分层平放包装纸箱内，花朵置放在纸箱两端，花茎在中间，排列整齐。注意佛焰苞要离开箱壁约 1 cm，不可接触箱壁，以免运输途中受损。

(5)将花茎用透明胶等物固定在箱体内，使之不可移动。

红掌水养时间持久，每 2～3 d 换 1 次清水，并剪掉花柄基部 1 cm，保持切口新鲜，以利吸水。在 13℃环境中可贮藏 3～4 周，仍保持新鲜，10℃以下产生冷害。

【单元小结】

设施花卉栽培的生产过程是在人为控制的环境条件下进行，打破了花卉生长的季节限制，能够周年生产、周年供应鲜花。对不适宜本地栽培的花卉，利用栽培设施创造适宜的环境条件，也能进行引种和培育。要生产出高品质低成本的花卉，选择适宜当地的栽培品种是关键的第一步。根据花卉的种类选择适宜的繁殖方式，培育壮苗。夏季对喜光的种类，可给予全光照，对喜阴的种类，应加盖遮阳网以防阳光灼伤叶片。喜湿的浇透水，喜干的保持基质湿润，并加强叶面喷水，以增湿降温；大部分花卉种类，生长初期以氮肥为主，生长后期增施磷、钾肥。处于花芽分化阶段的花卉，应适当追施低浓度的磷钾肥，夏季处于休眠或半休眠状态的花卉种类，如仙客来应停止施肥。生产中，可人为地创造或控制相应环境条件，使花卉在特定的节日开放，根据市场需要按时提供产品。一般生产中常采用温度处理和改变光照时间等方法调节花期。

【练习与作业】

1. 在教师的指导下，学生进行设施栽培花卉播种前种子处理和播种生产，操作结束后，写出技术报告，并根据操作体验，总结出应注意的事项。

2. 在教师的指导下，学生进行花卉设施栽培分株、扦插等营养繁殖方法的操作，操作结束后，写出技术报告，并根据操作体验，总结出应注意的事项。

3. 在教师的指导下，学生进行花卉设施栽培苗木的定植和水肥管理，操作结束后，写出技术报告，并根据操作体验，总结出应注意的事项。

【单元自测】

一、填空题(40 分，每空 2 分)

1. 非洲菊剥叶时应各枝均匀剥，每枝留________片功能叶。过多叶密集生长时，应从中去除________，使________暴露出来。在幼苗生长未达到________片叶以上时，应摘除早期形成的花蕾。

2. 仙客来生长期间温度白天控制在________℃，夜间________℃。________℃以下球茎易遭冻害，超过________℃易落叶休眠。

3. 一品红按叶片颜色可分为绿色叶系和深绿色叶系。________叶系的品种比较耐高温，对肥料的需求也比较________一些；而________叶系的品种则比较耐低温，对肥料的需求相对较________。

4. 百合种球采挖后需经历________周的生理休眠期，根据市场需要，切花在11月到翌年1月上市时，种球应在________月中下旬开始冷藏在温度________℃条件下，________周即能打破鳞茎的生理休眠，取出播种。

5. 肾蕨生长迅速，________年需换盆1次，适宜换盆时间在________月份。

6. 当红掌在生根培养上培养________d，苗高达________cm，将试管苗连同培养瓶一并移至大棚内。

二、判断题(24分，每题4分)

1. 非洲菊小面积栽培可采用分株繁殖，通常3年分株1次，适应于一些分蘖能力较弱的非洲菊品种。( )

2. 仙客来的适宜发芽温度为18℃，湿度控湿在95%左右，并需保持发芽室黑暗状态。( )

3. 一品红是典型的短日照植物，当光照强度低于50～100 lx时花芽便开始分化，遮光缩短光照时间，使其提前开花。( )

4. 亚洲百合杂种系花朵向上开放，花色鲜艳，适用于夏秋季生产，夏季生产时需遮光50%。( )

5. 肾蕨忌闷热，在夏季须多通风。( )

6. 红掌可用较老的枝条1～2个节的短枝为插条，剪去叶片进行扦插。( )

三、简答题(36分，每题6分)

1. 简述非洲菊田间管理技术要点。

2. 简述仙客来育苗技术要点。

3. 简述一品红花期调控技术要点。

4. 简述百合花期调控技术要点。

5. 简述肾蕨的温度、湿度、光照等控制要点。

6. 简述红掌肥水管理技术要点。

单元自测部分答案9

【能力评价】

在教师的指导下，学生以班级或小组为单位进行非洲菊、仙客来、一品红、百合、肾蕨和红掌生产实践。实践结束后，学生个人和教师对学生的实践情况进行综合能力评价。结果分别填入表9-3和表9-4。

表 9-3　学生自我评价表

姓名		班级		小组
生产任务	时间	地点		
序号	自评内容	分数	得分	备注
1	在工作过程中表现出的积极性、主动性和发挥的作用	5		
2	资料收集	10		
3	生产计划确定	10		
4	基地建立与品种选择	10		
5	播种或育苗	10		
6	整地、施基肥和做畦	10		
7	定植	10		
8	田间管理	20		
9	采收及采后处理	10		
10	解决生产实际问题	5		
合计得分				
认为完成好的地方				
认为需要改进的地方				
自我评价				

表 9-4　指导教师评价表

指导教师姓名：________　评价时间：___年___月___日　课程名称________

生产任务				
学生姓名：　所在班级				
评价内容	评分标准	分数	得分	备注
目标认知程度	工作目标明确，工作计划具体结合实际，具有可操作性	5		
情感态度	工作态度端正，注意力集中，有工作热情	5		
团队协作	积极与他人合作，共同完成任务	5		
资料收集	所采集材料、信息对任务的理解、工作计划的制订起重要作用	5		
生产方案的制订	提出方案合理、可操作性、对最终的生产任务起决定作用	10		
方案的实施	操作的规范性、熟练程度	45		
解决生产实际问题	能够解决生产问题	10		
操作安全、保护环境	安全操作，生产过程不污染环境	5		
技术文件的质量	技术报告、生产方案的质量	10		
合计		100		

【资料收集与整理】

1. 调查当地花卉设施栽培的设施结构类型和品种，分析其生产效果，整理其主要的栽培经验和措施。

2. 调查当地设施花卉生产、销售的状况，分析原因，提出解决的措施。

【观察记载】

1. 观察记载花卉栽培设施内小气候条件，并对不同花卉各生长发育阶段需求的环境条件进行调节控制，分析原因，总结管理经验。

2. 观察记载花卉设施栽培的各种繁殖方式及出苗率等，分析原因。

3. 观察记载设施栽培花卉的花期调控的方式及效果，分析原因。

【资料链接】

1. 中国花卉网：http://www.china-flower.com/

2. 北京花卉网：http://www.bj-flower.com/

3. 广州花卉网：http://www.gzflower.net/

【典型案例1】 东莞积极发展都市花卉产业

在耕地资源趋紧的背景下，东莞立足都市农业发展，积极引导发展高科技、高产出、高效益的花卉产业。截至2016年年底，全市设施花卉面积约2 101.4亩，其中温室大棚616.4亩，大（中、小）棚841.5亩，遮阴棚643.5亩。东莞市缤纷园艺有限公司建成的现代温室大棚180亩，主要种植非洲紫罗兰、白掌、海棠、蕨类等小盆栽植物，年产销量达500万盆、产值超过2 000多万元。另一方面，东莞近年来先后引进了各类花卉新品种超过200个，自主培育了10多个品种，花卉良种覆盖率和自主研发能力得到显著提高。据不完全统计，目前东莞每年花卉种苗繁育能力约3 000多万株，主要品种包括蝴蝶兰、玉簪、白掌、马蹄莲、竹芋、铁海棠等。其中，蝴蝶兰年出苗能力保持在200万株以上，东莞已经成为全国重要的蝴蝶兰种苗繁育基地之一。在产业化方面，东莞目前已培育了130家大中型花卉企业，产品除供应本地市场外，部分品种远销国内大中城市，以及出口欧美、东南亚等一些国家及港澳台地区。据不完全统计，东莞市种植花卉平均每亩产值超过3万元/年，高于传统种植业的3倍，最高可达10万元/年以上。

【典型案例2】 内蒙古农民依靠种植非洲菊发家致富

据《内蒙古日报》报道，刘国安是通辽市奈曼旗沙日浩来镇宝贝河嘎查农民。在自家30亩地里种过药材、花生和蔬菜，但是连续3年的干旱让他颗粒无收。后来，镇政府发展设施农业的决策调动了他的热情。2013年初，刘国安到云南、山东等地考察，引进鲜切花种植项目，种植非洲菊25栋。当年6月鲜花上市盈利。经过一年多的摸索尝试，他开始大面积推广鲜花种植。如今，全村鲜切花种植达到6户、66个棚。他将自己的鲜切花种植项目命名为“花样年华”，在“中信银行杯”首届内蒙古青年创新创业大赛上获二等奖，刘国安不仅得了1

万元奖金，还可以享受著名品牌战略专家李光斗的跟踪指导。他计划每年增加种植非洲菊10栋以上，利用3年时间，将现在的鲜花种植基地建设成东北最大的品牌。

【资料阅读】 我国主要设施花卉市场概括

1. 广州岭南花卉市场

广州岭南花卉市场总投资1 000万元，是全国乃至亚洲交易额最大、品种最多、服务功能齐全的花卉综合市场，日成交额超过一百多万元，最多时达六百多万元。广州的花市全国闻名，广州市已发展成为全国最大的花卉集散地，花市的价格往往左右着全国各大中城市的花卉价格。岭南花卉市场是广州规模最大的花卉批发市场。广东花卉生产面积超过14万亩，以广州为主的广东省花卉年交易额达到8亿元。每年约有2亿支鲜切花从这里销往全国，各地六成以上的室内观赏植物来自广东。另外，国内云南、上海等地生产的花卉产品及进口花卉等，纷纷通过广州分流到全国各地。

2. 天津曹庄花卉市场

曹庄花卉位于天津市西青区中北镇曹庄村东侧，西外环七号桥北300 m处，占地500亩，东靠天津市区，西临海内外闻名的魅力名镇杨柳青，拥有亚洲最大的室内热带植物观光温室，是华北地区最大的花卉集散地。花卉经营大厅分为南北两个大厅，总面积接近三万平方米，逐渐成为天津市花卉市场的重要源头和华北地区超大型的南花北运中转集散地。另外，曹庄花卉市场还被中国花卉协会命名为“全国重点花卉市场”和“中国晚香玉之乡”，主要经营品种有时令花卉，鲜切花，盆景，根雕，瓷盆等。

3. 云南昆明斗南花卉市场

昆明斗南花卉市场现每天约有20 000余人次进场交易，日均上市鲜切花上百个大类，1 000多个品种，500万～1 500万枝鲜花，日成交额600万～1 200万元，每天有300～500 t鲜花通过航空、铁路、公路运往全国60多个大中城市，部分出口日本、韩国及东南亚等周边国家和地区。

项目九的二维码

【教材二维码(项目九)配套资源目录】

盆花换盆系列图片

附件 1 蔬菜(高级)园艺工国家职业标准(节选)

一、申报条件

——高级(具备以下条件之一)

1. 取得本职业中级职业资格证书后,连续从事本职业工作 2 年以上,经本职业高级正规培训达规定标准学时数,并取得结业证书。

2. 取得本职业中级职业资格证书后,连续从事本职业工作 4 年以上。

3. 大专以上本专业或相关专业毕业生取得本职业中级职业资格证书后,连续从事本职业工作 2 年以上。

二、鉴定方式

分为理论知识考试和技能操作考核理论知识考试采用闭卷笔试方式,技能操作考核采用现场实际操作方式。理论知识考试和技能操作考核均采用百分制,成绩皆达 60 分及以上者为合格。

三、鉴定时间

理论知识考试时间与技能操作考核时间各为 90 min。

四、鉴定场所及设备

理论知识考试在标准教室里进行,技能操作考核在具有必要设备的实验室及田间现场进行。

五、基本要求

(一)职业道德

1. 职业道德基本知识

(1)敬业爱岗,忠于职守。

(2)认真负责,实事求是。

(3)勤奋好学,精益求精。

(4)遵纪守法,诚信为本。

(5)规范操作,注意安全。

(二)基础知识

1. 专业知识

(1)土壤和肥料基础知识。

(2)农业气象常识。

(3)蔬菜栽培知识。

(4)蔬菜病虫草害防治基础知识。

(5)蔬菜采后处理基础知识。

(6)农业机械常识。

2. 安全知识

(1)安全使用农药知识。

(2)安全用电知识。

(3)安全使用农机具知识。

(4)安全使用肥料知识。

3. 相关法律、法规知识

(1)农业法的相关知识。

(2)农业技术推广法的相关知识。

(3)种子法的相关知识。

(4)国家和行业蔬菜产地环境、产品质量标准,以及生产技术规程。

六、工作要求

职业功能	工作内容	技能要求	相关知识
一、育苗	苗期管理	1. 能根据秧苗长势,调整管理措施 2. 能识别常见苗期病虫害,并确定防治措施	1. 苗情诊断知识 2. 苗期病虫害症状知识
二、田间管理	(一)环境调控	能根据植株长势,调整环境调控措施	蔬菜与生长环境知识
	(二)肥水管理	1. 能识别常见的缺素和营养过剩症状 2. 能根据植株长势,调整肥水管理措施	常见缺素和营养过剩症知识
	(三)植株调整	能根据植株长势,修改植株调整措施	蔬菜生长相关性知识
	(四)病虫草害防治	1. 能组织、实施病虫草害综合防治 2. 能识别常见蔬菜病虫害	常见蔬菜病虫害知识
三、采后处理	(一)质量检测	能定性检测蔬菜中的农药残留和亚硝酸盐	农药残留和亚硝酸盐定性检测方法
	(二)分级	能选定分级标准	现有标准知识
四、技术管理	(一)落实生产计划	能组织、实施年度生产计划	出口安排知识
	(二)制订技术操作规程	能制订技术操作规程	蔬菜栽培管理知识

七、比重表

(一)理论知识

项目		高级(%)
基本要求	职业道德	5
	基础知识	10
相关知识	育苗	10
	田间管理	40
	采后处理	15
	技术管理	20
合计		100

(二)技能操作

项目		高级(%)
工作要求	育苗	10
	田间管理	50
	采后处理	10
	技术管理	30
合计		100

附件2　花卉(高级)园艺工国家职业(试行)标准(节选)

一、申报条件

——高级(具备以下条件之一)

1. 取得本职业中级职业资格证书后,连续从事本职业岗位工作4年以上,经本职业高级正规培训达规定标准学时数,并取得结业证书。

2. 取得本职业中级职业资格证书后,连续从事本职业工作7年以上。

3. 取得高级技工学校或经劳动保障行政部门审核认定的、以高级技能为培养目标的高等以上职业学校本职业(专业)毕业证书。

二、鉴定方式

分为理论知识考试和技能操作考核。理论知识考试采用闭卷笔试方式,技能操作考核采用现场实际操作方式。理论知识考试和技能操作考核均实行百分制,成绩皆达60分及以上者为合格。

三、鉴定时间

各等级理论知识考试时间为90～120 min,技能操作考核时间为180 min,综合评审委不少于30 min。

四、鉴定场所及设备

理论知识考试在标准教室内进行;技能操作考核在具备必要的设备和工具的场所。

五、基本要求

(一)职业道德基本知识

1. 职业守则

(1)刻苦耐劳,工作认真负责。

(2)实事求是,讲求时效。

(3)忠于职守,谦虚谨慎。

(4)遵纪守法,保守秘密。

(5)爱岗敬业,无私奉献。

(6)团结协作,爱护设备。

(7)钻研业务,不断创新。

(8)服务热情,尊重知识产权。

(二)基础知识

1. 观赏植物的识别

(1)植物学基础知识。

(2)植物开花生理与调控。
(3)物遗传基础。
(4)观赏植物的生理。
(5)生态系统。
2. 观赏植物的环境及其调控
(1)植物的生长发育与环境。
(2)土壤与肥料。
(3)植物保护技术。
(4)观赏植物栽培管理设施和常用器具。
(5)政策与法规。
(6)土壤环境与调控。
(7)植物环境与调控。
(8)气象环境。
(9)栽培设施的管理。
3. 观赏植物的栽培与管理
(1)观赏植物的繁殖技术。
(2)露地观赏植物的栽培管理。
(3)盆栽观赏植物的栽培管理、种苗生产、盆花生产。
(4)切花的栽培管理、切花生产。
(5)园林苗木的栽培管理。
(6)繁殖与育种。
(7)观赏植物的整形与修剪。
(8)切花与切叶植物生产。
(9)大树的移栽和古树名木的保护。
4. 观赏植物的配置及应用
(1)观赏植物的配置。
(2)盆景概述。
(3)树桩盆景创作。
(4)山水盆景及水旱盆景。
(5)插花的基本理论。
(6)对称式插花的常见类型。
(7)不对称式插花的常见类型。
(8)艺术插花。
(9)插花的陈设与养护。

六、工作要求

职业功能	工作内容	技能要求	专业知识要求	比重(%)
观赏植物的识别	观赏植物的识别	识别花卉种类250种以上	观赏植物的分类;观赏植物的识别	9

续表

职业功能	工作内容	技能要求	专业知识要求	比重(%)
观赏植物的识别	观赏植物的生理	掌握主要花卉的植物学特性及其生活条件	同化过程与异化过程;观赏植物的水分与矿质营养;观赏植物对生态环境的适应性	5.6
	生态系统	熟悉当地常见主要花卉的一般生物学特性和所需生态环境条件	生态系统的组成;生物与环境;生态系统	3.2
观赏植物的环境及调控	土壤环境及其调控	掌握土壤肥料学的理论知识,掌握土壤的性质和花卉对土壤的要求,进一步改良土壤并熟悉无土培养的原理和应用方法	土壤环境及其调控;营养诊断与施肥;灌溉与排水;土壤耕性;观赏植物的无土栽培;土壤消毒的方法	5.6
	生物环境及其调控	熟悉花卉病虫害基本知识和当地主要花卉病虫害的症状及有效防治措施。懂得化学除莠的理论知识	昆虫的分类;昆虫的生物学特性;病害发生发展的规律;病虫害预测预报的主要内容;观赏植物病虫害的综合防治;常用农药;重点病虫害的发生与防治	9
	气象环境	熟悉当地气候对植物的影响	我国气候的主要特点及类型;温室小气候;灾害性天气及其防御	10
观赏植物的栽培与管理	观赏植物的繁育与管理	因地制宜开展花卉良种繁育试验及物候观察,并分析试验情况,提出改进技术措施	观赏植物种子的采集与调制方法;花卉良种繁育;观赏植物的工厂化育苗	6.8
	观赏植物的整形与修剪	能熟练地进行花卉的修剪、整形和造型操作的艺术加工	整形修剪的理论依据;观赏植物整形修剪的基本技术	4
	切花与切叶植物生产	掌握广东常见切花切叶	常见切花切叶	5
	盆花栽培	精通几种名贵花卉的培育,具有一门以上花卉技术专长	常见盆花栽培技术	4.8
	大树的移栽和古树名木的保护	能对几种大树的移栽;古树名木的保护	大树的移栽;古树名木的保护	5
观赏植物的配置及应用	观赏植物的配置	熟悉一般花坛配置和花卉室内布置、展出及切花的应用	花坛;花境;园林树木的配置与养护	7
	盆栽观赏植物的配置	能独立进行盆栽花卉的一般配置工作	盆栽观赏植物材料的选择;盆花陈设的设计要求;陈设盆花的养护管理	5
	艺术插花	能指导初中级进行插花	艺术插花的特点;艺术插花的类别;艺术插花的材料;艺术插花的要点	8
	盆景	能指导初中级树桩盆景;山水盆景制作	树桩盆景;山水盆景	12

七、比重表

(一)理论知识

项目		高级(%)
观赏植物的识别	观赏植物的识别	9
	植物开花生理与调控	5.6
	生态系统	3.2
观赏植物的环境及其调控	土壤环境与调控	5.6
	生物环境与调控	9
	气象环境	10
观赏植物的栽培与管理	观赏植物的繁殖技术	6.8
	观赏植物的整形与修剪	4
	切花与切叶植物生产	5
	大树的移栽和古树名木的保护	5
观赏植物的配置及应用	观赏植物的配置	7
	盆栽观赏植物的配置	5
	盆景	12
	花卉艺术	8
合计		100

(二)技能操作

项目		高级(%)
观赏植物的识别	观赏植物的识别	10
	植物开花生理与调控	6
	生态系统	3
观赏植物的环境及其调控	土壤环境与调控	6
	生物环境与调控	8
	气象环境	10
观赏植物的栽培与管理	观赏植物的繁殖技术	7
	盆栽观赏植物的栽培管理、种苗生产、盆花生产	4
	观赏植物的整形与修剪	6
	切花与切叶植物生产	3
	大树的移栽和古树名木的保护	5
观赏植物的配置及应用	观赏植物的配置	8
	盆栽观赏植物的配置	6
	盆景	10
	花卉艺术	8
合计		100

附件3　果树(高级)园艺工国家职业标准(节选)

一、申报条件

——高级(具备以下条件之一)

1. 取得本职业中级职业资格证书后,连续从事本职业岗位工作3年以上,经本职业高级正规培训达规定标准学时数,并取得结业证书。

2. 取得本职业中级职业资格证书后,连续从事本职业工作5年以上。

3. 取得高级技工学校或经劳动保障行政部门审核认定的、以高级技能为培养目标的高等以上职业学校本职业(专业)毕业证书。

4. 取得本职业中级职业资格证书的大专以上本专业或相关专业毕业生后,连续从事本职业工作2年以上。

5. 大专以上本专业毕业生,经本职业高级正规培训达规定标准学时数,并取得结业证书。

二、鉴定方式

分为理论知识考试和技能操作考核。理论知识考试采用闭卷笔试方式,技能操作考核采用现场实际操作方式。理论知识考试和技能操作考核均实行百分制,成绩皆达60分及以上者为合格。

三、鉴定时间

理论知识考试时间为不少于90 min,技能操作考核时间不少于60 min,综合评审委不少于30 min。

四、鉴定场所及设备

理论知识考试在标准教室内进行;技能操作考核在田间现场以及具备必要的仪器、设备的实验室进行。

五、基本要求

(一)职业道德基本知识

1. 职业守则

(1)爱岗敬业,忠于职守。

(2)认真负责,实事求是。

(3)勤奋好学,精益求精。

(4)遵纪守法,诚信为本。

(5)规范操作,注意安全。

(二)基础知识

1. 专业知识

(1)土壤和肥料基础知识。

(2)农业气象常识。

(3)果树栽培知识。

(4)果树病虫草害防治基础知识。

(5)果品采后处理基础知识。

(6)果园常用的农机使用常识。

(7)农药基础知识。

(8)果园田间试验设计与统计分析常识。

2. 安全知识

(1)安全使用农药知识。

(2)安全用电知识。

(3)安全使用农机具知识。

(4)安全使用肥料知识。

3. 相关法律、法规知识

(1)农业法的相关知识。

(2)农业技术推广法的相关知识。

(3)种子法的相关知识。

(4)劳动合同法相关知识。

(5)农药管理条例相关知识:《农药管理条例实施办法》。

(6)国家和行业果树产地环境、产品质量标准,以及生产技术规程。

六、工作要求

职业功能	工作内容	技能要求	相关知识
一、育苗	(一)苗情诊断	1. 能够判断苗木的长势,并调整废水管理等措施 2. 能够识别当地主要树种苗期常见生理性病害	1. 果树生长势判断知识 2. 果树苗其营养诊断知识
	(二)病虫害防治	能够识别当地主要树种苗期常见病虫害	1. 苗期主要病虫害识别 2. 常见病虫害综合防治技术 3. 无病毒果苗繁育常识
	(三)嫁接	1. 能够根据书中、品种、栽培环境选用砧木 2. 能够进行果树的芽接,芽接速度达到100个芽/小时 3. 能够进行果树的枝接操作,枝接速度达到50个接穗/小时 4. 能够进行大树多头高接操作。	1. 嫁接亲和力知识 2. 常用砧木特性 3. 大树高接换头相关知识

续表

职业功能	工作内容	技能要求	相关知识
一、育苗	(四)容器育苗	1. 能根据苗木根系特点选择容器进行容器育苗 2. 能够配制营养土	1. 容器特性 2. 基质和肥料特性 3. 容器的肥水管理知识
二、果园设计与建设	(一)建园设计	1. 能够使用平板仪、皮尺、标杆等测量工具进行果园勘测 2. 能够进行小果园的建园方案设计	1. 果树种类、品种的生长结果习性 2. 测量学知识 3. 园地规划知识
	(二)建园方案实施	1. 能够按大型果园的建园方案实地放大图实施 2. 能够实施保护地果树、棚架果树、观光采摘休闲果园的建园方案	1. 果树保护地生长结果习性 2. 旅游接待知识 3. 果树设施材料相关知识
三、果园管理	(一)肥水管理和植株调控	1. 能够识别本地主要果树常见的缺素症状和营养过剩症 2. 能够根据植株长势,制订肥水管理措施 3. 能够根据果树生长势,制订果树生长势调控措施	1. 果树生长发育知识 2. 果树生长势判断知识 3. 果树常见缺素症和营养过剩症知识 4. 果树生长势调控技术
	(二)果树整形修剪	1. 能够根据果树树体生长结果情况制订相应的修剪方案 2. 能够完成本地主要果树的整形修剪 3. 能够运用各种修剪方法,调整树形、改善树冠内光照、调控树体生长发育和节省营养	1. 果树整形修剪知识 2. 果树生长结果平衡知识
	(三)设施果树管理	1. 能够根据植株生长情况,调控生长环境 2. 能够进行设施果树的整形修剪 3. 能够进行设施果树的土肥水管理	1. 主要设施类型特点 2. 设施果树生长发育与肥水需求特点 3. 设施环境控制技术 4. 设施果树修剪知识
	(四)病虫害防治	1. 能识别本地常见病害和虫害各 15 种 2. 能制订当地主栽树种常见病虫草害综合防治方案	1. 主要果树常见病虫害的发生规律 2. 果树病虫害识别和综合防治技术
四、技术管理	(一)生产计划的制订	能够制订果园年度生产计划	1. 果园周年管理知识 2. 果园生产技术知识
	(二)生产计划的实施	1. 能根据果树物候期和年度生产计划进行人员安排调配 2. 能根据果树生长情况实施技术方案	1. 果树物候期知识 2. 劳动力管理知识 3. 环境条件、技术措施与果树生长相关性

七、比重表

(一)理论知识

项目		高级(%)
基本要求	职业道德	5
	基础知识	15
相关知识	育苗	10
	果树栽植	5
	建园设计和建设	10
	果园管理	35
	采后处理	10
	技术管理	10
合计		100

(二)技能操作

项目		高级(%)
技能要求	树种分类和识别	5
	育苗	20
	建园设计和建设	10
	果园管理	45
	采后处理	10
	技术管理	5
	培训指导	5
合计		100

参考文献

[1] 张彦萍. 设施园艺. 北京：中国农业出版社，2007
[2] 陈国元. 园艺设施. 苏州：苏州大学出版社，2009
[3] 张福墁. 设施园艺学. 北京：中国农业大学出版社，2000
[4] 邹志荣. 园艺设施学. 北京：中国农业出版社，2002
[5] 李志强，张清友，刘金泉. 设施园艺. 北京：高等教育出版社，2006
[6] 张庆霞，金伊洙. 设施园艺. 北京：化学工业出版社，2009
[7] 胡繁荣. 设施园艺. 上海：上海交通大学出版社，2008
[8] 韩世栋. 蔬菜生产技术. 北京：中国农业出版社，2006
[9] 赵冰，等. 黄瓜生产百问百答. 北京：中国农业出版社，2008
[10] 韩世栋，等. 蔬菜嫁接百问百答. 北京：中国农业出版社，2008
[11] 韩世栋，等. 温室大棚蔬菜新法栽培技术指南，北京：中国农业出版社，2000
[12] 农业部农民科技教育培训中心，中央农业广播电视学校组编. 设施果树栽培技术. 北京：中国农业大学出版社，2009
[13] 孙培博，夏树让. 设施果树栽培技术. 北京：中国农业出版社，2008
[14] 曹春英. 花卉栽培. 2 版. 北京：中国农业出版社，2010
[15] 孙世好. 花卉设施栽培技术. 北京：高等教育出版社，2001
[16] 张红燕，石明杰. 园艺作物病虫害防治. 北京：中国农业大学出版社，2009
[17] 马新立. 温室种菜蔬菜病虫害防治. 北京：金盾出版社，2008
[18] 武占会. 蔬菜育苗病虫害防治. 北京：金盾出版社，2009
[19] 王振龙. 无土栽培教程. 北京：中国农业大学出版社，2011
[20] 李庆典. 蔬菜保护地设施的类型与建造技术. 北京：中国农业出版社，2002